考虑幕墙开孔的屋盖结构风洞试验及理论分析研究

Experimental Study of Wind Load Characteristics on Roof Structure with Wall Opening by Wind Tunnel Test and Theoretical Analysis

张明亮　著

中国建材工业出版社

图书在版编目（CIP）数据

考虑幕墙开孔的屋盖结构风洞试验及理论分析研究/张明亮著．--北京：中国建材工业出版社，2020.6

ISBN 978-7-5160-2911-4

Ⅰ.①考… Ⅱ.①张… Ⅲ.①幕墙－建筑施工－风洞试验 Ⅳ.①TU227 ②TU834.3

中国版本图书馆 CIP 数据核字（2020）第 075514 号

考虑幕墙开孔的屋盖结构风洞试验及理论分析研究

Kaolv Muqiang Kaikong de Wugai Jiegou Fengdong Shiyan ji Lilun Fenxi Yanjiu

张明亮　著

出版发行：中国建材工业出版社

地　　址：北京市海淀区三里河路 1 号

邮　　编：100044

经　　销：全国各地新华书店

印　　刷：北京鑫正大印刷有限公司

开　　本：787mm×1092mm　1/16

印　　张：12.25

字　　数：300 千字

版　　次：2020 年 6 月第 1 版

印　　次：2020 年 6 月第 1 次

定　　价：78.00 元

本社网址：www.jccbs.com，微信公众号：zgjcgycbs

前　言

随着社会经济的发展和科技的进步，各种造型独特、结构新颖的大空间结构建筑大量涌现。其中，大跨屋盖结构因其具有优美的造型和良好的性能，被广泛应用于各种大型公共建筑中。这些建筑物大多具有质量轻、柔性大、阻力小等特点，对风荷载较为敏感，结构设计时往往以风荷载为主要控制荷载。此外，建筑物使用中，部分门窗的开敞或突然开孔导致的内压增大对屋盖结构的安全也会产生较大的影响。大量风灾调查表明，屋盖结构的风致破坏在很大程度上都是由于内外压的联合作用所引起的。然而，目前人们对建筑物内压变化的产生机理及评估尚处于研究阶段，在进行结构的抗风设计时，国内外现行荷载规范仅提出了名义封闭或者开敞时的内压系数建议值。因此，开展屋盖结构风致内压的研究具有极其重要的学术意义和工程应用价值，也是现代结构风工程领域研究的热点之一。

针对上述问题，在国家自然科学基金（项目编号：90815030、51178179、51778072）的资助下，作者以典型的大跨屋盖结构为工程背景，通过刚性模型风洞试验及理论分析的方法，对屋盖结构进行了表面风压分布、风压脉动特性、风压统计特性、风致响应等的详细的分析研究；同时对立面幕墙开孔的屋盖结构的风荷载特性、内部风效应、风致响应及内压传递方程的理论推导与孔口等效阻尼比等进行了详细的研究；根据实际工程应用中建筑物存在多面幕墙开孔的现象，利用空气绝热变化状态方程和伯努利方程，对双面幕墙开孔的内压传递方程进行了推导，并就背立面幕墙开孔对开孔结构内压响应的影响进行了阐述，利用时程分析的方法对背立面孔洞的附加阻尼特性进行了分析，为进一步开展多立面幕墙开孔的研究提供理论指导；将传统的风振系数计算方法与采用目标概率法得到的位移风振系数进行了对比，对计算结果的精度及合理性进行分析探讨；研发出一种能控制试验模型门洞自动开启的装置。研究成果可为工程技术人员或科研人员对屋盖结构的抗风设计及荷载规范相关条文的修订提供参考依据。

本书的研究工作得到了香港城市大学李秋胜教授的悉心指导，湖南大学舒兴平教授、李正农教授、肖岩教授、易伟建教授提出了宝贵的意见与建议；得到了戴益民博士、郅伦海博士、陈伏彬博士、卢春玲博士、李永贵博士、胡尚瑜博士、宫博博士、吴卫祥博士、朱旭鹏、宋克、吴朝阳、刘艳萍、周振纲、苏万林、梅军、黄建平、罗叠峰、李毅、杨旺华、陈超、马瑞霞、龙水、鞠开林、王云杰、杨明、张学敏、赵晓红等湖南大学同门的帮助；也得到了湖南建工集团陈浩、谭丁、刘维的支持，在此表示衷心的感谢。由于作者理论水平与实践经验有限，书中难免存在不足之处，恳请读者批评指正，不胜感激。

2019 年 12 月

目　录

第1章　绪　论

1.1　概述

风灾是自然灾害中最为常见也是影响最为巨大的一种灾害，包括台风、飓风、雷暴和龙卷风等，它发生的频次较高，所引起的次生灾害严重，影响范围广泛，常常带来重大的财产损失和人员伤亡。据统计，全球每年因风灾所造成的经济损失达百亿美元以上，平均人员伤亡在2万人以上。随着人类利用自然程度的加大，全球气候日益恶劣，风灾发生的频度与广度也呈现出逐年递增的趋势。1989年的美国南加利福尼亚Hugo飓风，灾后实地调查表明近49%的建筑物屋盖受损，甚至有整个屋盖被风吹走的现象[1]；1991年孟加拉国因风灾造成14万人丧生，同时导致100万间民房损坏或者摧毁，经济损失达30亿美元；1992年美国佛罗里达州遭飓风“安德鲁”的横扫，100多万平方英里的地区夷为平地，造成经济损失达到300亿美元；据不完全统计，1999年全球因自然灾害造成的经济损失近800亿美元[2]；2004年，北美因受“珍妮”“伊万”“查理”等飓风的影响，经济损失达500亿美元以上，同时造成2000多人死亡。我国也是受风灾影响最严重的国家之一，如1994年浙江温州受9417号台风的影响，造成经济损失高达100亿美元以上，同时造成1100多人死亡[3]；2004年，台风“云娜”登陆我国浙江沿海，造成直接经济损失200多亿元，并造成180人死亡[4]；2008年第14号台风“黑格比”登陆广东电白，造成的直接经济损失达114亿美元，受灾人口高达652万人[5]。

随着社会经济和文体事业的发展及科技的不断进步，大跨屋盖结构蓬勃兴起，广泛应用于机场、火车站、体育馆、文化广场、会展中心等大型重要公共建筑中。大跨屋盖结构的建造及其所采用的技术，已作为衡量一个国家建筑技术水平的重要标志，这类建筑也成为了其所在地的人文景观和标志性建筑。就我国而言，上海的八万人体育场、中国国家大剧院、中国国家体育场（鸟巢）、水立方、三亚美丽之冠、深圳北站（图1.1）都属于大跨度建筑；国外具有典型代表性的大跨屋盖结构建筑有英国伦敦千年穹顶、澳大利亚悉尼歌剧院、日本福冈体育馆、日本名古屋体育馆、美国亚特兰大乔治亚州穹顶、加拿大蒙特利尔体育场等（图1.2）。这类建筑一般造型独特、结构新颖，同时集合了新材料、新技术的应用，具有自重轻、柔度大、阻尼小等特点，因而风荷载成为其主要的控制荷载。建筑结构的抗风设计，特别是大跨屋盖等柔性结构的风荷载设计成为结构设计的重要组成部分。

(a) 上海八万人体育场

(b) 中国国家大剧院

(c) 中国国家体育场

(d) 水立方

(e) 三亚美丽之冠

(f) 深圳北站

图 1.1　国内具有代表性的大跨度建筑

(a) 伦敦千年穹顶

(b) 澳大利亚悉尼歌剧院

(c) 日本福冈体育馆

(d) 日本名古屋体育馆

图 1.2　国外具有代表性的大跨度建筑

(e) 美国亚特兰大乔治亚州穹顶　　(f) 加拿大蒙特利尔体育场

图 1.2 国外具有代表性的大跨度建筑（续）

1.2 结构风工程概述

1.2.1 大气边界层风场特性

风是空气相对于地表面的运动，由于地球表面大气受太阳的加热不均匀，导致地球相同高度两点间的温度、空气中的水蒸气含量存有差异，产生温度差和气压差，使不同压力差的地区之间产生趋于平衡的空气流动，这就是自然界风的形成[6]。由于在地球表面，受到地表摩擦力和地物阻力等的影响，空气的流动速度会减慢，这种影响随着高度的增加而减小，当达到一定的高度时，自然风受地面的影响可以忽略，风速趋于平稳，此高度为大气边界层高度或者梯度风高度，此高度以下为大气边界层。它随着气象条件、地面粗糙度、地形等因素的变化而变化，一般在 300～1000m 之间。绝大多数工程建筑均处于大气边界层内，因此大气边界层内风的基本特性是结构风工程最为关心的关键问题。根据顺风向大量实测风速记录，可将风速看成是由平均风（周期较长的稳定风）和脉动风（周期较短的波动风）组成，在实际工程应用中，一般将风荷载等效为静力风与动力风的共同作用。

1.2.1.1 静力风特性

大量的气象统计资料表明，大气边界层风场中的平均风速随着离地高度的增加而增大，但平均风速则在达到梯度风高度后便不再继续增大。在工程结构应用中通常用平均风剖面来描述平均风随离地不同高度的分布。

对大气边界层平均风剖面的描述方法目前有对数率分布和指数率分布两种方法，一般采用指数率分布的描述，我国《建筑结构荷载规范》（GB 50009—2012），（以下简称荷载规范）[7]也是采用指数率分布的描述方法，其表达式为：

$$U(z)=U_{10}(z/10)^{\alpha} \tag{1.1}$$

式中，$U(z)$ 为距离地面 z 高度处的平均风速；U_{10} 为 10m 高度处（参考点高度）的平均风速；α 为地表粗糙度指数，α 的取值通常随着地表粗糙度的增大而增大。我国荷载规范[7]将地表粗糙度共分为 A、B、C、D 四类，对应 α 的取值分别为 0.12、0.15、0.22、0.30，并以 B 类地貌（标准地貌）10m 高度处重现期为 50 年的 10min 时段内平均最大风速定义为参考风速，按照 $w_0=0.5\rho_a U_{10}^2$ 确定该地区的基本风压（其中 ρ_a 为空气密度)。我国荷载规范[7]对垂直于建筑物表面的风载标准值也进行了规定，其计算式如下：

$$w_{cz}=\beta_z\mu_s\mu_z w_0 \tag{1.2}$$

式中，μ_s 为建筑物风载体型系数；μ_z 为风压高度变化系数，对于标准的地貌一般取 $\mu_z=(z/10)^{2\alpha}$；β_z 指风振系数，它与结构的振型、风的脉动及结构的自振频率等因素有关。

1.2.1.2 动力风特性

由于脉动风速的零均值与随机性等特性，通常以紊流强度、紊流积分尺度、脉动风空间相干函数、风速谱以及阵风系数等来描述脉动风的特性[8-9]。

紊流强度是对脉动风进行描述的重要参数之一，通常用某位置点处顺风向脉动风速的均方根与该点平均风速的比值来进行描述。目前各国的风荷载规范一般采用指数率的描述形式，其中日本建议[10]给出的顺风向紊流强度的表达式为：

$$I(z)=\begin{cases}0.1\left(\dfrac{z_b}{z_G}\right)^{-\alpha-0.05} & z_b<z<z_G\\ 0.1\left(\dfrac{z_b}{z_G}\right)^{-\alpha-0.05} & z\leqslant z_b\end{cases} \tag{1.3}$$

式中，α 为地表粗糙度指数；z_G 为边界层梯度风的高度；z_b 为标准风的高度。我国荷载规范[7]目前没有明确给出顺风向紊流强度的表达形式，但给出了不同保证因子下的顺风向紊流强度建议值，其表达式如下[8]：

$$I(z)=\frac{0.5\times35^{1.8(\alpha-0.16)}\left(\dfrac{z}{10}\right)^{-\alpha}}{2\mu} \tag{1.4}$$

式中，μ 为保证因子，我国荷载规范一般取 $\mu=2.2$ 左右。

紊流积分尺度是气流中对湍流涡旋平均尺寸的量度，它随着高度的增加而增大，通常又叫做紊流长度尺寸。一般来讲，紊流积分尺度主要取决于记录数据的长度、记录数据的平稳程度及计算方法，根据 Taylor 假设计算顺风向的紊流积分尺度，其表达式为[9]：

$$L_u=\frac{1}{\sigma_\mu^2}\int_0^\infty R_{\mu_1\mu_2}(\omega)\mathrm{d}\omega \tag{1.5}$$

式中，σ_μ 为脉动风速的根方值；$R_{\mu_1\mu_2}(\omega)$ 为空间两点脉动风速的相关函数。日本建议[10]给出的顺风向稳流积分尺度的经验公式如下：

$$L_x=\begin{cases}100\left(\dfrac{z}{30}\right)^{0.05} & 30\text{m}<z<z_G\\ 100 & z\leqslant30\text{m}\end{cases} \tag{1.6}$$

脉动风能量在频域内的分布特征可以用脉动风功率谱表示，目前在风致响应研究中用得较多的功率谱是水平顺风向的脉动风功率谱。结构风工程中应用较多的顺风向脉动风功率谱主要有[3,5~6]：Davenport 谱、Simiu 谱、Hino 谱、Karman 谱、Kaimal 谱、Harris 谱等，其中应用最为广泛的是 Davenport 功率谱，其谱密度不随高度的变化而发生变化，具体表达式如下[11]：

$$S_\mu(f)=\frac{4KU_{10}^2x^2}{f(1+x^2)^{4/3}} \tag{1.7}$$

式中，$S_{\mu}(f)$ 为脉动风功率谱；K 为地表粗糙度系数；f 为脉动风的频率；U_{10} 为 10m 高度处平均风速；$x=1200f/U_{10}$。

在频域内反映脉动风的空间相关性通常用相干函数表示，目前常采用 Davenport 的建议公式[6]：

$$\begin{cases} coh_z(z,z',f)=\exp\left\{-c_z\dfrac{f|z-z'|}{U_z}\right\} \\ coh_x(x,x',f)=\exp\left\{-c_x\dfrac{f|x-x'|}{U_z}\right\} \end{cases} \tag{1.8}$$

式中，系数 c_z、c_x 是决定空间相关性衰减速度的两参数，取 $c_z=7$、$c_x=8$。Davenport 建议的公式所考虑的因素相对比较全面，它涉及到脉动风频率 f、两点间的距离 $|z-z'|$ 或 $|x-x'|$ 及平均风速 U_z。

1.2.2 风对建筑结构的作用

风对建筑结构的作用较为复杂，主要受风自身的特性、结构的动力特性以及风与结构的相互作用等因素的影响。建筑物在风场中可视为钝体结构，气流流经钝体结构与流经流线体结构有着明显的差异。气流经钝体结构后通常存在明显的气流分离、再附、剪切、再分离、漩涡脱落等现象。对于大跨屋盖结构，气流流经屋盖时，在迎风区域会出现明显的气流分离与漩涡脱落，使迎风屋檐产生较大的负压，随后由于气流的再附，这种负压减小，甚至出现正压；此外，气流还会在下风向区域出现再分离。当钝体存有洞口时，气流在洞口汇集成一束加速的气流流经洞口。如前所述，风可以看成是平均风与脉动风所组成的，在某一段时间内，平均风可看成是不变的，其对结构的作用可视为静力作用；而脉动风作用于结构时则会引起结构的风致动力反应，对于刚性结构，所引起的这种动力反应较小，对于大跨屋盖等柔性结构，所引起的动力反应则较大。

结构的风致振动，通常受到自然风的特性、结构的自振特性、风与结构的耦合作用等诸多因素的影响。结构的风致振动大致上可以分为以下三类[12]：(a) 抖振 (Buffeting)，是由大气紊流引起，属于脉动风作用下的强迫随机振动形式；(b) 颤振和驰振 (Flutter & Galloping)，是结构在临界风速下由于负阻尼效应使结构的振幅不断增大，导致结构气动弹性失稳，属于发散性的振动；(c) 涡激振动 (Vortex-excited Vibration)，是在风作用下，气流在结构周围出现漩涡脱落的现象，当漩涡脱落频率与结构的某阶基频相近时，便会发生共振，属于自激振动。

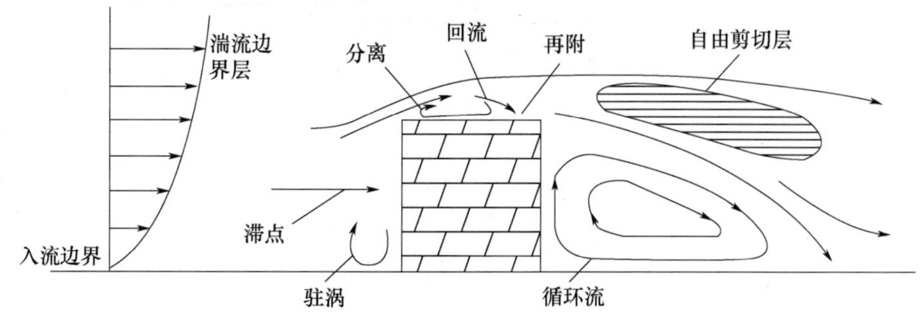

图 1.3 大气边界层风绕屋盖结构流动示意图

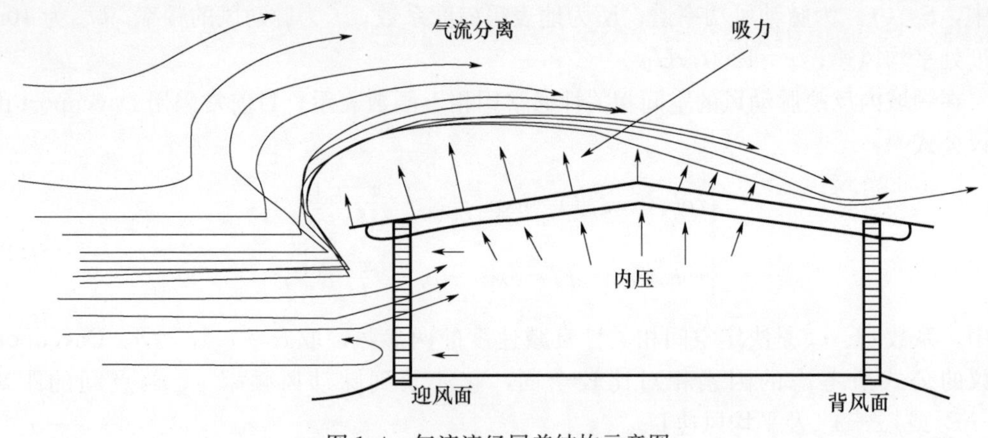

图 1.4　气流流经屋盖结构示意图

1.3　大跨屋盖结构风荷载特性的研究现状

风工程是一门涉及空气动力学、气象学、工程力学、结构工程及防灾减灾工程学等多门学科的交叉学科。现代结构抗风设计理论是 20 世纪 60 年代以来，由 Davenport、Simiu、Scanlan 等结构风工程奠基人创立的，经过近半个世纪的发展，结构风工程不仅在理论研究上取得了很大的进展，同时也解决了大量的实际工程问题，形成了若干可直接指导工程设计的规范条文，推动了社会经济的发展与科技的进步。目前结构风工程主要采用现场实测、风洞试验、数值模拟及理论研究等方法对结构风荷载特性及风效应进行研究。

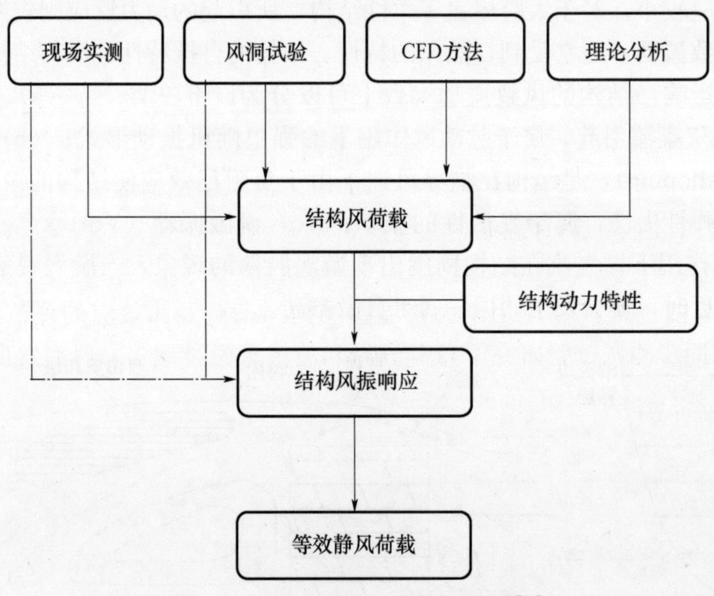

图 1.5　结构抗风研究的主要流程[13]

1.3.1 大跨屋盖结构风荷载特性的现场实测研究现状

现场实测是指通过在建筑上安装风速仪、风压传感器、力传感器、位移传感器、加速度计等仪器对实际风环境、风荷载和结构的风致响应进行测量，从而获得结构风荷载、风特性及结构风致响应的第一手资料，它是目前结构风工程中最为直接、可靠的研究方法。现场实测目前主要致力于对建筑周边的流场监测、建筑表面风压的监测及建筑结构风致响应的监测，实测结果可以作为改善建筑风洞试验技术、数值模拟及理论研究分析的参考和依据，但是现场实测所受到的限制较多，如周期长、人力物力耗费较大、工作环境差，且存在较多的人为难以控制的因素，因此实施起来较难[14]。

国内外对大跨度屋盖结构风荷载进行现场实测的报道目前相对较少，Apperley 等人[15]将 9 个风压传感器安装在悉尼 Belmore 体育场悬挑屋盖上，将实测所得结果与模型风洞试验的结果进行了对比分析研究；Pitsis 等人[16]通过对悉尼 Calrex 体育场的悬挑主看台布置 6 个实测点，将现场实测的风压结果同风洞试验的结果对比研究后发现悬挑屋盖前缘区域的平均风压与脉动风压现场实测值跟风洞试验值差异较大，但峰值风压则吻合较好；Yoshida 等人[17]对一海边的穹顶屋盖进行现场实测，发现屋盖顶部的风压系数最大，并对沿来流方向的各测点相关性进行了研究；李秋胜（Li Q S）、陈伏彬等人[18,19]对广州会展中心进行了现场实测，主要监测了建筑周边风场条件与强风作用下屋盖的加速度响应，获得了屋盖结构的振动模态，同时对大跨屋盖结构的阻尼比取值进行了评估。

1.3.2 大跨屋盖结构风荷载特性的风洞试验研究现状

风洞试验技术最初在航空航天领域得到应用，主要用来模拟飞行器的工作状态。建筑风洞试验研究主要是在风洞试验室中模拟大气边界层流场，将建筑物用缩尺模型替代，对建筑物的风荷载特性进行全面细致的研究。目前，风洞试验已经成为结构风工程中评估结构风荷载特性及结构风致响应最为普遍的研究手段[20]。但是，风洞试验也同样面临一些问题，如风洞试验时无法同时满足所有的相似比，因此通常根据试验的目的，忽略一些相对较为次要或难以满足的相似比；难以对极端气候下的结构风荷载特性进行准确的评估；由于大跨屋盖结构往往高度较低，要准确模拟建筑周围的风场，特别是近地面范围内大气边界层的模拟通常相当困难。

风洞试验目前已被广泛应用于大跨屋盖结构风荷载及风效应的评估中。Yasui 等人[21]通过风洞同步测压试验研究了悬链线形和波浪形两种屋盖，研究发现在迎风屋檐出现较高的负风压区域，并在时程上发现有峰值负压，而屋盖中央区域不仅平均风压小，也没发现峰值负压；Uematsu 等人[22,23]对一穹顶屋盖进行了风洞试验，利用 POD 法将屋盖上的压力场进行了分解，指出分解后的荷载模态可以表达为多项式和傅立叶级数的组合形式；Suzuki 等人[24]对一封闭式大型弧状屋盖结构进行了风洞试验，研究表明当来流平行于屋盖跨度方向时，迎风面屋盖的平均风压系数比背风面的大，在屋盖跨中靠近迎风面区域测点的平均风压达到最大负值；Letchford & Sarkar[25]对一形状为抛物面的穹顶结构进行了同步测压风洞试验，发现以穹顶风速和底部直径为参考的雷诺数在 $2.3\times10^5\sim4.6\times10^5$ 范围内时，屋盖的风压分布与雷诺数大小无关，随着屋盖表面粗糙度的增加，穹顶顶部的负风压减小而屋盖背风面的负风压增大；Lam & Zhao[26,27]对一大悬挑看台雨棚进行了风洞同步测压试验，并引入了升力系数 C_f 的概念，研究结果发现悬挑屋盖下表面由于气流受阻所产生的兜风效应使下表面呈现正风压，上下表面的风压总体上呈现为“上吸下顶”的叠加现象；Biagini 等人[28]利用风洞试验对希腊奥运会体育场屋盖结构进行了研究，将风洞试验的风压时程输入结构设计模型，得到了结构的动态风压响应。国内诸多学者[29~35]通过风洞试验同步测压技术对大跨屋盖结构的风荷载特性开展了大量的研究工作，取得了丰硕的成果。

1.3.3 大跨屋盖结构风荷载特性的数值风洞模拟研究现状

随着计算机硬件技术水平的发展及数值计算科学技术的进步，基于计算结构动力学（Computational Structural Dynamics）和计算流体动力学（Computational Fluid Dynamic，CFD）等数值模拟计算技术，运用高性能的超级计算机计算平台，应用数值风洞模拟技术对大气边界层风场中的建筑绕流流场进行模拟分析。CFD 数值风洞与物理风洞的不同之处在于它在计算机中模拟大气边界层的流场条件，从模拟结果中提取流体信息，从而获得所需要的结构荷载结果。

相对于物理风洞试验研究的方法，CFD 数值模拟技术具有的显著优势是[36,37]：（1）效率高、费用成本低、所需周期短；（2）不受模型尺度的影响，可进行全尺度的模拟，能克服大气边界层风洞试验中难以满足的雷诺数相似的困难；（3）参数修改方便，可以探讨各参数变化对结构风荷载特性的影响；（4）数值模拟的可视化程度丰富，可以提供物理风洞无法提供的完整的绕流流场信息。

CFD 数值模拟风洞技术在大跨屋盖结构上的应用，近年来国内学者取得了较为理想的成果。陈勇[38]对上海虹口足球场悬挑屋盖的风压分布进行了 CFD 数值模拟，同时分析了体育场内流场的分布规律；顾明等人[39,40]利用 RANS 方法，基于 RSM 湍流模型，对上海南站屋盖结构进行了 CFD 模拟，并将计算结果与风洞测压模型试验结果进行了对比；汪丛军等人[41]对越南国家体育场屋盖结构进行了 CFD 数值模拟，并将计算结果与风洞试验结果进行了对比，两者吻合较好；刘继生等人[42]基于 Reynolds 时均方程，运用标准 $k-\varepsilon$ 湍流模型对井冈山机场航站楼屋盖的平均风压进行了模拟，并将计算结果与风洞试验结果进行了对比；Nahmkeon[43]采用标准 $k-\varepsilon$ 湍流模型对韩国的四座火车站房的屋盖进行了数值模拟，并将模拟结果与风洞试验结果进行了对比分析；卢春玲等人[44]应用一种新的大涡模拟 LES（Large Eddy Simulation）的亚格子模型，计算了长沙机场扩建航站楼屋盖风荷载分布规律，为该屋盖结构的抗风设计提供了依据；此后，卢春玲等人[45]又应用一种新的湍流脉动流场产生方法 DSRFG（Discretizing and Synthesizing Random Flow Generation）模拟实际风场的湍流边界条件，对深圳新火车站进行了数值风洞模拟，并将屋盖的风压计算结果与风洞试验数据进行了对比，发现两者吻合较好；卢春玲[46]利用 CFD 对深圳大运会体育场馆进行了数值模拟，得到了屋盖的风压分布规律及屋盖各面的风荷载时程数据，并对体育场周围的行人高度风环境进行了评估。

1.3.4 大跨屋盖结构风荷载特性的理论分析研究现状

在对结构进行风振响应分析时，通常把风荷载作为一个平稳的随机过程进行考虑，根据风荷载的随机性，可按照随机振动理论来分析结构的风致响应。目前对工程结构的随机振动分析有频域和时域两类分析方法，同时，具有确定性的时程分析方法也可用来计算大跨度屋盖结构的风致响应。

时域分析方法的基本思路是通过风荷载的谱函数将风荷载模拟成时间域上的函数形式，再利用有限元法将结构离散化，将风荷载时程作用于结构相应节点上，通过时域内的逐步积分法求解运动微分方程从而求出结构的动力响应。

对结构进行时域内的风致响应分析时，应先确定作用在结构节点上的脉动风时程，对大跨屋盖结构通常采用风洞试验来获取节点上的风荷载时程，但是耗费的人力物力较大，结构设计时实现的难度较大，因此常用数值模拟脉动风场，得到脉动风荷载时程。时域分析法常用的计算方法有 Houbolt 法、Runge-kutta 法、Wilson-θ 法、Newmark-β 法以及中心差分法等。

Uematsu[22]通过同步测压技术得到了圆屋顶的脉动风荷载时程数据，再采用 Newmark-β 法对屋盖进行了时程分析，研究结果表明，参振模态主要是前 3～4 阶对称模态及前几阶的非对称模态；Yasui[21]、Uematsu[47]在紊流场中测量了圆形平屋盖表面的风荷载，在时域内对屋盖结构进行了风致动力响应研究分析；Uematsu[23]利用 POD 法（正交分解法）在时域内模拟脉动风荷载时程，分析了一穹顶圆屋盖结构的风致动力响应，重点考察了对振动起控制作用的模态，并在此基础上初步总结了圆穹顶屋盖的设计荷载模式；Lazzari[48]运用 Akaike-Iwatani 模型对索结构的风荷载时程进行了模拟，并利用有限元结构分析方法和 Newmark-β 法对结构的几何非线性动力进行了分析。

沈世钊等人[49]将 Wilson-θ 法与 Newmark-Raphson 法相结合，对悬索结构的风振响应进行了研究，并提出了悬索结构非线性风振响应的时域分析方法；杨庆山等人[50]利用随机振动离散分析方法对悬索结构进行了风致动力时程分析；王衍等人[51]在有限元分析的基础上，利用时程分析方法，将风洞试验获得的风荷载时程数据直接作用在结构节点上，得到了一大跨屋盖结构的风致响应时程，并总结了大跨屋盖结构风振系数的变化规律；李庆祥等人[52]通过有限元分析方法在时域内对单层网壳结构进行了风振分析，确定了风荷载的最不利风向角；潘峰[53]根据 Solari 提出的双 POD 模型，结合多阶模态加速度法的原理，在时域内对大跨屋盖结构的风致响应进行了分析，比较了屋盖表面风振系数的分布规律；陈伏彬[14]以广州国际会展中心的风洞试验数据为基础，在时域内利用 POD 法对屋盖表面的风压进行了分解与重构，同时采用不同的空间插值法对风场的本征向量在空间内进行插值，研究了 POD 方法的适用性。

频域分析方法由于其概念清晰、计算简便、计算费用少等优点，在大跨度屋盖结构中得到了广泛的应用。频域法的基本思路是通过振型分解将结构动力响应描述成对应各阶振型的广义模态响应在模态空间内的线性组合，在频域内通过传递函数建立响应与激励之间的关系，从而描述结构的动力响应。由于频域法是以线性化假定为前提的，在计算过程中必须保持结构的阻尼性质与刚度的不变，对结构的非线性效应不予考虑，因此仅仅限于弱非线性结构或线性结构的振动分析。频域分析法主要包括振型分解法、响应谱法、虚拟激励法、特征值法等。

通常大跨屋盖结构的模态较为集中，国内外学者对频域分析法、中振型分解法、参振模态的选取问题进行了相对较多的研究。Nakamura[54]通过对一拱形悬挑屋盖结构进行分析，采用了经验性的相干函数考虑了屋盖结构沿跨度方向的气动力之间的相关性，研究结果表明，如果仅计算屋盖结构的风致位移响应，则在模态叠加时仅需考虑结构的前两阶模态；如果要对屋盖结构进行内力计算，则需要考虑结构多阶模态的参与；Nakayama[55]对大跨屋盖结构进行模态分析时发现，在高阶模态中通常存在一个“X-模态”，该模态对屋盖结构的风振响应起着较为主导的作用，可以反映屋盖结构对静风荷载的响应，对所选取的模态通过系数进行组合之后便能较好地反映屋盖结构的静力位移，文中指出将“X-模态”与初始模态进行组合后再对其进行模态的叠加计算可明显减小计算误差，但在传统的振型分解中很容易被忽视。

陆锋[56]采用模态分析方法，综合运用Davenport风速谱以及由风洞试验采集到的屋面风压系数来分析屋盖的风振系数及风致响应，研究发现对于大跨平屋盖结构，竖向风致响应主要由结构的第一振型控制；何艳丽[57]通过根据结构的不同模态对整个屋盖结构在脉动风作用下的应变能量所贡献的多少来判定不同模态对结构风致振动响应贡献的大小，同时也构造了“B模态”来补偿结构高阶模态振型对屋盖结构风致振动响应贡献的大小；王国砚[58]针对大跨度屋盖结构的随机风振响应精细化分析的算式进行了推导，该推导基于计算线性结构随机振动响应分析的CQC法，同时指出如需要进行精细化计算，则必须获得结构各点风荷载之间互谱密度函数的实部与虚部；黄明开[59]在对屋盖结构的特征值问题与风致响应的计算时运用里兹向量直接叠加法进行分析，发现仅用较少数目的正交里兹向量对屋盖进行计算便可得到较为精确的计算结果；陈贤川[60]基于虚拟激励法的分析原理和静风荷载参与比例的概念，对屋盖结构各阶模态的贡献系数及模态组合的累积模态贡献系数的计算公式进行了推导；顾明、周晅毅[61,62]利用频域分析法对上海火车南站屋盖结构进行了响应分析，研究发现选取足够数量的参振模态对保证计算结果的精度非常重要，结构共振响应对结构阻尼较为敏感，并且力谱交叉项、模态交叉项的处理方法不同对计算结果的影响较大；潘峰[53]提出了一种修正的频域法，采用风洞试验测得的风压数据并利用POD法建立了屋盖结构整体风荷载模型，通过FFT变换直接转化为风压谱而用谱分析法来计算屋盖结构的风致响应，并与其他方法的计算结果进行了对比。

等效静力风荷载，就是当这个等效荷载作为静力荷载作用在结构上时，它所引起的结构动力响应与由实际风载作用时所产生的结构动力响应的最大值相同，这样便可将复杂的结构动力分析问题转化为易被结构设计师所接受的结构静力分析问题，它是联系结构工程师与风工程师之间的纽带，结构工程师利用风工程师提供的等效静力荷载进行结构分析或者与其他荷载进行组合。

由于大跨屋盖结构的柔度较大，对这类建筑而言，等效静力风荷载分析时在考虑背景响应的同时也应考虑共振响应对结构风效应的影响。目前对大跨屋盖结构进行等效静力风荷载研究的方法主要有以下三种：（1）阵风荷载因子法，也叫做GLF法（Gust Loading Factor）；（2）惯性风荷载法，也叫做IWL（Inertial Wind Loading）法；（3）LRC法＋惯性风荷载法，也叫做LRC-IWL法。

Uematsu[47]提出了模态力法，将针对高层建筑进行分析的阵风荷载因子法首次引入到了大跨屋盖结构分析中，模态力法分析时，采用的假设与高层建筑阵风荷载因子法的基本一致，这对于背景响应占主导地位、而结构各阶的模态颇为接近的大跨度屋盖结构来讲在理论分析上存在较为明显的缺陷；Nakayama[55]提出的“X—模态”法，对屋盖结构风振响应中某几阶模态占主导地位的寻找较为方便，通过对这几阶模态共振响应的计算便可对网壳结构风振响应问题进行求解，显然，此方法对背景响应的作用予以了忽略，因而从理论上来说存在着明显的缺陷；Holmes[63～69]采用 LRC 法同时结合有效惯性力对共振响应贡献较大的结构的等效静力风荷载进行了分析，首次从概念上将等效静力风荷载作为对应结构的背景响应、平均响应以及共振响应三部分相结合的组合荷载；而在实际工程中，大跨屋盖结构通常不仅仅需要包含多振型的贡献，而且应该同时考虑不同振型响应间的耦合作用，这便使得 Holmes 提出的方法在处理大跨屋盖结构等效静风荷载问题上遇到了障碍；周晅毅[70]针对大跨屋盖结构风致抖振需考虑多阶模态及模态间耦合影响的特点，将 LRC 法与惯性风荷载法相结合，提出了用于共振分量的修正 SRSS 法，该方法克服了模态之间耦合情况的限制，给予了等效静力风荷载较为明确的物理意义；陈贤川[71]提出了多种等效静力风荷载的计算方法，可以适用于多种场合，实际应用时可根据使用方便和近似静力解的精度要求选择一种恰当的计算方法；陈波[72]提出了一种较为高效的结构风振响应频域分析法——Ritz-POD 法，该方法对荷载主要贡献模态和结构主导振型进行了选择，从而避免了计算中过多的荷载模态与结构振型参与组合。

1.3.5 考虑幕墙开孔的大跨屋盖结构风荷载特性的研究现状

国内外风灾调查研究表明，大跨屋盖结构的风致破坏在很大程度上是由于内外压的共同作用所引起的，立面幕墙的部分开洞或突然开洞导致的内压增大对建筑结构的安全和人员的舒适性等构成了较为严重的威胁，而目前对内压产生机理的研究尚不是非常完善，结构设计人员对内压的设计取值也无所适从。因此，研究内压问题是现代结构风工程领域较为新兴的课题，深入探讨考虑幕墙开洞的风致内压及由此产生的屋盖结构风荷载具有极为重要的学术研究意义和工程实际应用价值。

当建筑门窗的突然破坏或被强风吹开等突变事故发生时，在建筑物立面上可能形成开孔（洞），风从孔（洞）处突然涌入建筑物，室内脉动内压急剧变化使屋盖结构受内外压共同作用而遭受风致破坏。此外，当施工期间围护结构尚未全部完成时，建筑物处于局部敞开的状态，此时结构将处于比正常使用阶段更不利的状态，其主要原因是屋盖等围护结构受到建筑内外压的共同作用。关于屋盖等围护结构因受建筑内外压的共同作用导致结构破坏的报道较多，1992 年美国佛罗里达地区的 Andrew 飓风期间出现过内外压的共同作用而使屋面破坏的情形；1996 年在南印度洋的飓风期间，在印度受影响的沿海地区，飓风从很多房屋的通风装置或破坏的窗户等开孔处涌入建筑物的内部，建筑物内压的急剧增大导致山墙倒塌和屋面破坏；1996 年 9 月，在台风莎莉（Sally）的影响下，湛江市体育中心体育馆迎风面幕墙破坏达到 85%，而背风面的幕墙在迎风面幕墙损坏后，风进入馆内而受到贯穿破坏，同时把轻型屋盖面板掀掉造成较大的经济损失；2010 年 9 月第 10 号台风“莫兰蒂”，造成泉州海峡体育中心体育馆多处脱落长达 10 多米的屋面板，同时由于风从孔洞涌入馆内，使馆内设施及幕墙遭到不同程度的破坏；2010 年 12 月 10 日，因遭遇 10 级强风，北京首都机场 T3 航站楼屋顶两处金属屋面板被掀开，破损面积约 200 平方米，造成较大的经济损失；2011 年 4 月 22 日，美国圣路易斯市的兰伯特—圣路易斯国际机场遭到龙卷风袭击，机场建筑严重受损，迎风玻璃幕墙破碎导致风从洞口涌入造成多人受伤，导致机场关闭。灾后调查表明迎风幕墙破坏产生突然开洞后引起的内部风效应是导致结构破坏的重要原因，因此在重要建筑的抗风设计中，有必要考虑开洞状态下屋盖的风荷载特性，这也是结构风工程领域的一个重要研究方向。

对开孔结构内部风效应的试验研究在国外开展得较早，很多研究成果已成为国外相关荷载规范编制的原始依据，而在我国，对开孔结构内部风效应的研究则相对较为滞后。

Stathopoulos 等人[73]对低层建筑的内压进行了试验研究，得到了不同建筑物孔隙率时内部风压的波动强度，但对内部风压在某个主要频率段发生振动却没有说明。Holmes[74]首先采用了声学中空腔的 Helmholtz 共振分析原理来研究内压的共振效应，运用由开孔（洞）处所包含的空气气柱往复振荡来进行解释，显然当开孔（洞）处的外部压力大于结构内部压力时，孔口处气流便会向结构内部运动，从而使结构内部空气受到压缩。Holmes 的说法从某种程度上来说对内压瞬态响应的产生机理予以了阐释，但却没有从空气动力学的理论上做出较为科学的阐述。Liu & Saathoff[75]采用等熵非定常流动的伯努利方程及空气的等熵、等温准定常流动，对建筑物在突然开孔（洞）时内压初次达到与外压相同时的响应时间进行了推导，并根据空气等熵非定常流动的往复形式对开孔结构风致内压响应的二阶非线性常微分方程进行了求解，同时与 Holmes 所提出的微分方程对不同参数的取值进行了对比，指出 Holmes 提出的微分方程形式是其所导出的微分方程在压强变化与空气密度不大时的一种特殊情况，并指出用伯努利方程所推导的微分方程比采用 Helmholtz 提出的声学共振计算模型更为精确且适用性更大。Liu & Saathoff[76]后来进一步对开孔结构内压的静力效应及包括由于突然开孔所引起的结构内压超载与紊流引起的 Helmholtz 共振等在内的风致动力效应进行了更为深入的分析探讨，对内外压共同作用的联合效应也进行了考虑。Vickery[77]首次对墙面有均匀孔隙的名义封闭建筑进行了理论上的研究，引入了建筑物体积模量的概念来考虑屋面柔度对内压响应的影响，同时提出了特征频率的概念来研究名义封闭但墙面有均匀孔隙的建筑内压效应，对迎风面有单一开孔建筑的内压稳定响应问题进行了研究。Liu & Rhee[78]通过风洞试验探讨了开孔位置及孔洞面积的大小对结构内压共振的振幅大小的影响，发现在层流中当建筑迎风面有开孔洞时，内压功率谱则会表现出明显的 Helmholtz 共振，同时由于气流在开孔处往复的运动，在迎风面的外墙处外压功率谱也同样呈现出 Helmholtz 共振，而当建筑背风面只有单一孔洞时，内压功率谱同样也出现了 Helmholtz 共振，且比建筑迎风面有孔洞时的响应要大很多。Stathopoulos & Luchian[79]采用新的试验技术如照相机快门技术和膜的快速溶化技术对建筑物迎风面突然开孔时内压瞬态进行了试验研究，将试验结果与理论分析进行对比，从试验结果中发现突然开孔时内压瞬态响应的极值比随后的稳态响应的极值要小，在改变参数或者内压测试位置或突然开孔的速率时该结论都成立，这一结论说明研究内压的稳态效应更为重要。Fahrtash & Liu[80]在美国堪萨斯州对坎贝尔竞技场的内外压及环境气压进行了同步测量，研究发现空气泄漏和围护结构的柔性对 Helmholtz 共振提供了附加阻尼效应，在很大程度上对内压的共振进行了抑制。Woods & Blackmore[81]对低层房屋在不同开孔条件下的内压进行了多参数的对比试验，试验结果发现当迎风面开孔面积大于2.5倍背风面的等效开孔面积时，孔口的效应是主要的；当迎风面开孔面积与背风面的等效开孔面积相同时，其结果与双面开孔的情况基本一致。同时也发现对于单面开孔的建筑，即使开孔面积达到整个墙面的25%，其内压分布都是均匀的，而对于双面开孔且开孔面积相对较大的建筑，这一结论就不再成立。Beste & Cermak[82]对开孔结构内外压的相关性进行了试验研究，结果表明峰值内压和外压在低频处与高度相关，位于气流分离区且与开孔墙面邻近的屋面及墙角处内外压相关性较好，而屋面边缘因受锥形涡的影响内外压相关性较差，屋面其他区域的内外压相关性并不高。Ginger[83]通过对美国德州理工大学风工程现场试验基地（WERFL）一低层建筑（TTU）的足尺试验测到了不同测点的内压与外压，对作用在名义上封闭和有单一开孔的建筑上各测点的静压进行了研究，并与澳洲规范（AS1170.2）[84]做了对比，同时对准定常理论在确定内外峰值压力方面的适用性进行了探讨，结果表明对于确定迎风面的设计风荷载时，准定常方法非常适用，而对于受气流分离、绕流或出于尾流中的部位，准定常方法不再适用。Sharma & Richards[85]对低矮建筑在迎风面具有两个大开孔时屋面上下不同位置的净风压进行了研究，研究结果发现当来流风在迎风面±50°范围内吹向开孔墙体时，屋面的净风压（平均、均方根及极值）均比四周封闭的建筑有明显的提高，同时发现迎风面屋缘相关系数竟达到了−0.64。余世策[86]在理论分析研究方面对考虑背景孔隙的内压传递方程进行了推导，并对背景孔隙的附加阻尼进行了阐述；在试验方面针对低矮房屋结构设计了不同的开孔数量、开孔位置以及开孔面积的刚性模型试验，对开孔结构风致内压空间上的分布规律、脉动内压和平均内压的理论估算及产生机理等问题进行了研究，此外通过索膜结构气动弹性模型风洞试验研究了屋盖结构的风致响应变化规律，并对开孔屋盖结构的频率特性与孔口阻尼特性进行了详细的分析（图1.6）。

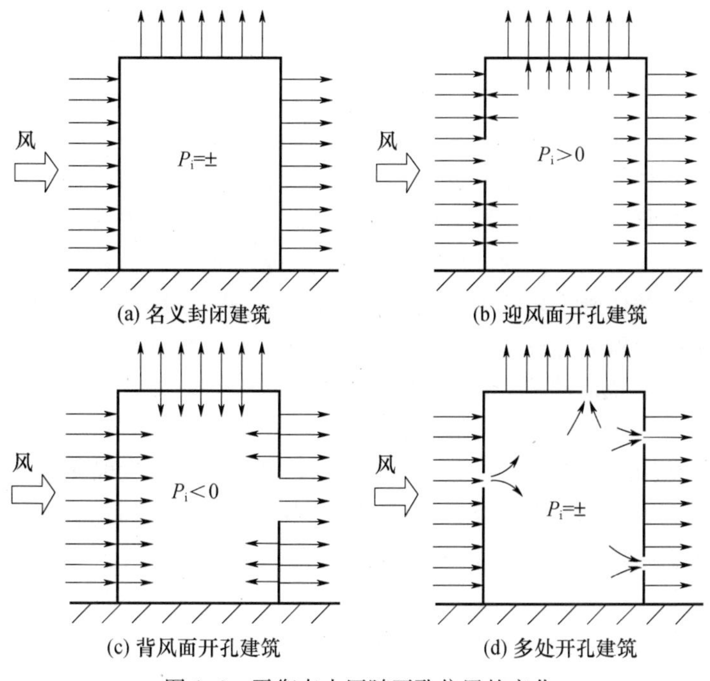

图1.6　平衡态内压随开孔位置的变化

目前国内外荷载规范[7,10,84,87,88]对建筑内部风压系数的规定各有差异，如我国《建筑结构荷载规范》(GB 50009—2012)[7]按三种类别对建筑的内部局部体型系数进行了规定，经转化后可求出相应的内压系数；中国香港（Code of Practice on Wind Effects in Hong Kong，2004）[87]与日本荷载建议（Recommendations for Loads on Buildings，AIJ，2004）[10]也对四周封闭建筑的内压系数进行了规定，对有幕墙开洞的建筑内压系数则需经风洞试验确定；美国（Minimum Design Loads for Building and other Structures，ASCE）[88]对四周封闭与幕墙开洞时建筑内压系数进行了规定，但对开洞位置的大小及洞口与来流风向角的关系没有详细列出，只给出了较为笼统的内压系数定值；相比之下澳洲规范（AS/NZS 1170.2：2002）[84]对建筑内压系数的规定较为全面。这些规范规定值对体型复杂且各幕墙开洞率不同的大跨屋盖结构是否适用，仍有待进一步研究。

1.4 本书研究的目的和意义

大跨屋盖结构越来越广泛地应用到机场、体育馆、火车站以及会展中心等大型公共建筑中。这些建筑在功能上要求具备尽可能大的无内柱空间，因此轻盈的桁架、网架、网壳等结构成为屋盖支撑体系的首选。这种钢骨架的屋盖具有自重小、柔度大、阻尼小等特点，风荷载成为其结构设计的主要控制荷载。另外，在大气边界层中，这类结构比较低矮，处于高湍流度的区域，且大跨屋盖结构往往具有复杂的外型，其绕流和空气动力作用较为复杂。在强风作用下，屋盖结构遭破坏的例子时有报道。由于大跨屋盖结构一般投资巨大，社会效应显著，因此探讨其屋面和幕墙的风荷载分布以保证结构的抗风安全具有重要的意义。

建筑结构的抗风研究，经过几十年的发展，已取得了较为丰硕的成果，并编订了相关的风荷载规范，为结构的抗风设计提供了科学的依据。对于大跨结构屋面的体型系数，现行《建筑结构荷载规范》[7]仅给出几种简单形状房屋的体型系数用于设计参考，而对于体型复杂的建筑物，只是提出应该通过风洞试验来确定其风压分布。由于屋盖结构自身形式的多样性等诸多因素的原因，使得其抗风设计时存有许多不足，首先屋盖表面的绕流特性异常复杂，现行荷载规范没有给出相应的设计依据且一些基于二维势流理论的解析方法也无法适用。同时，由于风流经屋盖表面时，不同位置间存在一定的时间差，从而使其风荷载体现出较为复杂的时空特性。此外，屋盖结构作为一个钝体结构，气流流经其表面时会形成分离与再附以及漩涡脱落，从而使流体中除了来流自身湍流外还存在因屋盖引起的特征湍流，使得屋盖在迎风屋檐及屋盖角部区域产生较大的高负压。因此开展对复杂体型屋盖结构的风荷载研究工作可为实际工程的抗风设计提供参考，同时也可以为风荷载规范相关条文的修订提供科学的依据。本书通过对复杂体型屋盖场馆、火车站开展风洞试验研究，分析探讨了各屋盖结构的风荷载特性，其研究成果可为其他类似屋盖结构的抗风设计提供参考（表 1.1)。

表 1.1　各国（地区）风荷载规范对结构内压的取值建议

国家/地区	规范	风荷载内压取值建议
中国	《建筑结构荷载规范》(GB 50009—2012)[7]	（1）对于封闭式建筑，根据外表面的风压正负情况取局部体型系数 $\mu_{si}=0.2$ 或 -0.2；（2）对于一面墙有主导洞口的建筑物，当开洞率大于0.02且小于或等于0.10时，取 $0.4\mu_{si}$；当开洞率大于0.10且小于或等于0.30时，取 $0.6\mu_{si}$；当开洞率大于0.30取 $0.8\mu_{si}$；（3）其他情况按开放式建筑物取为 μ_{si}
美国	ANSI/ASCE7-95[88]	对于开敞建筑内部压力系数峰值取 $GC_{pi}=0$，对部分封闭建筑取内部压力系数峰值 $GC_{pi}=0.30\sim0.80$（如果房屋类别在开敞与部分封闭之间，则应将其定义为开敞建筑）
日本	《日本建筑学会对建筑物荷载建议》[Recommendations for Loads on Buildings. Architectural Institute of Japan (AIJ)][10]	对于无明显开孔的建筑物，内部压力系数取 $C_{pi}=0$ 或 -0.4，相应阵风因子 $G=1.3$
加拿大	《加拿大国家建筑规范》(National Research Council of Canada)[89]	（1）内压系数 $C_{pi}=-0.3\sim0$，阵风系数 $G=1.0$，这种类型包括开孔不大或者开孔不明显的建筑物，对开孔分布均匀的较小的开孔（不大于总面积的0.1%），取 $C_{pi}=-0.3$，但对开孔缓解了外部荷载的位置，应取 $C_{pi}=0$； （2）内压系数 $C_{pi}=-0.7\sim0.7$，阵风系数 $G=1.0$，这种类型包括有明显开孔，根据不同的开孔位置进行取值。当主要孔洞在建筑物迎风面时，取 $C_{pi}=0.7$，当主要孔洞在背风面时，取 $C_{pi}=-0.5$，当主要孔洞在平行于风向的侧面时，取 $C_{pi}=-0.7$，当所有墙面都有开孔时，取 $C_{pi}=-0.3$；当有明显的大开孔时，阵风因子取 $G=2.0$
澳大利亚	《澳大利亚风荷载标准》(AS/NZS 1170，2：2002)[84]	名义封闭状态下取内部压力系数 $C_{pi}=-0.3$，对迎面开孔时取 $C_{pi}=0.7$
香港	《香港风荷载规范》(Code of Practice on Wind Effects in Hong Kong)[87]	对于封闭式建筑，根据外表面的风压正负情况取内部压力系数 $C_{pi}=0.2$ 或 -0.3

现有的风灾调查、理论及风洞试验研究均表明，结构在部分门窗开敞或突然开孔时，建筑物会受到内外压的共同作用，与封闭建筑相比结构会更容易遭受风载破坏，因此在结构的抗风设计时需要考虑建筑部分开敞的不利情况和强风作用下门窗、幕墙遭遇突然开启或破坏的影响。现行《建筑结构荷载规范》对结构风致内压的取值建议较为有限，无法满足开孔建筑的抗风设计要求。此外，随着施工工艺和建筑科技的不断进步，大面积的门窗、整体立面的玻璃幕墙等广泛应用于会展中心、火车站、候机楼等大型公共建筑场馆，对这类重要建筑物的风致内压取值及屋盖结构的风致振动问题亟需科学地解答，这正是现代结构风工程研究领域的重点、热点之一。本文通过理论分析与风洞试验对不同立面幕墙开孔率的屋盖结构的风荷载特性、内部风效应及屋盖的风振响应进行了详细的研究探讨，其研究成果可为类似结构的抗风设计及风荷载条文的修订提供依据。

1.5 本书研究的主要内容

本书综合风洞试验和理论研究分析相结合的方法，开展了复杂体型屋盖结构风荷载特性及幕墙开孔的屋盖结构的风荷载特性、内部风效应的研究工作，具体研究内容如下：

（1）以复杂体型的鱼形屋盖结构为研究对象，对规范常规风场与台风风场下鱼形屋盖在单体建筑与有干扰建筑存在时的平均风压、脉动风压及屋盖体型系数的分布特性进行了详细的研究探讨，同时对屋盖整体升力系数进行了对比分析，总结了一些规律。

（2）基于吉林火车站和昆明南站的工程背景，在大气边界层风洞试验室中对其进行了刚性模型同步测压试验研究，对屋盖的风压特性、脉动压力的频域特性以及概率特征、风振响应进行了研究。同时，对昆明南站在立面入口门厅封闭与否的情况下屋盖结构风荷载特性的差异进行了对比研究。

（3）对紊流风场中开孔屋盖结构的孔（洞）口阻尼特性进行了理论研究，同时对现有开孔结构风致内压脉动的频率分析理论进行了修正。

（4）重新定义了开孔结构的开孔率，并用开孔率来衡量开孔结构的开孔程度，从而评价开孔结构内压脉动的剧烈程度。

（5）根据实际工程应用中建筑物存在多面幕墙开孔的现象，利用空气绝热变化状态方程和伯努利方程，对双面幕墙开孔的内压传递方程进行了推导，并就背立面幕墙开孔对开孔结构内压响应的影响进行了阐述，利用时程分析的方法对背立面孔洞的附加阻尼特性进行了分析，为进一步开展多立面幕墙开孔的研究提供理论指导。

（6）研发了一套用于测试建筑内压的模型门洞开启装置，可以较为便捷地模拟建筑物在强风作用下门洞的开启与关闭。

（7）由稳态状况时的流量平衡推导了双面、多面幕墙开孔的风致内压的理论估算公式，并与风洞试验值进行了对比，验证估算公式的适用范围。

（8）建立屋盖结构的有限元计算模型，分析不同立面幕墙开孔率下屋盖结构的动力特性，进行屋盖结构的动力时程分析，计算其风致响应，得到不同幕墙开孔率下的风振系数。研究分析出不同开孔率下节点位移反应的机理，对节点的响应谱进行研究分析。

（9）将传统的风振系数计算方法与采用目标概率法得到的位移风振系数进行了对比，对计算结果的精度及合理性进行分析探讨。

第2章 鱼形屋盖结构风荷载特性的试验研究

随着社会经济的发展和科技的进步，各种造型独特、结构新颖的空间结构大量涌现。这些建筑物大多具有质量轻、柔性大、阻力小，对风荷载敏感。目前国内外荷载规范并未（实际上也无法）给出形式繁多的屋盖结构的风荷载取值统一公式或建议值，因此对一些特殊体型的屋盖结构必须对其有针对性地进行风荷载研究。现行《建筑结构荷载规范》[7]仅给出几种简单形状房屋的体型系数用于设计参考，而对于体型复杂的建筑物，规范没有给出相应的设计依据，只是指出应该通过风洞试验来确定其风压分布。此外，规范一般是针对开阔地貌中的单体建筑，而在实际工程应用中，除了极少数情况下，建筑物大都处于建筑群中，建筑物受风荷载的作用必然会受到周边建筑的影响。国内外对不同体型屋盖结构的风荷载特性已进行了一些研究，也得出了对实际工程有意义的结论，但这些结论还不能完全适用于其他屋盖结构。因此，有必要开展广泛和深入的研究工作。

本章结合海南岛石梅湾游艇会所的风洞试验数据，首先介绍了刚性模型风洞同步测压试验方法，然后分别分析了规范常规风场与台风风场下鱼形屋盖在单体建筑与南、北两栋建筑同时存在时的平均风压、脉动风压及屋盖体型系数的分布特性，同时对屋盖整体升力系数进行了对比研究分析，总结了一些规律，得出了一些有意义的复杂体型屋盖结构的抗风设计结论。

2.1 工程背景简介

石梅湾游艇会所位于海南岛万宁市东南部沿海（图2.1），分南北两栋，整个建筑造型灵感来源于两条在海面腾空而起的鲸鱼，屋面为从地面缓缓而起的双曲面，最高点17.9m，体型十分独特，建筑效果图如图2.2所示，游艇会所结构纵向剖面如图2.3所示。

该建筑物体型独特，且处于大气边界层中风速变化大的沿海地区。当风吹过屋盖时，由结构本身独特外形引起的气流分离产生的强烈脉动效应常常使屋盖局部饰物发生破坏。因此，有必要在结构设计时对其风荷载特性进行仔细的研究，达到经济、安全的目的。表2.1为我国历年台风登陆海南万宁的统计表。

图 2.1 游艇会所地理位置示意图

（Ⓐ代表游艇会所所处位置；＊图片信息来源于 google 地图。）

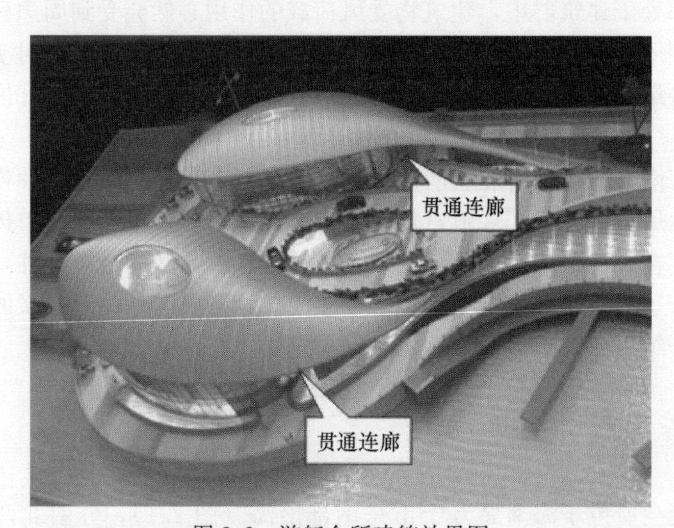

图 2.2 游艇会所建筑效果图

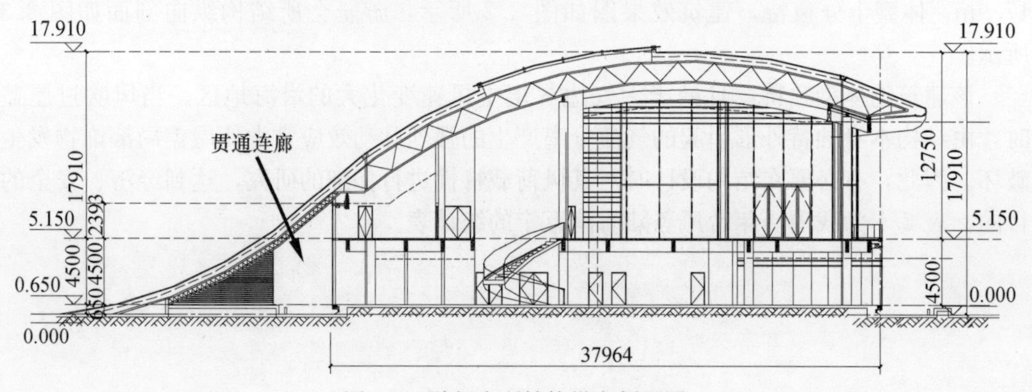

图 2.3 游艇会所结构纵向剖面图

表 2.1　我国历年台风登陆海南万宁统计表

年份	台风编号名称	极值风速	登陆时间
1973	7314 无编号	40m/s	9 月 13 日
1974	7423 Della	50m/s	10 月 26 日
1988	8823 Pat	35m/s	10 月 22 日
1988	8824 Ruby	45m/s	10 月 28 日
2005	0518 Damrey	55m/s	9 月 26 日
2009	0917 Parma	55m/s	10 月 12 日
2011	1119 Nalgac	25 m/s	10 月 4 日

2.2　刚性模型风洞试验方法

刚性模型风洞试验的流程可简述如下：首先按照一定的缩尺比例制作建筑物的刚性模型，在模型上根据实际需要布置适当的风压测点。风压测点是采用埋设一定孔径的铜管或不锈钢管的方法，风压测量管必须垂直于建筑物的表面；然后在大气边界层风洞试验室中进行风洞试验，采用尖劈、挡板、粗糙元等在风洞实验室中模拟边界层的流场。模拟出流场的紊流度剖面、风剖面等特征需与实际流场相一致。紊流度剖面、风剖面与理论计算公式是否一致是判断风洞实验室品质好坏的一个重要指标。风洞试验数据采集一般由扫描阀、压变管、PC 机、A/D 数据采集板、数据处理及信号采集软件等组成，采集一个时段内的测点风压数据时程，经过统计分析处理后，便可得到各测点风压系数的各项统计值。

2.2.1　试验概况

2.2.1.1　试验设备及测量系统

海南石梅湾游艇会所刚性模型风洞试验在湖南大学建筑与环境风洞试验室(图 2.4)进行，该试验段宽 3m、高 2m、长 11.5m，风速在 0～20m/s 范围内连续可调，流场性能良好，风洞实验室技术参数见表 2.2。大气边界层风场模拟的调试和测定采用澳大利亚 TFI 公司的 Cobra Probe 三维风速仪、A/D 板、PC 机和专用的软件组成的测量系统进行测量。

(a) 风洞外观侧视图

图 2.4　湖南大学建筑与环境风洞试验室

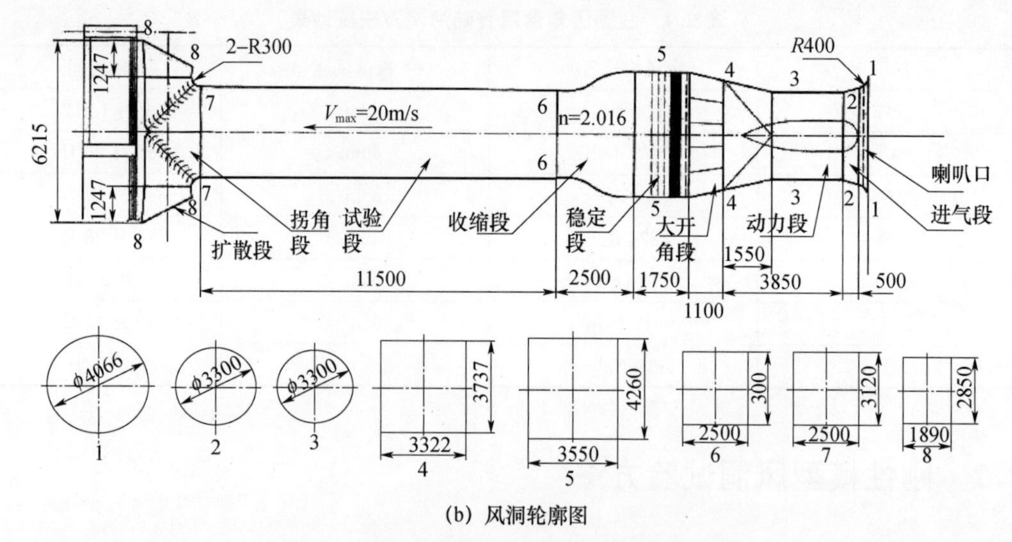

(b) 风洞轮廓图

图 2.4　湖南大学建筑与环境风洞试验室（续）

表 2.2　湖南大学建筑与环境风洞试验室技术参数表

项目	技术指标
风洞试验段	3.0m×2.0m×11.5m（宽×高×长）
可控风速	0.5～20m/s
紊流度	$\varepsilon \leqslant 0.5\%$
气流偏角	$\lvert \Delta\alpha \rvert \leqslant 0.50$，$\lvert \Delta\beta \rvert \leqslant 0.50$
平均速度偏差	≤1.0%
轴向静压梯度	$\lvert dp/dx \rvert \leqslant 0.01$m
风洞实验室外噪声	≤70dB

测压试验采用美国 Scanivalue 公司的 DSM3400 电子扫描阀测压系统，其组成框图见图 2.5。由模型表面各测压孔接受的压力信号经过 PVC 管输入压力模块（ZOC33/64P_XX2）转换为电压信号，再通过数字伺服模块（DSM3400）采集数据，并与主控计算机相连。同时来自计算机的控制信号和来自自动压力分配器的控制气体经压力校准模块（SPC3000）和压力控制模块（CPM3000）输入压力模块。

通过测压试验可测量模型上各测压孔的局部风压，通过对测压点风压数据插值，可得到建筑整体表面上的风压信息；通过对测压点风压数据的积分，可估算较大部位及整个建筑的局部风荷载。在测量试验模型表面的脉动风压时，根据事先利用测量和计算得到的 PVC 输压管道的复频响应（Complex Frequency Response）可消除因管道影响而产生的信号畸变。

2.2.1.2　大气边界层风场模拟

我国现行《建筑结构荷载规范》[7]采用与地表粗糙度有关的地表粗糙度指数 α 来区分大气边界层的地貌类型，分为 A、B、C、D 四类，其中 A 类指近海的海面、沙漠等较为平坦的地区；B 类指乡村、田野、丘陵及城市郊区；C 类指建筑群密集的市区；D

类指建筑群密集且房屋高度较高的市区，四类地貌 α 指数的大小及梯度风的高度 H_T 的值见表 2.3。

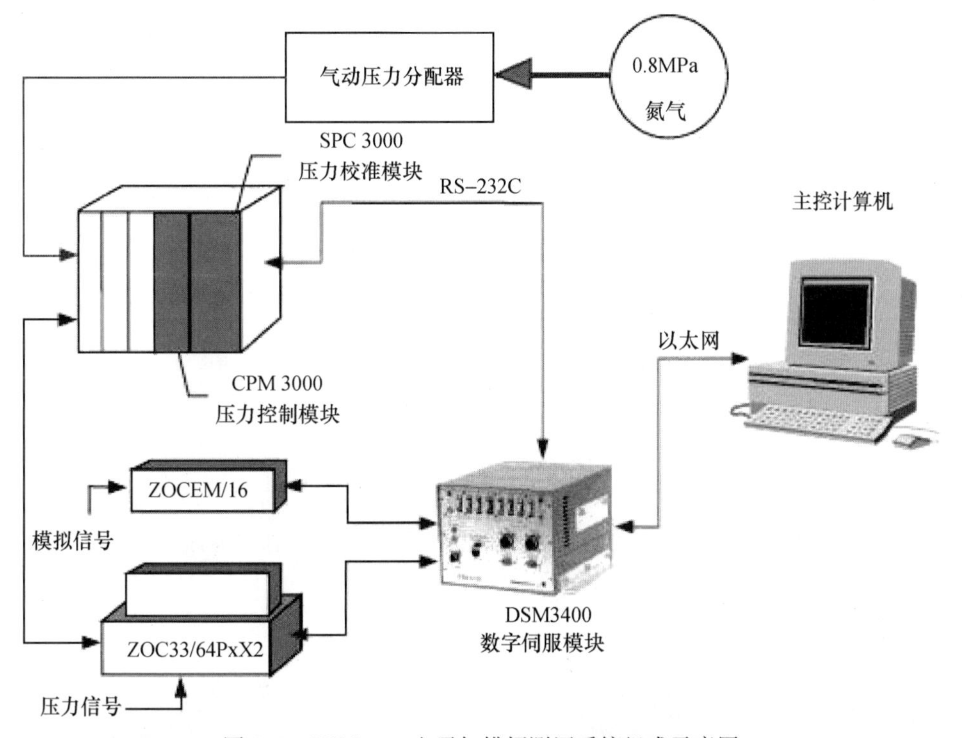

图 2.5　DSM3400 电子扫描阀测压系统组成示意图

表 2.3　《建筑结构荷载规范》[7] 中的 α 和 H_T 值

地貌类型	A	B	C	D
α	0.12	0.15	0.22	0.30
H_T（m）	300	350	450	550

根据石梅湾游艇会所周边建筑物、构造物等因素，地貌类型按中国荷载规范中规定的 A 类地貌考虑，地貌粗糙度指数 $\alpha=0.12$；同时由于该地区为台风多发地域，考虑结构的安全性，对其进行了台风风场下的风洞试验研究。在试验段内，用二元尖劈、粗糙元来模拟 A 类地貌的风剖面及湍流分布，风速剖面及湍流度剖面如图 2.6（a）所示。

台风风场是根据香港城市大学李秋胜教授的科研团队常年在东南沿海地区台风登陆时采集到的现场实测数据以及国内外关于台风风场的研究资料，通过统计分析而获得的。分析结果表明在 200m 范围内风速剖面基本符合 α 指数率分布，通过拟合实测数据分析出来的风剖面数据，获得 $\alpha=0.14208$ 指数分布的台风风场平均风速剖面[14]；对于湍流强度，台风风场条件下具有高湍流特征，在 100m 范围内湍流强度超过 16%，在 20～40m 范围内湍流强度达到 22%～28%，明显高于常规风场条件下的湍流强度。在风洞试验中，台风风场通过尖劈、粗糙元以及在来流方向增加锯齿状挡板来获得，风洞试验采用的台风风场条件如图 2.6（b）所示。

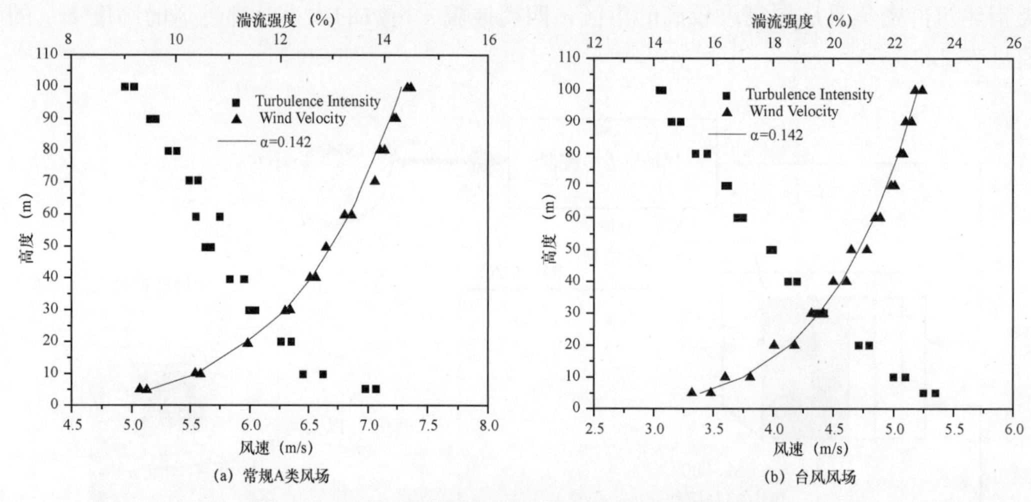

图 2.6　风洞试验模拟地貌的风速剖面及湍流度剖面

试验中取参考高度为 0.4m，试验风速为 10m/s。图 2.7 给出了风洞中 0.4m 高度处的顺风向脉动风速谱，从图中可以看出，风洞中的顺风向脉动风谱与常用的理论谱（Kaman 谱[90]、Kaimal 谱[91]、Davenport 谱[92]）基本一致。

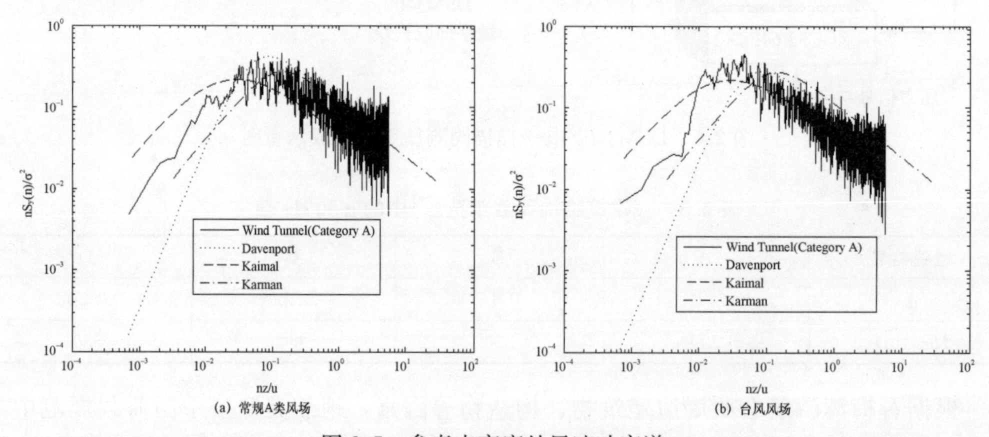

图 2.7　参考点高度处风速功率谱

2.2.1.3　风洞试验模型及测点布置

风洞试验模型是用 ABS 板制成的刚性模型，几何外形与原建筑相似。试验模型缩尺比为 1∶100，满足堵塞度<5%的要求。考虑到屋盖曲面的复杂性，在北栋屋面布置了 172 个单测点，悬挑屋檐及尾部斜长区域分别布置有 32 对双测点；南栋屋面布置了 163 个单测点，悬挑屋檐及尾部斜长区域分别布置有 31 对双测点。

2.2.1.4　风洞试验工况介绍

试验前经仔细检查，保证测压孔全部有效。为了反映屋面风压随风向的变化，风洞试验的吹风角为 0°～360°，以游艇会所正北向来风定义为 0°风向，每隔 15°为一个试验工况，总共 24 个工况，风向角的定义如图 2.9 所示。

图2.8　风洞试验模型

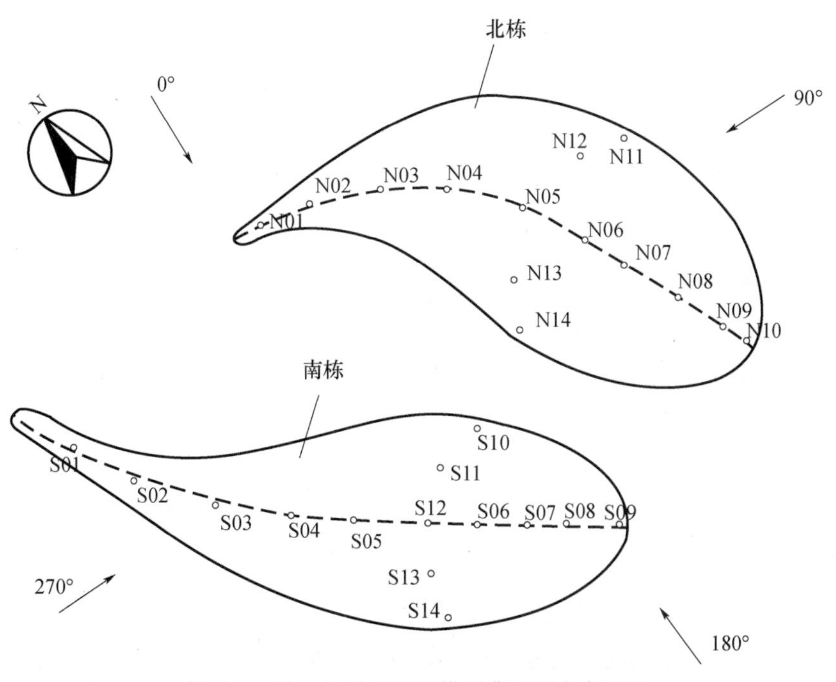

图2.9　风向角示意图及模型典型测点布置图

2.2.1.5　风洞试验风速、采用频率及样本长度

风洞试验的参考点风速为10m/s，测压信号采样频率为333.3Hz，采样时间为30s，对应的每个测点的采样样本总长度为10000。可检验采样时间、采样频率是否满足相关计算的要求。假定实际结构风场的截止频率为3Hz（风压能力在该频率处已经非常小，根据Davenport风速谱[91]确定）。

对于本章所研究的建筑而言，试验模型几何尺寸相似比$C_L=L_m/L_p=1/100$，A类边界层风场地貌、重现期为50年、在高度10m处、10min的基本平均风压取0.75kPa，则对应基本风速$U_{10}=\sqrt{1630\times w_0}=38.30$m/s，参考高度点处风速$U_{ref}=U_{10}(40/10)^{0.12}$

=45.23m/s，风速的相似比 $C_V=U_{test}/U_{ref}=10/45.23=1/4.523$。

根据相似定律计算公式[93]：

$$(nL/V)_m=(nL/V)_p \tag{2.1}$$

式中，n 指频率；L 指几何尺寸；V 指风速；下标 m 为模型，p 为原型。

可以得到：

$n_m=n_p\ (L_p/L_m)\ (V_m/V_p)\ =3\times\ (100/1)\ \times\ (1/4.523)\ =66.33\ (\mathrm{Hz})$；

根据信号采样定理，有：

$$f_s\geqslant 2f_c \tag{2.2}$$

式中，f_s 指信号采样频率；f_c 指原始数据信号截断频率。

当满足采样定理时，采样后的离散数据信号才可以确定原始数据的连续信号[94]，当最小采样频率大于风洞试验时的数据采样频率，得到的试验结果则会偏小[95]。

本试验中，取原始采样信号截断频率 $f_c=66.33\mathrm{Hz}$，试验的最小采样频率则为 $2f_c=2\times 66.33=132.66\mathrm{Hz}$，而实际采样频率是 $f_s=333.3\mathrm{Hz}$，大于最小采样频率，故满足采样定理，符合要求。

2.2.2 风洞试验数据处理方法

本文中约定模型试验中的符号以向外（吸）为负，压力向内（压）为正。建筑的表面压力通常以无量纲风压系数来表示，模型表面各测点的风压系数可由下式给出：

$$C_{pi}(t)=\frac{p_i(t)-p_\infty}{p_0-p_\infty} \tag{2.3}$$

式中，C_{pi}（t）指试验模型表面第 i 个测压点所在位置处的风压系数；p_i（t）指该位置处所测的模型表面的风压值；p_0 指参考高度点处的平均总压；p_∞ 指参考高度点处的平均静压。对于屋面悬挑位置处（如两个测压孔上下位置对应布置），则由上下表面处对应测点所测得的压力值进行相减，如式（2.4）所示：

$$\Delta C_{pi}(t)=\frac{p_i^u(t)-p_i^d(t)}{p_0-p_\infty} \tag{2.4}$$

式中，ΔC_{pi}（t）表示试验模型表面第 i 个测压点所在位置处的风压差系数；p_i^u（t）表示该位置上表面的风压值；p_i^d（t）表示对应下表面的风压值，为简化叙述，本文中均采用压力系数 C_{pi}（t）来表示上述式（2.3）、式（2.4）中的两种情况。

通过对上述风压系数的时间历程进行统计分析处理，可得到各种定义的无量纲压力系数，其中主要包括平均风压系数、脉动（或叫做均方根）风压系数、峰值正压系数、峰值负压系数、极大风压系数和极小风压系数等。由这些风压系数可得到建筑表面的体型系数。

对于平均风压系数 C_{pmean}，可由式（2.5）求得：

$$C_{pmean}=\frac{1}{T}\int_0^T C_{pi}(t)\mathrm{d}t \tag{2.5}$$

式中，T 表示采样时间。

某一测点在各个风向角内出现的平均风压系数的最大值称为该测点的全风向最大平均风压系数；在各个风向角内出现的平均风压系数的最小值称为该测点的全风向最小平均风压系数。

对于脉动风压，可以通过式（2.6）来求得脉动风压均方根值 C_{prms}：

$$C_{\mathrm{prms}}=\sqrt{\sum_{k=1}^{N}\left(C_{\mathrm{pik}}-\overline{C_{\mathrm{p}}}\right)^2/(N-1)} \tag{2.6}$$

式中，C_{pik}为第 i 个测压孔所在位置的风压差系数时程；N 为样本数。

依此可以求出测点的极大峰值风压系数 C_{pmax}和极小峰值风压系数 C_{pmin}：

$$C_{\mathrm{pmax}}=\overline{C_{\mathrm{p}}}+gC_{\mathrm{prms}} \tag{2.7}$$

$$C_{\mathrm{pmin}}=\overline{C_{\mathrm{p}}}-gC_{\mathrm{prms}} \tag{2.8}$$

式中，$\overline{C_{\mathrm{p}}}$为平均风压系数；$g$ 为峰值因子或叫做保证因子。由于脉动风压不再是高斯过程，在结构风工程问题中 g 的取值范围一般在 2.5～4.0 之间，参考有关文献[93]，本文取 $g=3.5$，下标 rms 表示脉动值。

由于脉动风压系数 C_{prms}始终表现为正值，而平均风压系数 C_{pmean}则有可能为正值也有可能为负值，因此极值风压系数 C_{pmax}与 C_{pmin}两者有可能出现为正值或者为负值。为简化叙述，可以将极大风压系数 C_{pmax}为正值时定义为峰值正压系数，相应将极小风压系数 C_{pmin}为负值时定义为峰值负压系数。此外，某一测点在各个风向角内出现的峰值正压系数的最大值称为该测点的最大峰值正压系数；在各个风向角内出现的峰值负压系数的最大绝对值称为该测点的最大峰值负压系数。

通过下式变换可得到结构表面测点的体型系数 μ_{si}：

$$\mu_{\mathrm{si}}=C_{\mathrm{pi}}\left(\frac{Z_{\mathrm{r}}}{Z_{\mathrm{i}}}\right)^{2\alpha} \tag{2.9}$$

式中，C_{pi}为测点风压系数；α 为地面粗糙度指数；Z_{i} 为测点高度；Z_{r} 为参考点高度。通过局部体型系数可以客观地比较位于不同地貌下的不同建筑体型的结构模型的风荷载分布特性。对于局部区域体型系数可由下式得到：

$$\mu_{\mathrm{s}}=\frac{\sum_{i=1}^{n}\mu_{\mathrm{si}}A_{\mathrm{i}}}{\sum_{i=1}^{n}A_{\mathrm{i}}} \tag{2.10}$$

将式（2.7）、式（2.8）求得的极大、极小风压系数取代式（2.9）、式（2.10）中的 C_{pi}可相应得到极大、极小局部体型系数 μ_{smax}、μ_{smin}。一般情况下，大跨屋盖风荷载以向上的吸力为主，因此本文只对 μ_{smin}进行讨论。

作用于建筑物表面的局部风压亦可以由式（2.11）得到：

$$W_{\mathrm{i}}=\beta_{\mathrm{z}}C_{\mathrm{pi}}\mu_{\mathrm{zr}}w_0 \tag{2.11}$$

式中，W_{i} 为建筑表面局部风压值；β_{z} 为风振系数或阵风系数（主要承重结构叫做风振系数，围护结构叫做阵风系数），可由《建筑结构荷载规范》[7]直接查得；C_{pi}为建筑模型上相应第 i 测压孔位置的风压系数；μ_{zr}表示参考点的风压高度变化系数；w_0 为建筑原型所在地的基本风压值，亦可由《建筑结构荷载规范》直接查得。

2.2.3　风洞试验结果分析

2.2.3.1　A 类常规地貌风洞试验

（1）屋盖平均风压系数分布特性

图 2.10 为典型风向角下屋盖在工况Ⅰ（A 类常规风场，单体建筑）与工况Ⅱ（A

类常规风场，南、北两栋同时存在，有干扰作用）下的平均风压系数分布图（为方便两种工况下屋面风压的对比分析，将工况Ⅰ中南北两栋屋盖风压系数等值线绘制在一起）。

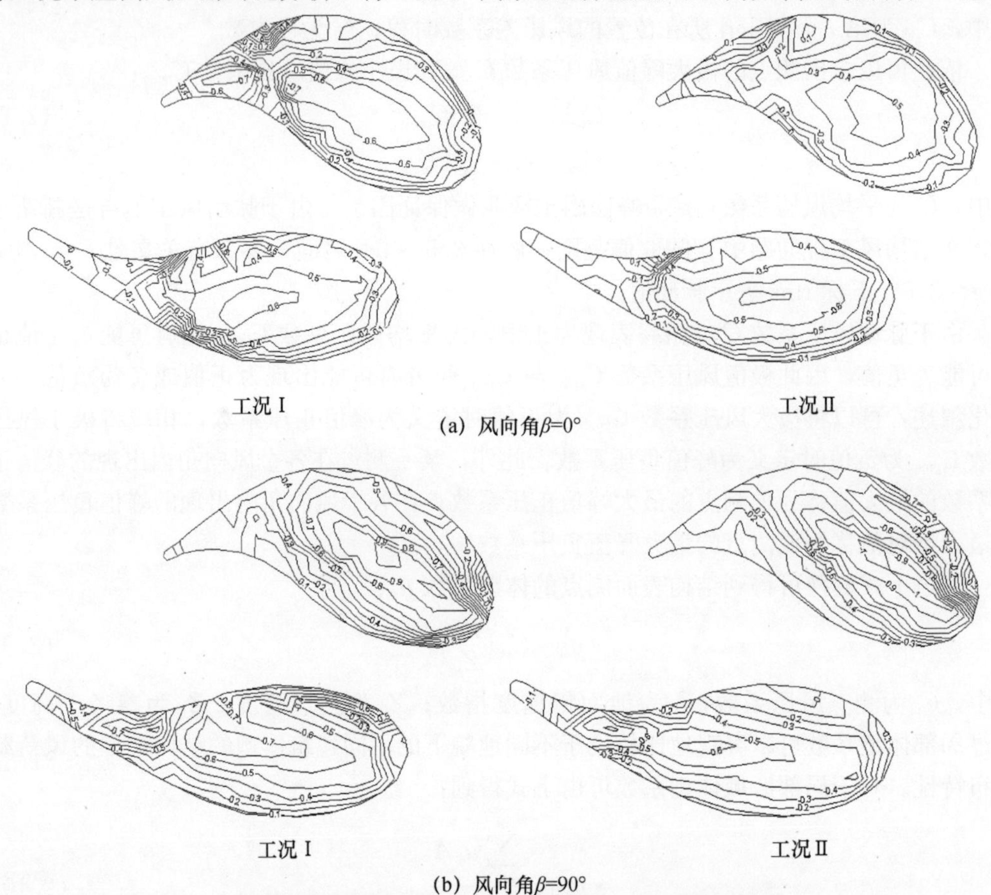

(a) 风向角β=0°

(b) 风向角β=90°

图 2.10 典型风向角下鱼形屋盖平均风压系数分布图

（注：工况Ⅰ为 A 类常规风场单体建筑，工况Ⅱ为 A 类常规风场有相互干扰作用，以下类同。）

从图 2.10 可以看出在两种工况下屋面风压系数主要呈现负压（即风吸力），来流均沿迎风屋檐发生分离，风压等值线随着屋檐的边缘线梯度变化。因屋盖在尾翼处下有贯通的连廊，当风向角 β=0°时，在工况Ⅰ时，南、北两栋在连廊屋盖屋檐处风压等值线均较为密集且出现正风压值，这是因为在此风向角下，贯通的连廊相当于吸风口，来流在此处风速明显增强，而增强的气流对屋盖下表面产生向下的吸力（相对屋盖上表面来说为正压），且这股吸力要大于上表面向上的吸力，屋盖上下表面风压叠加后该处屋面呈现一定的正压，其中北栋在此处的最大正风压系数为 1.07，南栋为 0.41；在工况Ⅱ时，由于南、北两栋建筑的相互遮挡与干扰作用，这种增强气流有所减小。当风向角 β=90°时，由于北栋处于迎风向上游，屋面风压受下游处南栋的干扰较小，因而在两种工况下屋面风压等值线形状相似且数值大小相当；但处于下游区域的南栋屋面风压则受北栋的遮挡较为明显，迎风屋檐的气流分离明显减小，屋面风压等值线分布较为均匀且变化梯度较小。

对于屋盖结构，当风压为正时（垂直屋面向下）对屋盖结构是有利的，而负风压可能会对结构产生破坏作用。图 2.11 为屋盖在工况Ⅰ与工况Ⅱ下全风向最大负平均风压系数分布图。从图中可以看出：工况Ⅰ下的屋面风压等值线在屋檐周边的分布比工况Ⅱ下明显密集。在工况Ⅰ时，北栋屋面最大负平均风压系数为－1.49，南栋为－1.55，均出现在悬挑屋檐的边缘；而在工况Ⅱ时，北栋与南栋屋面最大负平均风压系数依次为－1.24、－1.14，相应减小了21%、36%，这说明干扰建筑的存在对屋面风压有一定的遮挡效应。

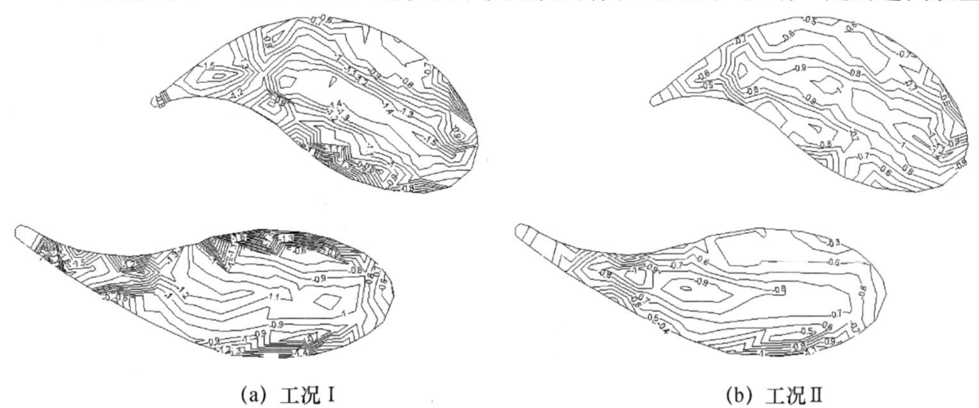

(a) 工况Ⅰ　　(b) 工况Ⅱ

图 2.11　鱼形屋盖全风向最大负平均风压系数分布图

（2）屋盖脉动风压系数分布特性

气流的脉动除了受自身的湍流影响外还受到漩涡导致的流动或特征湍流的影响。脉动风压系数反映了风压脉动能量的大小，是脉动风荷载的重要特征之一。图 2.12 为典型风向角下屋盖在工况Ⅰ、Ⅱ下的脉动风压系数分布图，从图中可以看出：

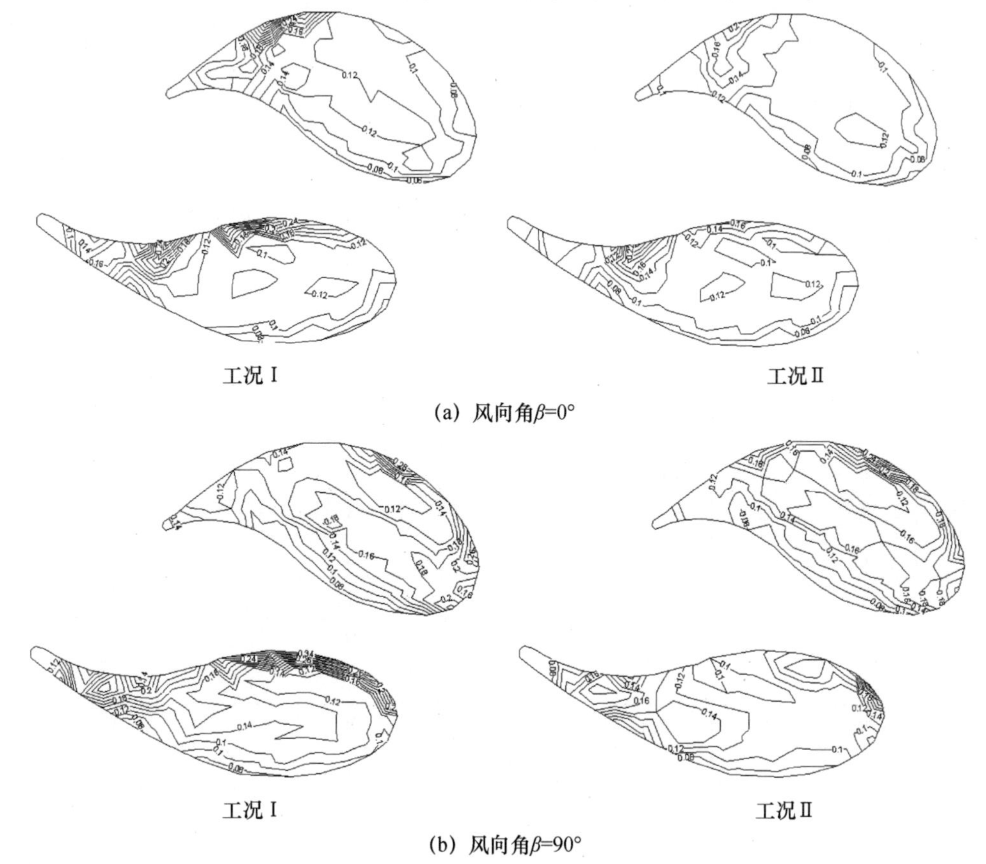

工况Ⅰ　　工况Ⅱ

(a) 风向角β=0°

工况Ⅰ　　工况Ⅱ

(b) 风向角β=90°

图 2.12　典型风向角下鱼形屋盖脉动风压系数分布图

① 脉动风压系数的分布趋势跟平均风压系数分布趋势（图 2.10）基本一致，平均风压等值线密集的地方脉动风压等值线也密集。

② 迎风屋檐的脉动风压明显大于屋面其他区域，从图 2.12（a）可以看出，当来流顺沿贯通的连廊时，气流在连廊处的风速增大，湍流特性增强，脉动能量较大，因而脉动风压系数也较大。

③ 从图 2.12（b）工况Ⅰ、Ⅱ的对比可以看出，南栋北侧屋檐的中间区域由于有北栋的阻挡，风压等值线分布稀疏且脉动风压系数为 0.1 左右；而在屋盖两端由于气流受北栋建筑的阻挡较小，脉动风压显著增强，特别在高度较高的头部区域，增强的气流在屋檐处发生明显的分离与再附，脉动风压系数达到 0.50。

④ 脉动风压系数比平均风压系数更复杂，这是由于来流中的紊流成分造成的。

（3）屋盖极值风压分布特性

由于游艇会所建筑高度较低（屋盖最高点仅为 17.9m），屋面气流湍流强度较大，由式（2.7）、式（2.8）可知极值风压同时与平均风压、脉动风压系数有关，同时由于峰值因子的作用，更能直观地反映屋面的脉动特性。表 2.4 列出了游艇会所屋盖典型测点在重现期为 50 年和 100 年的最小极值风压。从表 2.4 可以看出，屋面的极值风压在两种工况下变化较为复杂，典型测点极值风压增大与减小的变化幅度较大，这与屋盖体型的独特性及屋面流场的复杂性有关，结构设计时应予以重视。

表 2.4　鱼形屋盖典型测点最小极值风压 kPa

北栋					南栋				
测点编号	工况	50 年重现期	100 年重现期	差别 *（%）	测点编号	工况	50 年重现期	100 年重现期	差别 *（%）
N01	Ⅰ	−1.24	−1.49	63.6	S01	Ⅰ	−1.47	−1.76	49.3
	Ⅱ	−0.45	−0.54			Ⅱ	−0.75	−0.89	
N02	Ⅰ	−1.54	−1.85	15.6	S02	Ⅰ	−2.08	−2.49	15.7
	Ⅱ	−1.30	−1.56			Ⅱ	−1.75	−2.10	
N03	Ⅰ	−1.94	−2.33	1.1	S03	Ⅰ	−1.79	−2.14	−12.9
	Ⅱ	−1.92	−2.31			Ⅱ	−2.02	−2.42	
N04	Ⅰ	−1.92	−2.31	13.7	S04	Ⅰ	−1.63	−1.95	−4.5
	Ⅱ	−1.66	−1.99			Ⅱ	−1.70	−2.04	
N05	Ⅰ	−2.01	−2.41	11.5	S05	Ⅰ	−1.56	−1.88	6.0
	Ⅱ	−1.77	−2.13			Ⅱ	−1.47	−1.76	
N06	Ⅰ	−2.00	−2.39	11.1	S06	Ⅰ	−1.39	−1.66	11.4
	Ⅱ	−1.77	−2.13			Ⅱ	−1.23	−1.47	
N07	Ⅰ	−1.97	−2.37	9.6	S07	Ⅰ	−1.54	−1.85	14.3
	Ⅱ	−1.79	−2.14			Ⅱ	−1.32	−1.59	
N08	Ⅰ	−2.11	−2.53	2.0	S08	Ⅰ	−1.42	−1.70	11.1
	Ⅱ	−2.07	−2.48			Ⅱ	−1.26	−1.51	

续表

北栋					南栋				
测点编号	工况	50 年重现期	100 年重现期	差别*（%）	测点编号	工况	50 年重现期	100 年重现期	差别*（%）
N09	Ⅰ	－2.15	－2.58	0	S09	Ⅰ	－0.84	－1.01	－27.5
	Ⅱ	－2.15	－2.58			Ⅱ	－1.07	－1.29	
N10	Ⅰ	－1.79	－2.14	－16.5	S10	Ⅰ	－2.84	－3.40	67.8
	Ⅱ	－2.08	－2.49			Ⅱ	－0.91	－1.10	
N11	Ⅰ	－1.84	－2.21	－15.4	S11	Ⅰ	－1.16	－1.39	20.0
	Ⅱ	－2.12	－2.55			Ⅱ	－0.92	－1.11	
N12	Ⅰ	－0.98	－1.17	0	S12	Ⅰ	－1.58	－1.89	12.7
	Ⅱ	－0.98	－1.17			Ⅱ	－1.38	－1.65	
N13	Ⅰ	－1.19	－1.42	19.5	S13	Ⅰ	－1.39	－1.66	9.8
	Ⅱ	－0.96	－1.15			Ⅱ	－1.25	－1.50	
N14	Ⅰ	－2.94	－3.53	23.2	S14	Ⅰ	－2.56	－3.07	6.6
	Ⅱ	－2.26	－2.71			Ⅱ	－2.39	－2.87	

注：*差别＝（工况Ⅱ－工况Ⅰ）/工况Ⅰ×100%。

（4）屋盖体型系数分析

由公式（2.10）可得，测点体型系数的大小与风压系数的大小密切相关，而对某一测点来说参考点高度、测点高度以及地面粗糙度指数为一定量，故风压系数较大的风向角处体型系数也相应较大。图 2.13 为游艇会所屋盖典型测点平均局部体型系数随风向角变化的曲线图，从图中可以看出：

（1）测点体型系数随着屋面建筑高度的增大体型系数绝对值增大。这是因为体型系数本身与屋面高度的大小相关，且在高度较低时，屋面风压系数较小。

（2）在建筑高度较低的狭长尾部区域屋盖（测点 N01、S01 处），干扰建筑的存在使该区域风压有一定的遮挡作用，全风向体型系数的变化较为平稳且数值较小。

（3）建筑高度较高的屋盖其他区域，体型系数与屋脊线（150°—330°）基本呈对称趋势逐渐变化。

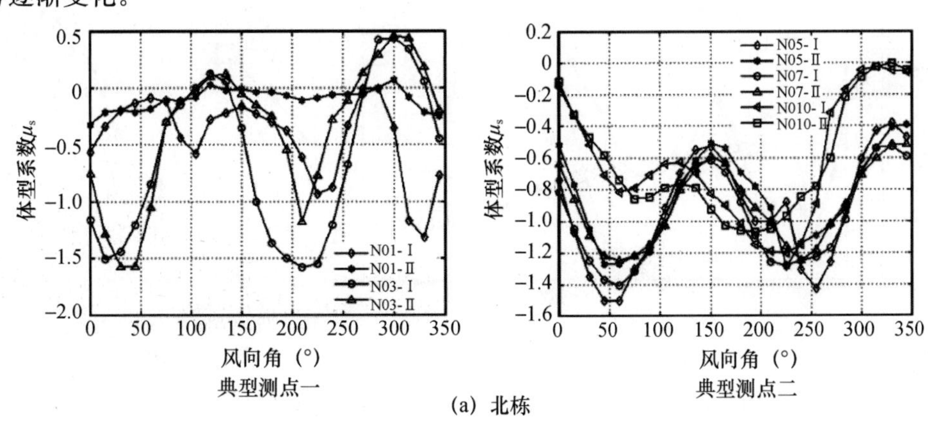

图 2.13　鱼形屋盖典型测点平均局部体型系数随风向角变化的曲线图

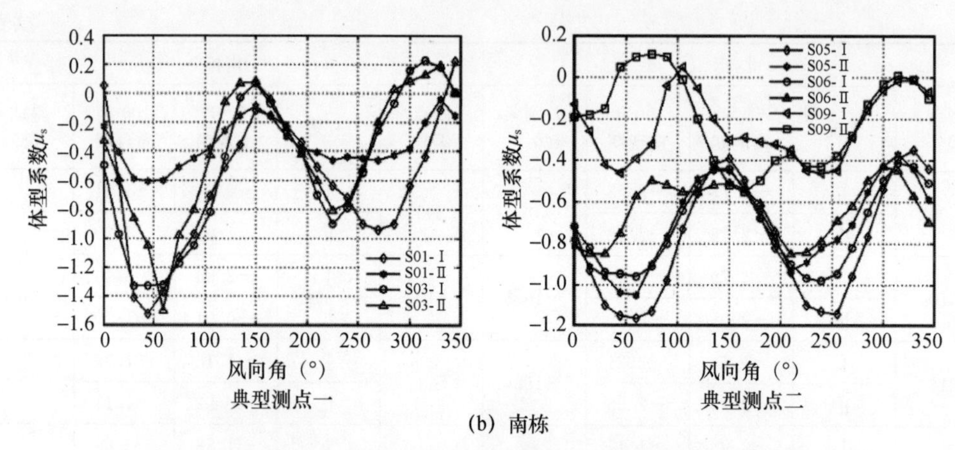

(b) 南栋

图 2.13 鱼形屋盖典型测点平均局部体型系数随风向角变化的曲线图（续）

（4）当来流风向倾斜于南北两栋建筑间的狭长空隙带时，屋盖体型系数在工况Ⅱ下的值均小于工况Ⅰ下的值；当来流风向平行于狭长空隙带时，两种工况下的屋盖体型系数大小相当。

（5）当来流风向顺沿尾部贯通的连廊时，该区域屋盖（测点分别为 N03、S03）呈现出正体型系数。在工况Ⅰ下，北栋为 0.44，南栋为 0.23；在工况Ⅱ下，北栋为 0.46，南栋为 0.19。

（5）屋盖升力系数分析

由于风对屋盖结构整体作用主要是向上的升力作用，引入总体升力系数 C_f，以确定不同风向角下屋面所受到的升力值，其计算公式为：

$$C_f = \frac{\int \overline{C}_p \cdot dA \cdot \cos\theta}{A} \tag{2.12}$$

式中，A 为屋盖的整体面积；θ 为测点表面的法线方向；$\overline{C_p}$ 为测点的平均风压系数，可以为屋盖上下表面风压系数，也可以为合力风压系数，本章仅对合力风压系数进行了研究。图 2.14 为游艇会所屋盖风压合力升力系数随风向角变化的曲线图，从图中可以看出：

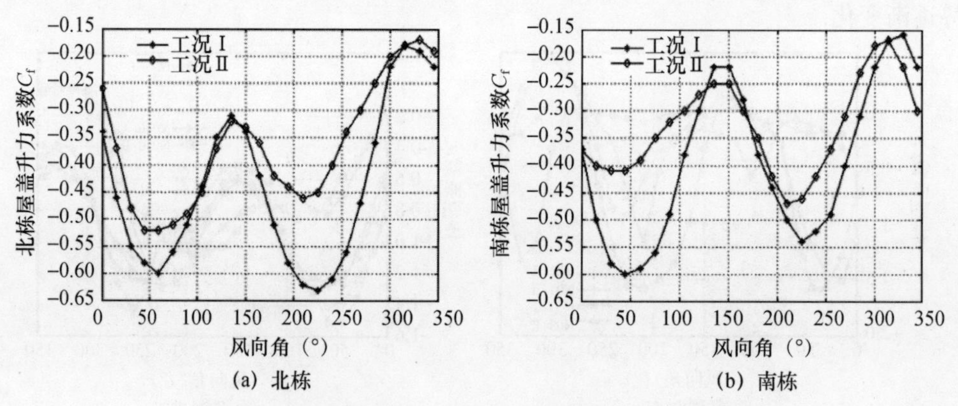

(a) 北栋　　(b) 南栋

图 2.14 鱼形屋盖风压合力升力系数随风向角变化曲线图

① 屋盖在两种工况下合力升力系数均为负值。

② 在工况Ⅰ下，南北两栋屋盖升力系数在风向角为 135°和 345°附近时均达到最小值，在风向角为 50°和 225°附近均达到最大值，而在中间的风向角升力系数逐渐变化。

③ 当干扰建筑处于来流的上游区域时，对下游建筑屋盖的升力系数干扰效应最大。当风向角为 225°时，北栋屋盖整体升力系数工况Ⅱ比工况Ⅰ大近 40%；当风向角为 45°时，南栋屋盖整体升力系数工况Ⅱ比工况Ⅰ大近 46%。

2.2.3.2　A 类常规风场与台风风场风洞试验对比分析研究

(1) 平均风压分布特性研究

图 2.15 为典型风向角下鱼形屋盖在工况Ⅱ（A 类常规风场，有干扰作用）与工况Ⅲ（台风风场，有干扰作用，以下类同）下的平均风压系数分布图。从图 2.15 (a) 可以看出，在工况Ⅲ下南北两栋屋盖的平均风压在整体上均要大于工况Ⅱ下的屋盖；在工况Ⅲ下北栋最大负平均风压系数为－0.65，南栋为－0.59；工况Ⅱ下分别为－0.55、－0.76。同时也可以发现，在两工况下南北栋迎风屋檐均呈现出一定的正风压系数，其中在工况Ⅱ下，北栋最大正风压系数为 0.39，南栋为 0.44；在工况Ⅲ下相应为 0.46、0.40。此外，从图 2.15 (a) 也可以发现，南栋在工况Ⅲ下时，贯通连廊区域屋盖的正风压系数要明显大于工况Ⅱ的值。从图 2.15 (b) 可以看出，在两种工况下，屋脊处的风压系数绝对值均较大，其中南栋的负风压系数在工况Ⅲ下要略大于工况Ⅱ的值；同时也可以发现在工况Ⅲ下南栋迎风屋檐正风压系数值要大于工况Ⅱ的值。

图 2.16 为屋盖在工况Ⅱ、Ⅲ下全风向最大负平均风压系数分布图，从图中可以看出，最大负平均风压系数均出现在高度较高的屋脊处，在高度较低的屋盖尾翼部分，风压系数很小。其中在工况Ⅱ下北栋屋盖的最大负平均风压系数为－1.24，南栋为－1.14；在工况Ⅲ下分别为－1.53、－1.29。即北栋在工况Ⅲ下全风向最大负平均风压系数比在工况Ⅱ下大 23.4%，相应南栋在工况Ⅲ下比在工况Ⅱ下大 13.2%。从这里可以发现，台风对屋盖结构的破坏性要明显大于常规自然风场下的破坏力，因此在沿海台风多发地区，结构设计时应予以重视。

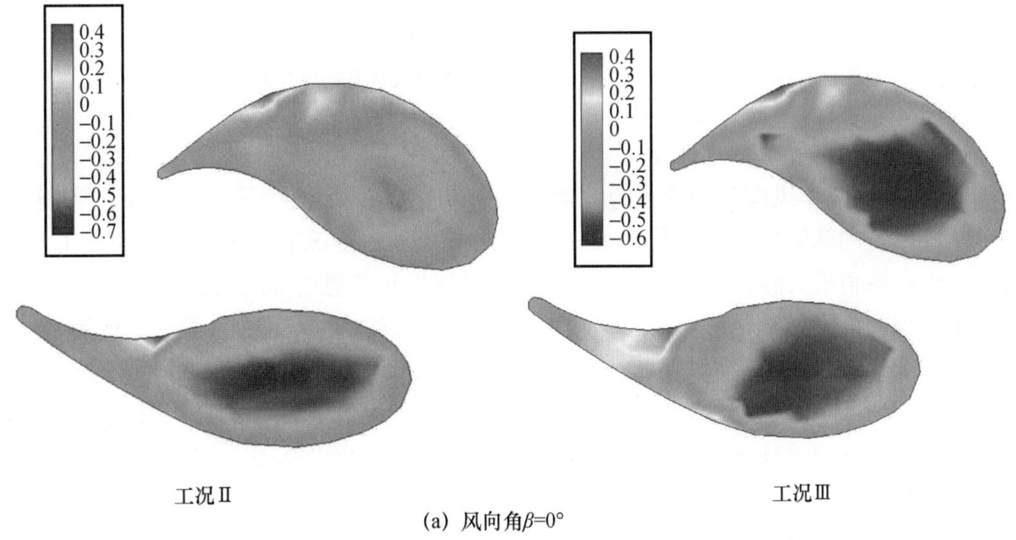

(a) 风向角β=0°

图 2.15　典型风向角下工况Ⅱ、Ⅲ鱼形屋盖平均风压系数分布图

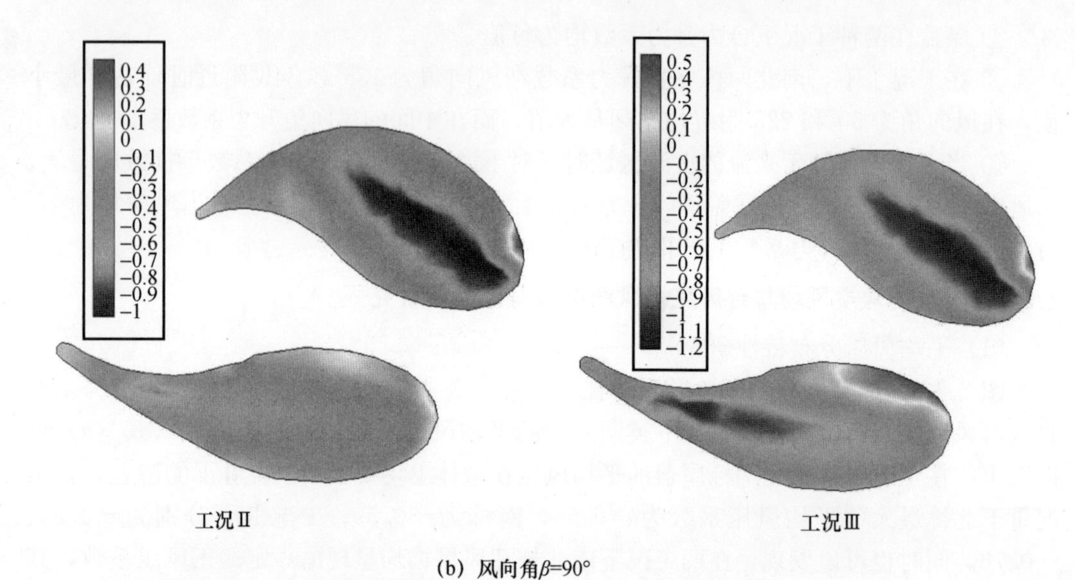

(b) 风向角β=90°

图 2.15　典型风向角下工况Ⅱ、Ⅲ鱼形屋盖平均风压系数分布图（续）

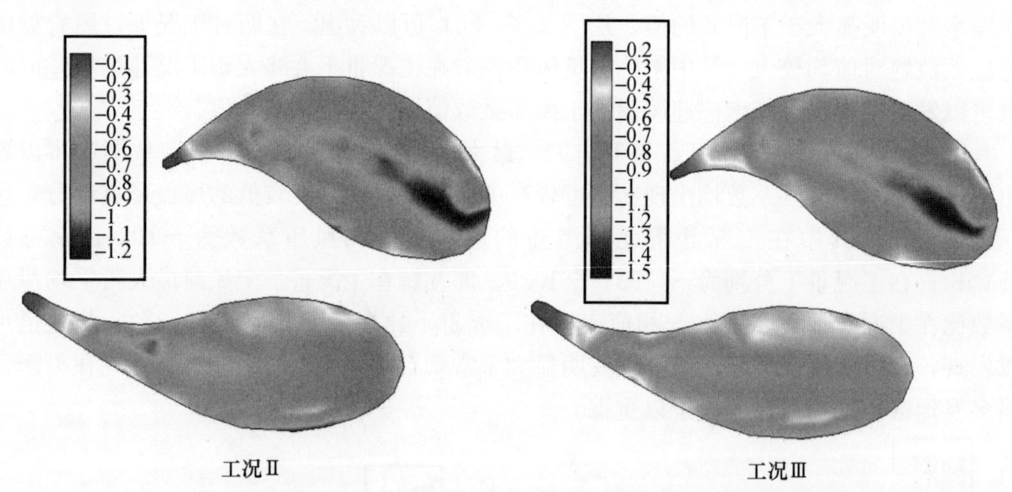

图 2.16　全风向角下工况Ⅱ、Ⅲ鱼形屋盖最大负平均风压系数分布图

（2）脉动风压分布特性研究

图 2.17 为典型风向角下屋盖的脉动风压分布图，可以看出，台风作用下（工况Ⅲ）南北两栋屋盖的脉动风压系数值均大于 A 类常规风场（工况Ⅱ）的值。从图 2.17（a）可以看出，屋盖最大脉动风压系数均出现在迎风屋檐与贯通连廊的屋盖区域。其中在工况Ⅱ下北栋的最大脉动风压系数为 0.21，南栋为 0.27；对应在工况Ⅲ下北栋为 0.35、南栋为 0.32；与常规 A 类风场相比，南北栋屋盖在台风风场的脉动风压系数分别增大了 66.67%、18.5%。从图 2.17（b）可以看出，在工况Ⅱ下北栋的最大脉动风压系数为 0.31，南栋为 0.33；对应在工况Ⅲ下北栋为 0.46、南栋为 0.48；与常规 A 类风场相比，南北栋屋盖在台风风场的脉动风压系数分别增大了 48.4%、45.5%。

综上所述，不难看出，不同湍流度下屋盖结构的风荷载存在较大的偏差，屋盖在高湍流度下的风荷载比常规 A 类风场均要大，在结构设计时不容忽视。因此，台风多发地区的建筑，在大气边界层风洞实验室中按照荷载规范进行常规风场试验的同时开展台风风场的验证试验很有必要。

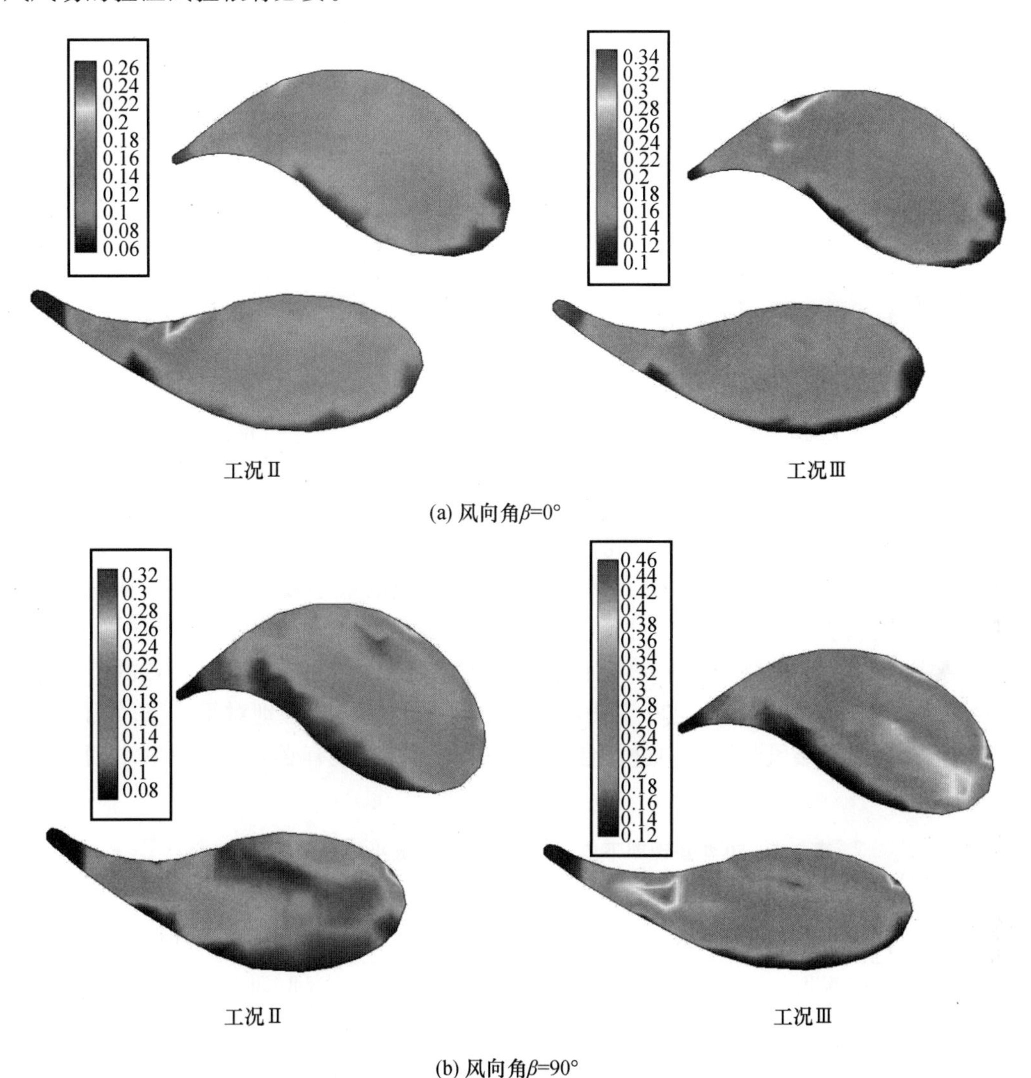

(a) 风向角β=0°

(b) 风向角β=90°

图 2.17　典型风向角下工况Ⅱ、Ⅲ鱼形屋盖脉动风压系数分布图

（3）屋盖局部体型系数分布特性研究

风压系数主要体现建筑物表面所受的风荷载的相对大小，而体型系数则能更好地体现建筑物风荷载的特性。对于屋盖结构，屋面主要以风吸力（负压）为主，同时便于与现有的荷载规范进行对比，根据本章式（2.9）、式（2.10）可得到屋盖局部体型系数。图 2.18 为屋盖结构在两种风场下全风向最大负体型系数分布图。

从图 2.18 可以看出，两种工况下屋盖的体型系数分布的变化规律较为相似，在屋脊、贯通连廊屋盖区域体型系数达到最大值；也发现台风风场（工况Ⅲ）下屋盖的体型系数要大于常规 A 类风场（工况Ⅱ）下的值。在常规 A 类风场（工况Ⅱ）下，北栋全风向下屋面综合最大负体型系数值为－1.58，南栋为－1.51；在常规 A 类风场（工况

Ⅲ）下北栋、南栋相应的全风向下屋面综合最大负体型系数值为－1.89、－1.71，比工况Ⅱ增大了近19.6%、13.2%。

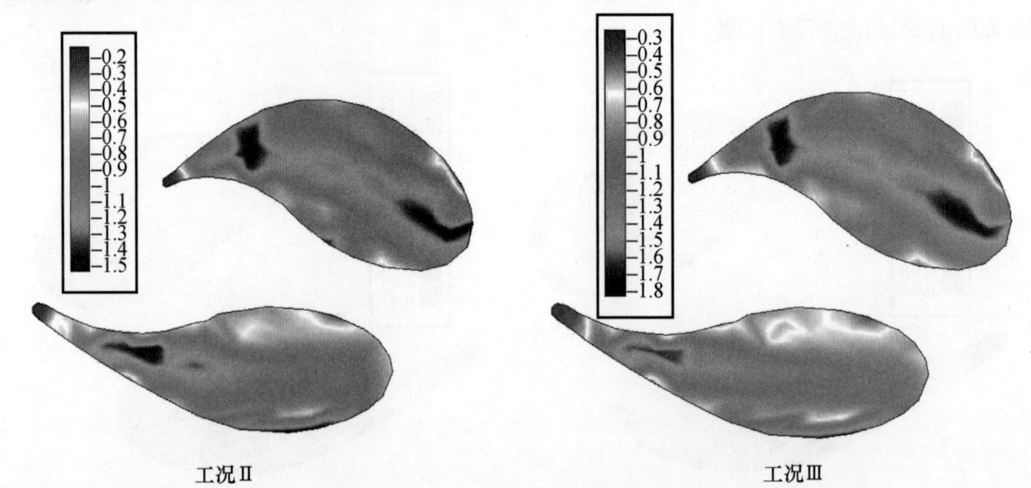

图2.18　全向角下工况Ⅱ、Ⅲ鱼形屋盖最大负体型系数分布图

(4) 屋盖极值风压分布特性研究

表2.5列出了在50年重现期下屋盖鱼形典型测点的最小极值风压值。从表中可以发现，在台风风场（工况Ⅲ）作用下，屋盖的极小值风压均比常规A类风场（工况Ⅱ）作用下要大，其中北栋测点的最大差别达到54.6%（测点N01)，南栋测点的最大差别达到68.4%（测点S09)。这可以说明，对于台风多发地区，特别对于体型较为复杂的结构，在大气边界层风洞试验中进行台风风场的试验研究很有必要，可以减小因台风引起的损失。

表2.5　50年重现期下鱼形屋盖典型测点最小极值风压（kPa）

北栋				南栋			
测点编号	最小极值风压（kPa）		差别*（%）	测点编号	最小极值风压（kPa）		差别*（%）
	工况Ⅱ	工况Ⅲ			工况Ⅱ	工况Ⅲ	
N01	－0.45	－0.70	54.6	S01	－0.75	－1.08	44.3
N02	－1.30	－1.50	15.2	S02	－1.75	－2.40	37.0
N03	－1.92	－2.67	38.7	S03	－2.02	－2.83	40.5
N04	－1.66	－2.28	37.3	S04	－1.70	－2.42	42.4
N05	－1.77	－2.47	39.5	S05	－1.47	－2.02	37.7
N06	－1.77	－2.55	43.9	S06	－1.23	－1.69	37.2
N07	－1.79	－2.61	46.1	S07	－1.32	－1.94	46.3
N08	－2.07	－3.01	45.4	S08	－1.26	－1.78	41.0
N09	－2.15	－2.96	37.4	S09	－1.07	－1.80	68.4
N10	－2.08	－2.83	36.2	S10	－0.91	－1.32	44.0
N11	－2.12	－2.68	26.3	S11	－0.92	－1.30	40.3
N12	－0.98	－1.43	46.6	S12	－1.38	－1.92	39.5

续表

北栋				南栋			
测点编号	最小极值风压（kPa）		差别 *（%）	测点编号	最小极值风压（kPa）		差别 *（%）
	工况Ⅱ	工况Ⅲ			工况Ⅱ	工况Ⅲ	
N13	−0.96	−1.39	45.4	S13	−1.25	−1.72	37.8
N14	−2.26	−2.62	16.1	S14	−2.39	−3.40	42.0

注：* 差别＝（工况Ⅲ－工况Ⅱ）/工况Ⅱ×100％。

2.3　本章小结

本章根据位于近海岸 100m 高测风塔现场实测的数据，在大气边界层风洞试验中模拟出了在近海岸开阔地面台风登陆时的风剖面与湍流度剖面。对一复杂体型的鱼形屋盖在台风风场与常规 A 类风场下进行了刚性模型的对比试验研究，主要结论如下：

（1）在单体建筑（工况Ⅰ）与南北两栋建筑相互干扰（工况Ⅱ）的两种工况下屋面风压系数主要呈现负压（即风吸力），来流均沿迎风屋檐发生分离，风压等值线随着屋檐的边缘线梯度变化。在工况Ⅰ时，当来流顺沿尾部贯通的连廊吹来时，增强的气流对屋盖下表面产生向下的吸力，且这股吸力要大于上表面向上的吸力，屋盖上下表面叠加后使该处屋面呈现一定的正风压；在工况Ⅱ时，由于南北栋建筑的相互遮挡，这种增强气流有所减小。

（2）迎风屋檐的脉动风压明显大于屋面其他区域，当来流顺沿贯通的连廊时，气流在连廊处的风速增大，湍流特性增强，脉动能量较大，因而脉动风压系数也较大。在建筑高度较低的狭长尾部区域屋盖（测点 N01、S01 处），干扰建筑的存在使该区域在全风向体型系数的变化较为平稳且数值较小；建筑高度较高的屋盖其他区域，体型系数与屋脊线基本呈对称趋势逐渐变化。

（3）由于游艇会所屋盖体型的独特性及屋面流场的复杂性，屋面极值风压在两种风场下变化较为复杂，测点极值风压增大与减小的变化幅度较大，结构设计时应予以重视。

（4）不同湍流度下屋盖结构的风荷载存在较大的偏差，屋盖在高湍流度下（台风风场，工况Ⅲ）的风荷载比常规 A 类风场（工况Ⅰ、Ⅱ）均要大，在台风多发地区结构设计时不容忽视。因此，在台风多发地区的建筑，特别是体型复杂的建筑，对结构风荷载的评估除了按照规范要求进行设计外，建议考虑通过台风风场的大气边界层风洞模拟试验加以验证。

第3章　大跨度火车站屋盖结构风荷载特性的试验研究

本章首先介绍了刚性模型风洞同步测压试验的方法，然后以两个具有典型代表性的实际工程（吉林火车站和昆明南站）为研究背景，对刚性模型风洞试验结果进行了分析研究，对大跨屋盖结构的风荷载特性，如平均风压系数、脉动风压系数随风向角的变化及在屋盖表面的空间分布有了深一步的认识，同时对屋盖的整体升力系数、屋盖测点的频谱特性和概率统计特性进行了详细的研究，得出了一些对屋盖结构抗风设计有参考意义的结论。

3.1　吉林火车站风荷载试验研究

3.1.1　吉林火车站工程简介

吉林火车站位于吉林省吉林市，为长吉城际铁路重要换乘中心，该站由一个267m×72m的大跨度管桁架主站楼与367m×175m的大跨度管桁架无柱站台雨棚组成(图3.1)。主站楼标高约为43m，屋面上布列有凸起的棱形天窗，首层为架空层，地面布置有列车轨道；站台雨棚标高约为17m，各站台雨棚屋面板相对独立，中间留有采光空隙，整个站台雨棚分为5片长条形区域；主站楼东西两侧各有一个大钢结构悬挑屋面，且竖向有大面积玻璃幕墙。此类屋盖结构具有跨度大、自重小、柔度大、阻尼小等特点，风荷载

图3.1　吉林火车站建筑效果图

成为其结构设计的主要控制荷载。另外，在大气边界层中，此类结构比较低矮，处于湍流度较高的近地区域，且结构往往具有复杂的外型，其绕流和空气动力作用较为复杂。而对于大跨结构屋面的体型系数，现行《建筑结构荷载规范》[7]仅给出几种简单形状房屋的体型系数用于设计参考，而对于体型复杂的建筑物，规范没有给出相应的设计依据，只是指出应该通过风洞试验来确定其风压分布。此外，规范一般是针对于开阔地貌中的单体建筑，而在实际工程应用中，除了极少数情况下，建筑物大多处于建筑群中，建筑物受风荷载的作用必然会受到周边建筑的影响。国内外对大跨屋盖结构的风荷载特性已进行了一些研究，也得出了不少对实际工程有意义的结论，但这些结论还不能完全适用于其他大跨屋盖结构。因此，研究此类建筑屋盖的风荷载特性是很有必要的。

3.1.2　试验概况

3.1.2.1　试验设备及测量系统

吉林火车站刚性模型风洞试验在汕头大学大气边界层风洞实验室高速试验段进行，该风洞是一座具有串置双试验段的全钢结构的闭口回流风洞（图 3.2）。高速试验段宽 3m、高 2m、长 20m，试验段具有可调节顶板以保证来流方向的零压力梯度，试验风速持续可调，最大风速可达 45m/s。大气边界层风场模拟的调试和测定采用美国 TSI 公司的 IFA300 热线风速仪、A/D 板、PC 机和专用的软件组成的测量系统。

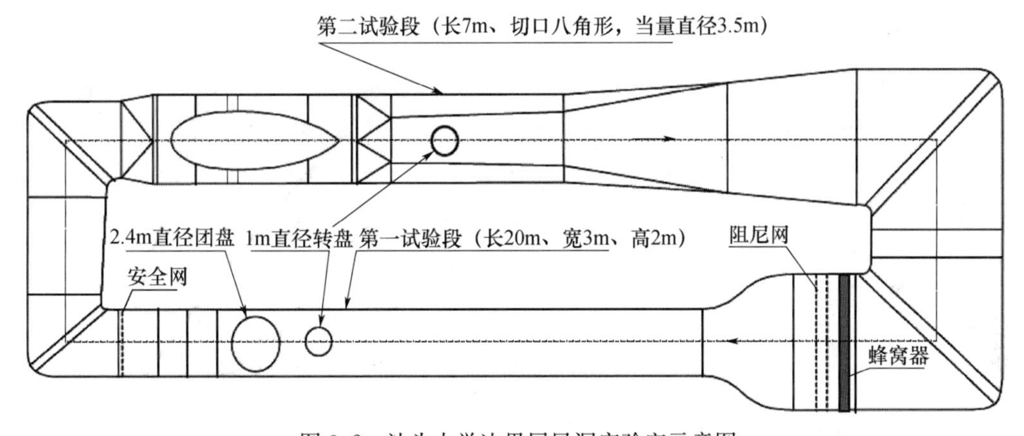

图 3.2　汕头大学边界层风洞实验室示意图

测压试验采用美国 SCANIVALUE 公司的 DSM3200 电子扫描阀测压系统，其组成框图见图 3.3。通过测压试验可测量模型上各测压孔的局部风压。试验模型上各个测压孔以 PVC 管与压力传感器模块连接，通过对测压点风压数据插值，可得到建筑整体表面上的风压信息；通过对测压点风压数据的积分，可估算较大部位及整个建筑的局部风荷载。在测量试验模型表面的脉动风压时，根据事先利用测量和计算得到的 PVC 输压管道的复频响应（Complex Frequency Response）可消除因管道影响而产生的信号畸变。

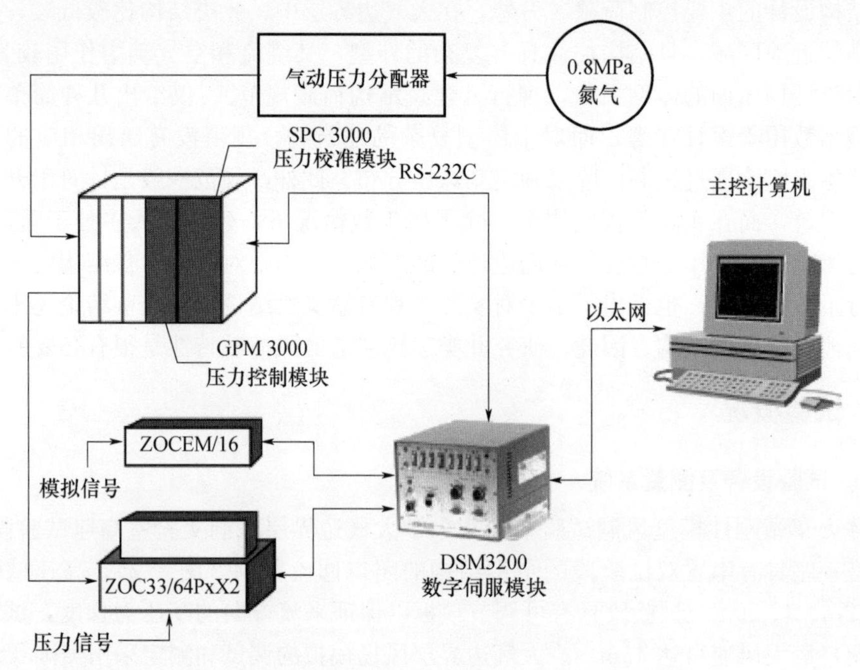

图 3.3 DSM3200 电子扫描阀测压系统组成示意图

3.1.2.2 大气边界层风场模拟

根据吉林火车站周边建筑物、构造物等因素，地貌类型按中国荷载规范中规定的 C 类地貌考虑，地貌粗糙度指数 $\alpha=0.22$。在试验段内，用二元尖劈、粗糙元来模拟 C 类地貌的风剖面及湍流分布，风速剖面及湍流度剖面如图 3.4 所示。试验中取参考高度为 0.6m，试验风速为 10m/s。图 3.5 给出了风洞试验室中 0.6m 高度处的顺风向脉动风速谱，从图中可以看出，风洞中的顺风向脉动风速谱与常用的理论谱（Kaman 谱[90]、Kaimal 谱[91]、Davenport 谱[92]）基本一致。

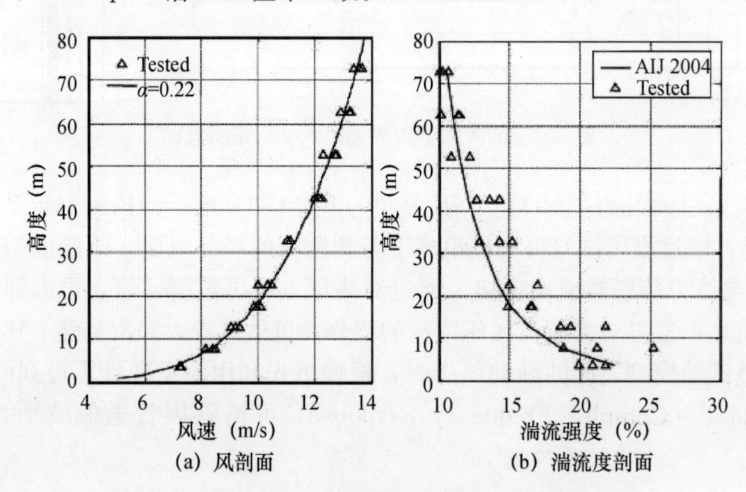

图 3.4 风洞试验 C 类地貌的风速剖面及湍流度剖面

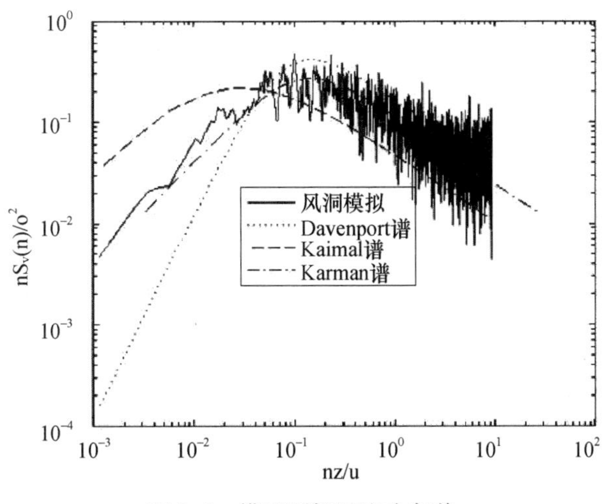

图 3.5　模型顶部风速功率谱

3.1.2.3　风洞试验模型及测点布置

风洞试验模型是用 ABS 板制成的刚性模型，具有足够的强度和刚度。模型与实物在外形上保持几何相似，缩尺比为 1∶200，周边模型比例也为 1∶200，满足堵塞度<5%的要求。将模型固定在风洞试验室的木制转盘上，如图 3.6 所示。为了测取屋面的风压分布，在火车站主站房屋面上共布置有 362 个单测点，南北屋檐分别布置有 28 对双测点；主站房四角网架各布置有 30 个单测点；主站房东西幕墙各布置有 28 个测点，主站房东西悬挑雨棚布置有 50 对双测点；站台雨棚布置有 516 对双测点，总共测点数为 1782 个。

3.1.2.4　风洞试验工况介绍

为了反映屋面风压随风向的变化，风洞试验的吹风角为 0°～360°，以火车站西面来风定义为 0°风向，每隔 15°为一个试验工况，总共 24 个工况，风向角的定义见图 3.7。模型典型测点布置图如图 3.8 所示。

图 3.6　风洞试验模型

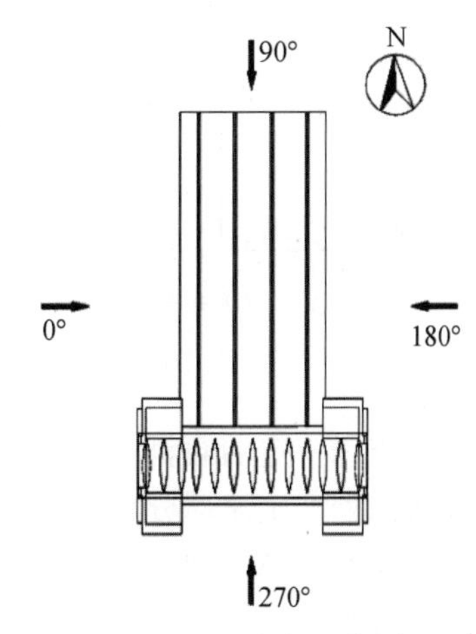

图 3.7　风向角示意图

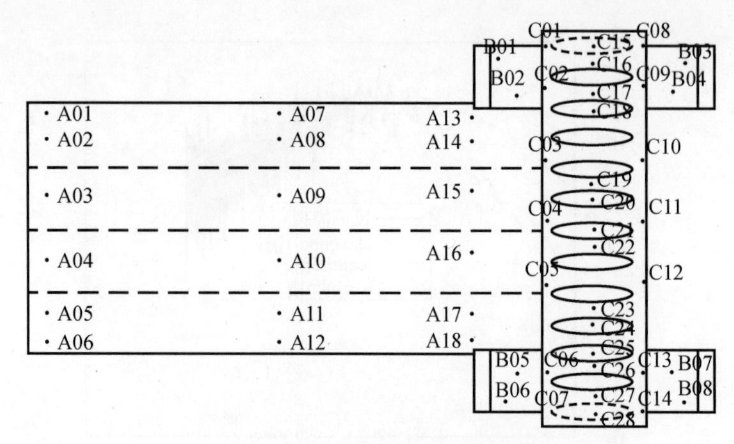

图 3.8　吉林火车站风洞试验模型典型测点布置图

3.1.3　风洞试验结果分析

3.1.3.1　屋盖平均风压系数分布特性

对于平屋面的压力分布，气流一般只有建筑物上部三分之一流向屋面以上，并在顶面迎风前缘分离，分离点为 SP1［如图 3.9（a)］，同时由于平均风剖面的原因，使得风转移为更多的功能，从而使屋面上部的风趋于较低的分离流线，导致了较早的再附，附着点为 RP，屋面的压力分布规律如图 3.9（b）所示。从图 3.9（b）可以看出，屋面的平均风压系数基本全为负值，也即平均风压均为负值，靠近分离点 SP1 的分离线上的屋面前缘平均压力系数绝对值较大。靠屋盖前缘平均压力系数绝对值最大，与气流在前缘分离后形成柱状涡，如图 3.10（a）所示[9]。

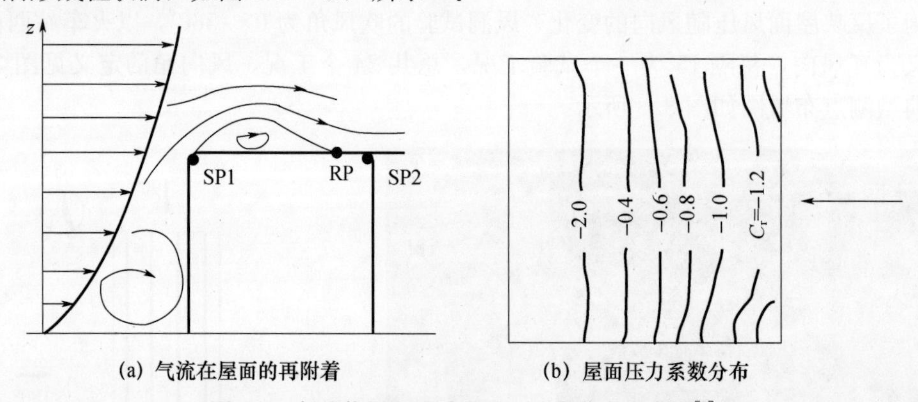

(a) 气流在屋面的再附着　　(b) 屋面压力系数分布

图 3.9　气流绕屋面流动和屋面压力分布示意图[9]

当来流以一定的倾斜角度吹向建筑物，而不是垂直正面吹向建筑物时，则会在屋面的上风边缘处产生流动分离，从而沿分离线会形成一速度分量，如图 3.10（b）所示，在位于紧随符号 A 处所表示的靠上风角处的分离气流之后，位于分离下风处的气流 B 则会取代分离气流 A，经气流 A 所带来的剪切层涡量将会与气流 B 叠加到一起，且这一分离叠加的过程在屋面边缘处连续发生，因此对环流的增加起了一定的加强作用，其结果直接导致了锥形涡的产生，因为它类似于三角机翼形成的涡，故又称其为“三角翼涡”。屋面每一个涡的中心是一个很高的负压区，涡对在屋面的每一个迎风边缘后面产生负压的特征凸角（The Characteristic Lobes）。随着来流湍流一起直接或交替作用的涡主要是由屋面边缘上高的平均吸力引起的，使屋面结构更容易破坏[9]。

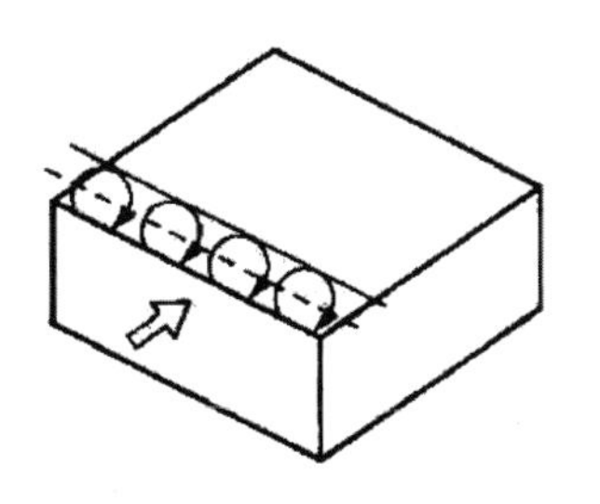

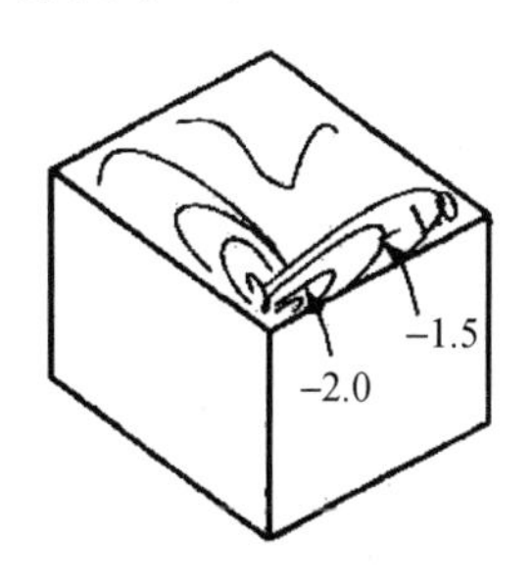

(a) 屋盖柱状涡示意图　　(b) 屋盖锥形涡（三角翼涡）流动结构示意图　　(c) 屋盖锥形涡压力分布系数

图 3.10　屋盖前缘、屋角处气流分离示意图[9]

随着风向角的变化，吉林火车站屋盖上的平均风压在有无周边建筑干扰时均主要呈现负压（即风吸力），较大的吸力均分布在迎风面的屋檐、屋盖角区和主站楼凸起的天窗附近［图 3.10（c）］。当有周边建筑干扰时，在风向角 β=210°工况下屋面出现了最大的负风压系数，而无周边干扰时，屋面最大负风压系数出现在风向角 β=240°的工况下，其平均风压系数分布如图 3.11 所示。

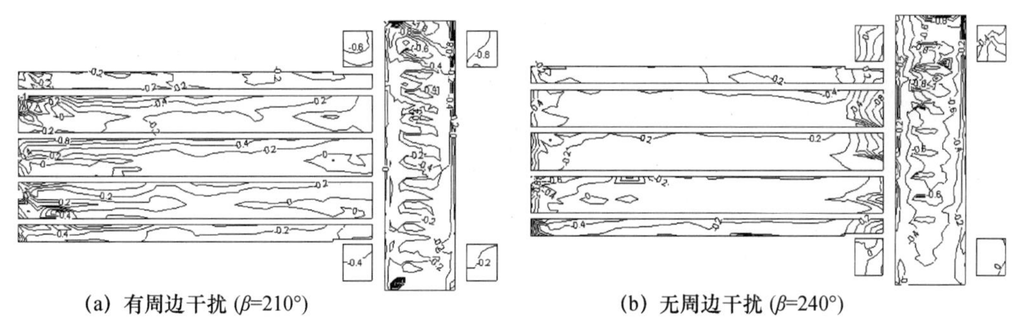

(a) 有周边干扰 (β=210°)　　(b) 无周边干扰 (β=240°)

图 3.11　吉林火车站最不利风向角下屋面平均风压系数分布图

从图 3.11 可以看出，在最不利风向角下，气流在主站楼悬挑区域的角部分离，形成明显的流动分离，产生较大的逆压梯度，且在分离点出现很大的吸力，在有周边干扰时，主站楼屋面最大负平均风压系数达到−1.6，而无周边干扰时，屋面最大负平均风压系数为−1.0。出现这种现象的主要原因是：有周边建筑群干扰时，在最不利风向角下主站楼屋面处于干扰建筑的尾流区域，来流经建筑群时产生较为明显的“狭缝效应”，增强的气流在主站楼迎风屋檐处的气流分离更为明显，从而产生较大的风吸力。此外也可以看出，在无周边建筑干扰时，站台雨棚靠近主站楼的区域，出现高达 0.8 的正风压系数，这与尾流的再附以及高度较高的主站楼对该区域的遮挡而产生的兜风效应有关。由于站台雨棚长向结构平坦，气流流动顺畅，因此风压分布也比较匀称，但处于下风向区域的部分雨棚出现较大的负风压，出现此现象的原因很可能是由于该区域雨棚气流脉动较大，涡系结构复杂，悬挑的站台雨棚上表面受到负压，下表面受正压，产生“上吸下顶”的叠加效果，产生了较大的升力系数。当有东侧高层建筑群的干扰时，在此区域所产生“狭缝效应”使这种现象更为显著，最大值达到－1.0。平均风压系数的等值线表明，风压等值线的形状与屋面轮廓线的形状基本相似，说明风是沿着屋面的轮廓线发生气流分离。

图 3.12 为 4 个典型风向角下屋面在有无周边干扰时平均风压等值线分布图。

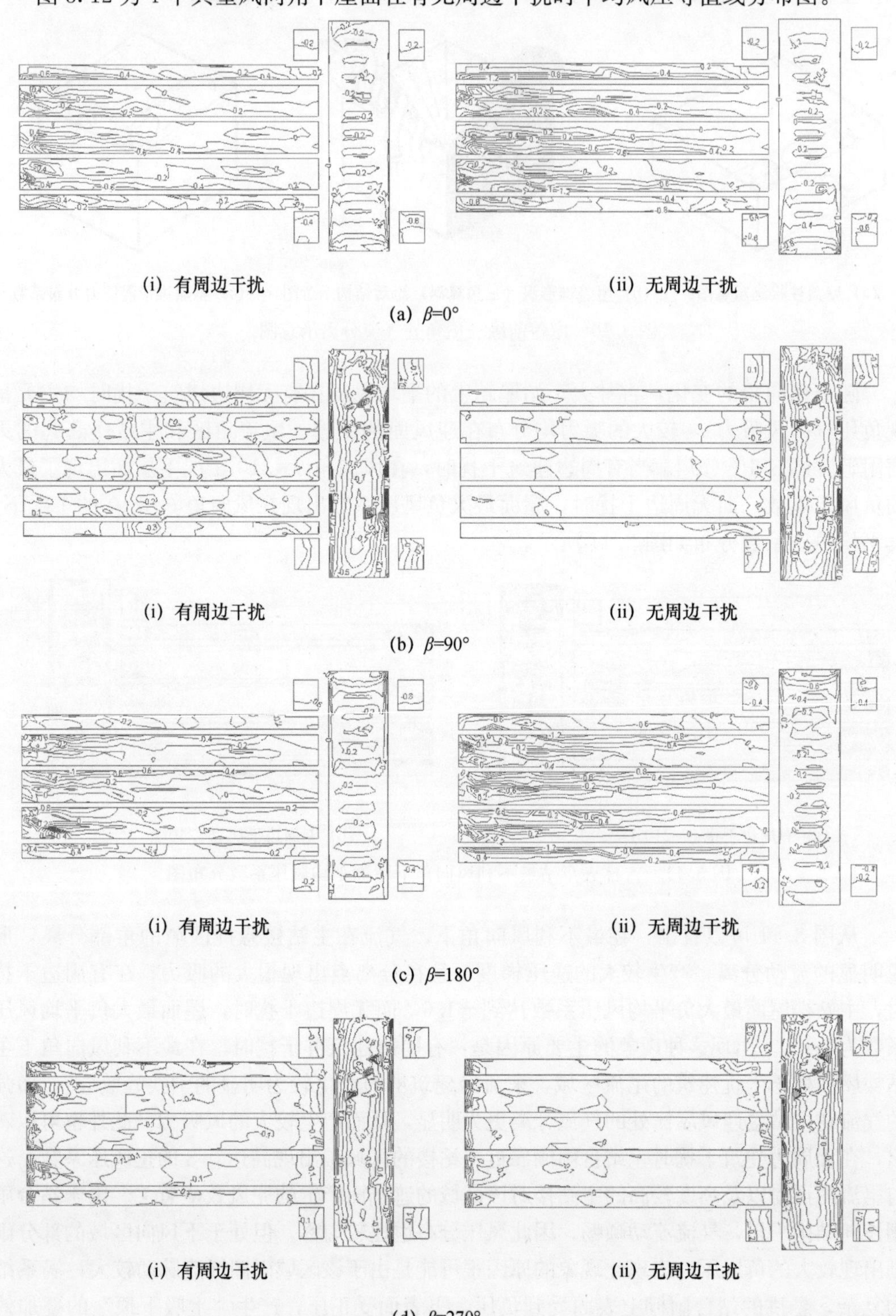

(i) 有周边干扰　(ii) 无周边干扰

(a) β=0°

(i) 有周边干扰　(ii) 无周边干扰

(b) β=90°

(i) 有周边干扰　(ii) 无周边干扰

(c) β=180°

(i) 有周边干扰　(ii) 无周边干扰

(d) β=270°

图 3.12　吉林火车站典型风向角下屋面平均风压系数分布图

从图 3.12 中可发现：

（1）无论有无周边建筑的干扰以及风向角如何变化，主站楼与站台雨棚屋面的风压均以负压为主。屋面形状对风压影响较大，风压随着站台雨棚、主站楼屋面的起伏而变化，凸起的部分（主站楼天窗）负风压较大，且凸起的区域对应于负风压极大值的位置。这是因为当风流经凸起的屋面，气流从凸起区域的周围快速流走，使该区域出现很大的负压。

（2）主站楼在迎风屋面边缘出现高负压值，且平均风压系数的梯度较大。负压梯度变化剧烈的区域受迎风屋面形成的分离泡控制，分离泡的长度恰是负压梯度变化较大的区域。在屋面分离泡范围外的其他大部分区域，来流再附，平均风压系数很小且变化平稳。

（3）主站楼四角网架屋面由于高度较低且四周受到女儿墙的阻挡，控制其风压的主要是负压。这是因为该区域基本上是属于凹进的屋面，而风流经凹进的屋面，凹进的区域相当于一个死水区，上方的气流并不会对这个相对静止的空气团产生较大的影响，因此该区域的负风压都很小，甚至会出现正风压。

（4）当风向角 $\beta=0°$时，站台雨棚风压系数在无周边建筑干扰时比有周边建筑干扰的绝对值整体上偏大，其中无周边建筑干扰时最大负风压系数为－2.0，出现在北侧雨棚的悬挑部位，而有周边建筑干扰时该处值仅为－0.6，结构设计时应予以重视。在有周边建筑干扰时，站台雨棚局部区域出现正风压系数，这是由于处于下游邻近区域的高层建筑对气流的阻挡而出现涡流、回流的复杂三维流动现象所引起的。

（5）当风向角 $\beta=90°$时，在有无周边建筑干扰时，风压系数变化差异较大的均出现在高度较低的站台雨棚区域，而高度较高的主站楼及四角网架屋面风压系数差异较小。当无周边建筑干扰时，雨棚下面气流直接流经主站楼下部架空层，气流流动顺畅，气流分离较小，此时雨棚上下表面吸力相当，叠加后风压系数基本为零；当有周边干扰时，气流流经两侧施绕建筑后产生涡流、回流等现象而对高度较低的站台雨棚的流场产生较大的影响，使雨棚屋面出现一定的负压。主站楼风压系数在有无周边建筑干扰时差异均较小，这说明当屋盖高度较高时，此风向角下施绕建筑对主站楼屋面气流的干扰并不明显。

（6）当风向角 $\beta=180°$时，站台雨棚的风压系数在有周边建筑干扰时稍小于无周边建筑干扰时的值，这是因为在此风向角下站台雨棚正处于东侧高层建筑的下游区域，来流受到上游施绕建筑的遮挡，到达下游受绕建筑时风速减小，致使其表面产生的吸力减小所引起的；而此风向角下，主站楼偏离了上游施绕建筑的影响，风压系数等值线在有无周边建筑干扰时两者形状基本相同且数值大小相当，峰值均出现在迎风面的屋檐与屋面凸起的天窗位置。

（7）当风向角 $\beta=270°$时，站台雨棚上下表面风压大小相近，叠加后风压较小，但在北侧边缘由于尾流再附，气流脉动较大，使该区域上表面受负压，下表面受正压，产生“上吸下顶”的叠加效果而出现较大的负风压。因站台雨棚高度较低，与主站楼墙面相交区域兜风效应较为明显而出现正风压系数。有周边建筑干扰时站台雨棚的风压绝对值略大于无周边建筑干扰时的值，而主站楼屋面风压受周边建筑干扰的影响较小。

图 3.13 为吉林火车站屋盖表面典型测点的平均风压系数随风向角的变化曲线，从图 3.13（a）可以看出：周边建筑对站台雨棚风压干扰较为明显的区域主要在北侧角部

屋檐（测点 A01）。其中干扰较大的风向角范围为 105°～195°，这是因为在此风向角范围内，高层施绕建筑处于站台雨棚上游位置，来流经过上游高层建筑群的阻挡，到达下游时风速减小，同时上游的尾流使流场的湍流性更强，因湍流边界层与层流情况相比，较不易发生分离，所以湍流的加强，大大减小了下游悬挑屋盖的平均风压。从图 3.13（b）可以看出：在有无周边干扰时，测点 C15 的风压系数变化较大，特别在风向角为 165°～345°范围内更为明显，这是因为该测点临近火车站东侧的高层施绕建筑群，在此风向角范围内由于气流的绕流、回流等使涡系结构复杂；此外，由于该测点位于主站楼屋盖悬挑区域，气流在此处容易发生明显的分离、再附；而其他测点由于离东侧高层施绕建筑群相对较远且主站楼建筑本身高度较高，受东侧高层建筑的干扰较小，因而风压变化差异较小。这说明建筑群体干扰效应的大小与施绕建筑所处的位置、风向角以及施绕建筑与受绕建筑的相对高度等因素有关。

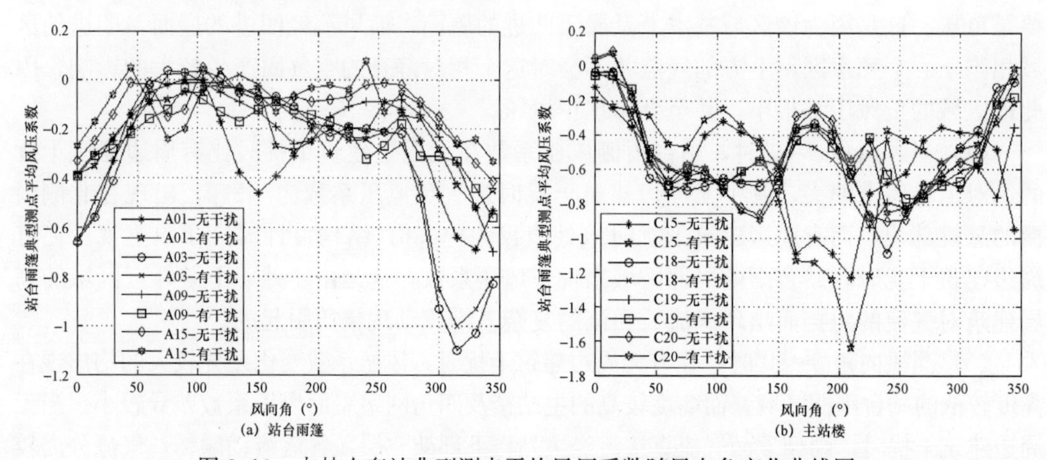

图 3.13　吉林火车站典型测点平均风压系数随风向角变化曲线图

3.1.3.2　屋盖脉动风压系数分布特性

脉动风压系数反映了风压脉动能量的大小，是脉动风荷载的重要特征之一。气流的脉动除了受自身的湍流影响外还受到漩涡导致的流动或特征湍流（即由物体引起的湍流）的影响，而周边建筑物的存在必然会给临近建筑物的流场带来一定的影响。

图 3.14 为吉林火车站屋盖表面典型测点的脉动风压系数随风向角的变化曲线，从图 3.14（a）可以看出，站台雨棚典型测点在有无周边建筑干扰时，脉动风压均较小，且两者变化差异很小，这是由于站台雨棚长向结构平坦，四周开敞，且主站楼首层为架空层，气流流动较为顺畅，分离较小，因此整个站台雨棚脉动风压均较小；因测点 A01 位于北侧雨棚悬挑的前缘角部，气流在此处的分离明显，从而风压脉动较大，当东侧高层建筑处于其上游时（风向角 $\beta=180°$），上游的尾流使此处流场的湍流性增强，因而脉动更为显著。从图 3.14（b）可以看出，主站楼屋盖在悬挑屋檐迎风处脉动风压值较大，这是由于来流在屋盖迎风边缘分离，再附，因而屋盖前缘的风压能量较大，当有周边建筑干扰且东侧高层建筑位于屋盖迎风向上游位置时，这种分离与再附更加明显，结构设计时应采取必要的结构措施，防止该区域屋盖被风荷载掀起而破坏。

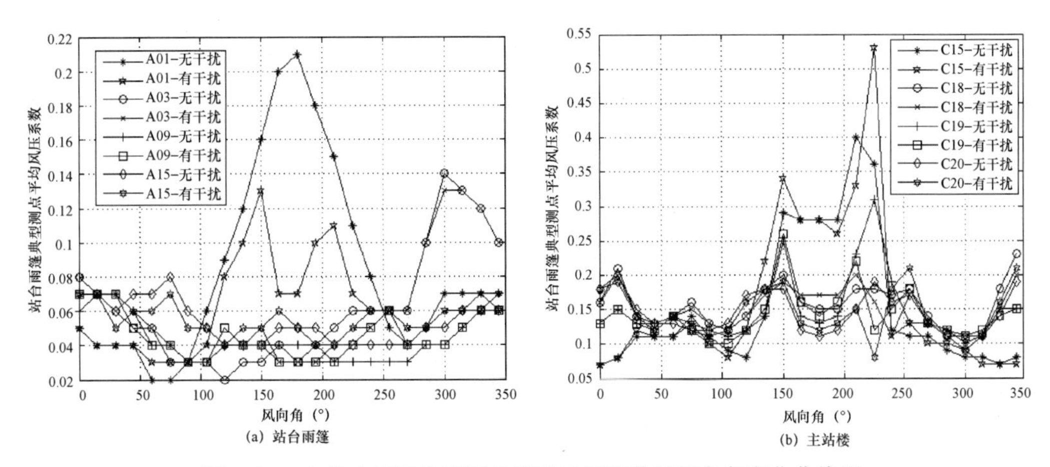

图3.14　吉林火车站典型测点脉动风压系数随风向角变化曲线图

3.1.3.3　屋盖局部体型系数分布特性

由本文第2章公式（2.9）得知，测点体型系数的大小与风压系数的大小密切相关，而对某一测点来说参考点高度、测点高度以及地面粗糙度指数为一定量，故风压系数较大的风向角处体型系数也相应较大。而极小局部体型系数同时与平均风压、脉动风压系数有关，且由于峰值因子的作用，更能直观地反映屋面的脉动特性。

图3.15、图3.16分别为吉林火车站屋面典型测点平均、极小局部体型系数随风向角的变化曲线图，从图中可以看出：

（1）平均局部体型系数绝对值最大值均出现在屋面悬挑的屋檐（测点C15、A03）区域。其中主站楼迎风屋檐（测点C15）在无周边建筑干扰时最大值为－2.0，当有周边建筑干扰时最大值达到－2.7，比无周边建筑干扰时大35％；站台雨棚北侧边缘（测点A03）在风向角为315°时，其值在有无周边干扰时均达到－2.4以上，结构设计时应予以重视。

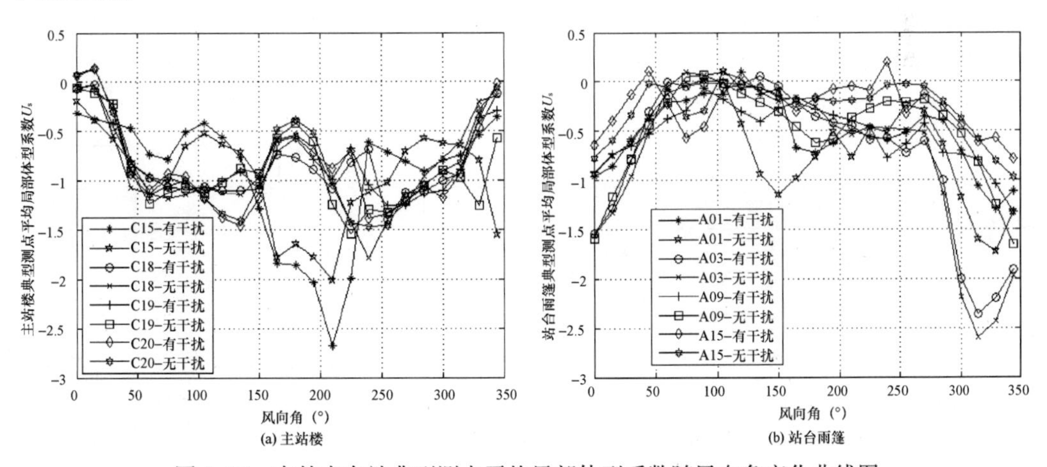

图3.15　吉林火车站典型测点平均局部体型系数随风向角变化曲线图

（2）屋面典型测点的极小局部体型系数随风向角的变化趋势与平均局部体型系数的变化趋势相似，但可以更直观地反映屋面气流脉动的作用。从图3.16（a）可以看出，主站楼屋面东侧悬挑部分（测点 C15）的气流脉动明显大于屋面其他测点；从图 3.16 (b) 可以发现站台雨棚北侧角部区域（测点 A01）的气流脉动剧烈，但当东侧高层干扰建筑群处于其上游位置时（风向角为 115°～225°），所产生的遮挡效应使雨棚角部区域的脉动有所减小。

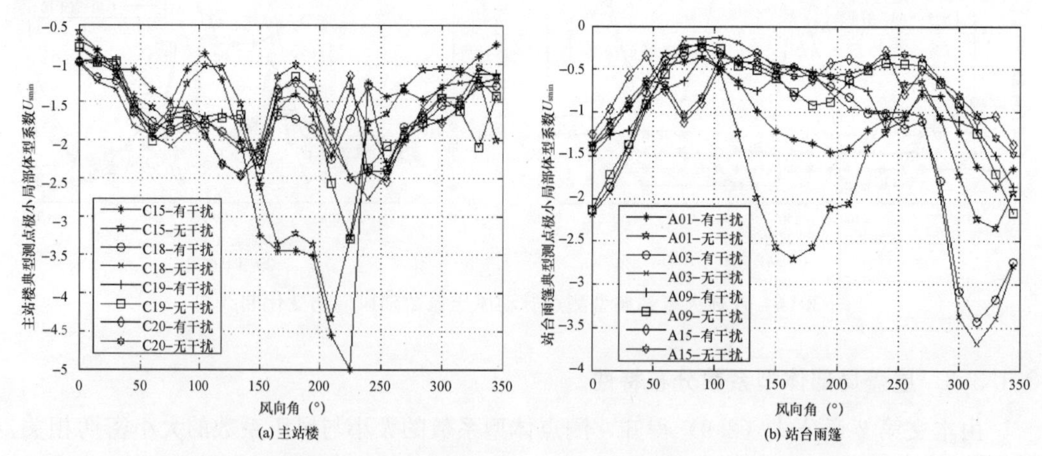

图 3.16 吉林火车站典型测点极小局部体型系数随风向角变化曲线图

表 3.1 列出了吉林火车站屋盖部分典型测点在有无周边建筑干扰下全风向平均和极小局部体型系数大小的对比。从表 3.1 可以看出，周边建筑群对站台雨棚北侧角部区域（测点 A01）的遮挡效应比较的明显，其平均局部体型系数比有周边建筑干扰减小 24.9%，极小局部体型系数减小 31%；而主站楼东侧悬挑区域（测点 C15）在有周边建筑干扰时平均、极小局部体型系数分别比无周边建筑干扰时增大了 35%、15.5%。可见，周边建筑的干扰整体上对屋面全风向平均和极小局部体型系数有一定的遮挡效应，但也不能忽略部分区域增大的情况，结构设计时应采取必要的措施。

表 3.1 吉林火车站典型测点局部体型系数表

测点编号	平均局部体型系数			极小局部体型系数		
	无干扰	有干扰	差别（%）	无干扰	有干扰	差别（%）
A01	−1.73	−1.30	24.9	−2.71	−1.87	31.0
A03	−2.60	−2.36	9.2	−3.69	−3.43	7.0
A09	−1.65	−1.33	19.4	−2.17	−1.86	14.3
A15	−0.97	−0.78	19.6	−1.48	−1.38	6.8
C15	−2.01	−2.68	−33.3	−4.33	−5.00	−15.5
C18	−1.79	−1.40	21.8	−2.77	−2.39	13.7
C19	−1.54	−1.26	18.2	−3.29	−2.57	21.9
C20	−1.47	−1.46	0.7	−2.50	−2.55	−2.0

3.1.3.4 屋盖升力系数分析

图 3.17 为吉林火车站屋盖风压合力升力系数随风向角变化的曲线图。

从图 3.17 中可以看出：

（1）站台雨棚与主站楼在有无周边建筑干扰时合力升力系数均为负值。

（2）由于火车站建筑平面的对称性，在无周边建筑干扰时，屋盖升力系数随风向角的变化与建筑平面对称轴基本对称，这从一定程度上证明了试验模型测点数据采集的准确性及风洞流场模拟的均匀性均较好。在无周边干扰时，主站楼在风向角为90°和270°附近均达到最大值，站台雨棚在风向角为0°和180°时均达到最大值，而在中间的风向角升力系数逐渐变化；从图中也可以看出，高度较低的站台雨棚升力系数受周边建筑的干扰影响较为显著。

（3）由于气流在高度较低时湍流特性较大，且更容易受周边地貌的影响，因而高度较低的站台雨棚的升力系数在全风向受周边建筑的干扰效应较大。主站楼在有无周边干扰时，两者屋盖的升力系数在全风向的变化趋势较为接近。但在120°～225°与270°～360°风向角范围内，无周边干扰时的升力系数较大于有周边建筑干扰时的值，其中在风向角为180°时最大，近38%。

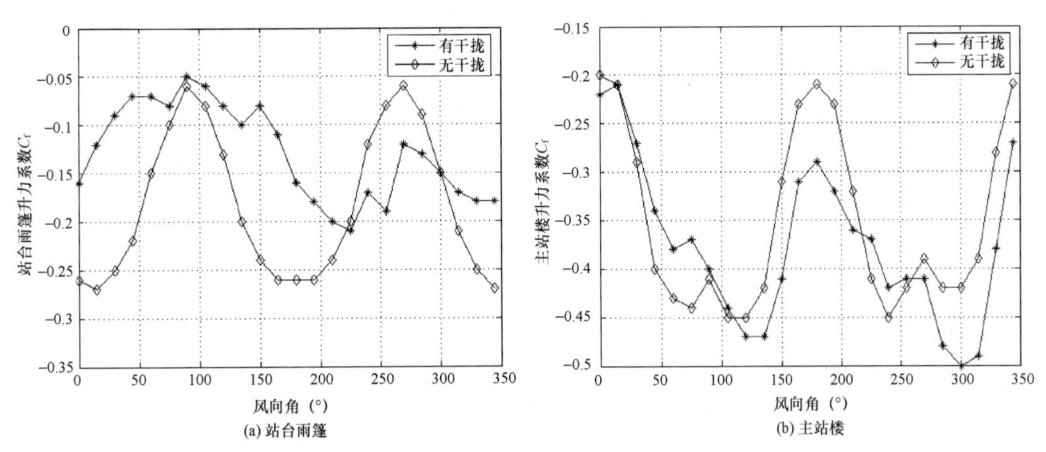

图3.17　吉林火车站屋盖风压合力升力系数随风向角变化曲线图

3.1.3.5　脉动风压的概率分布特性与极值风压分析

空间两点间的相关性可由式（3.1）表示：

$$C_{or}=\frac{\sigma_{ij}}{\sigma_i \cdot \sigma_j} \tag{3.1}$$

式中，σ_i、σ_j 分别表示空间两点 i、j 之间的根方差和协方差。

对于均方根值，根据多维随机变量的性质有：

$$C_{prms}=\sqrt{(C_{prms}^u)^2+(C_{prms}^d)^2-2\gamma_{ud}(C_{prms}^u)^2 \cdot (C_{prms}^d)^2} \tag{3.2}$$

式中，C_{prms}^u、C_{prms}^d分别表示测点的上、下表面脉动风压系数根方差；γ_{ud}表示测点上、下表面风压的相关系数，依据定义可表示如下形式：

$$\gamma_{ud}=\frac{E[C_p^u(t)C_p^d(t)]-E[C_p^u(t)]E[C_p^d(t)]}{C_{prms}^u C_{prms}^d} \tag{3.3}$$

为了方便对相关系数 γ_{ud}的计算，可以直接从式（3.2）中得到：

$$\gamma_{ud}=\frac{(C_{prms}^u)^2+(C_{prms}^d)^2-C_{prms}^2}{2C_{prms}^u \cdot C_{prms}^d} \tag{3.4}$$

当 $\gamma_{ud}>0$ 时，表示上、下表面为正相关；当 $\gamma_{ud}<0$ 时，表示上、下表面为负相关；

当 $\gamma_{ud}=0$ 时，表示上、下表面不相关，此时风压脉动合力的均方根为：

$$C_{prms}^{0}=\sqrt{(C_{prms}^{u})^{2}+(C_{prms}^{d})^{2}} \tag{3.5}$$

由式（2.7）及式（2.8）可以求出测点的极大峰值风压系数 C_{pmax} 和极小峰值风压系数 C_{pmin}。一般认为脉动风压可近似为高斯分布，对于峰值因子的取值也可以按照高斯分布予以考虑。事实上，脉动风流经屋盖后会受到扰动，脉动风压的概率分布规律也会发生变化，因此对屋盖脉动风压的概率分布特性进行分析很有必要。

峰值因子法是一种较为有效的弥补准静态法不足的方法，该方法通过不同保证率下的峰值因子（或叫保证因子）来评估气流分离区与非分离区的风致荷载用于结构设计。合理地获取峰值因子的方式是通过确定脉动风压概率密度函数并在给定的保证率下提取保证因子。

取屋盖的部分典型测点在主风向角下（0°、90°、180°、270°）的风压系数的采样值进行概率分析，并与高斯分布曲线绘制成对比图，如图 3.18 所示，从图中可以看出：在低湍流度区域，如无周边建筑干扰的测点 A01、A03、A09，脉动风压分布跟高斯分布比较接近；而处于气流分离的区域，如无周边建筑干扰的测点 C15、C18、C20 及 90°与 270°风向角下有周边建筑干扰时的测点 A03、A09，由于气流的分离，紊流强度增大，使该区域测点的风压极值分布偏离高斯分布较为明显，对极大值风压的估计偏于保守，而对极小值风压的估计则将偏于危险。

关于峰值因子，现阶段最常用的研究方法是基于对风压高斯分布规律的假设，一般在保证率为 99.38%时，峰值因子取为 2.5；在保证率为 99.99%下其峰值因子取为 4，目前已被广泛应用于工程结构设计中。然而，Holmes[96]、Li[97]、沈国辉[98]、孙瑛[99]、陈伏彬[14]等的研究结果及从本章试验的结果都可以表明，在屋盖的气流的分离区域，均存在较大的负风压，致使风压的概率分布在负压段延伸，因此在对极值风压进行计算时应予以适当的提高。综合本章的研究，建议对于不同的紊流强度区域应取不同的峰值因子，在高紊流区域测点的峰值因子可取 3.0～4.0，在低紊流区域测点的峰值因子可取 2.5～3.0。

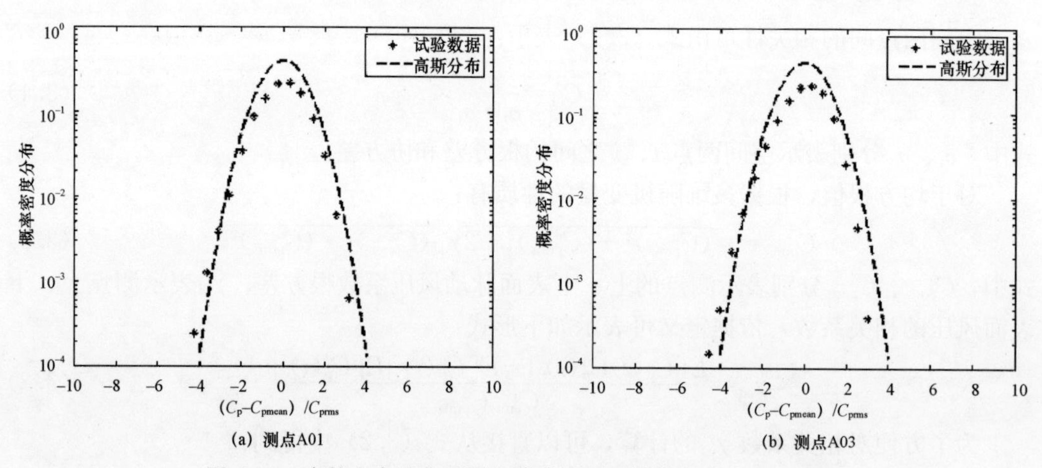

图 3.18　吉林火车站典型测点脉动风压系数的概率分布示意图

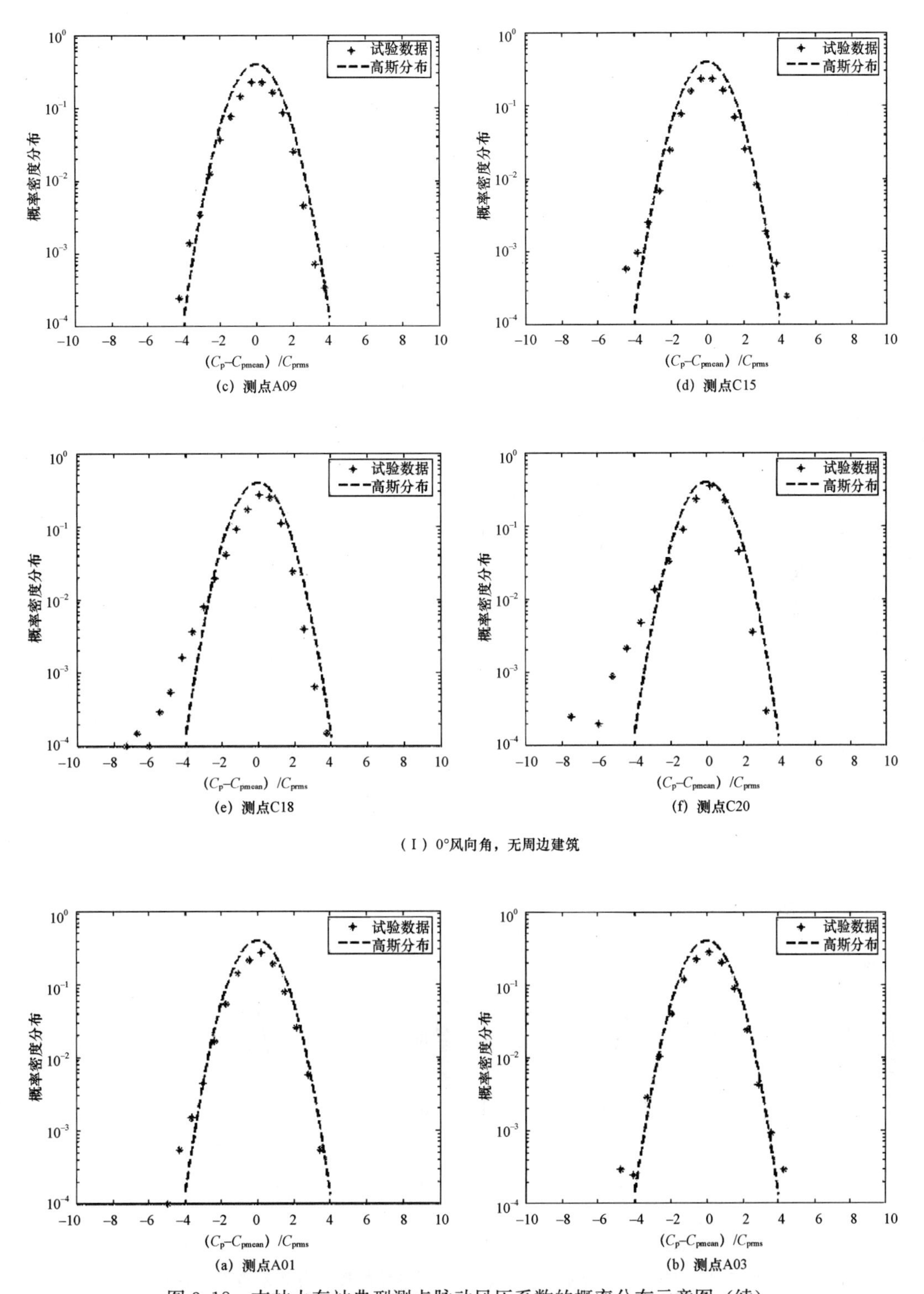

图 3.18　吉林火车站典型测点脉动风压系数的概率分布示意图（续）

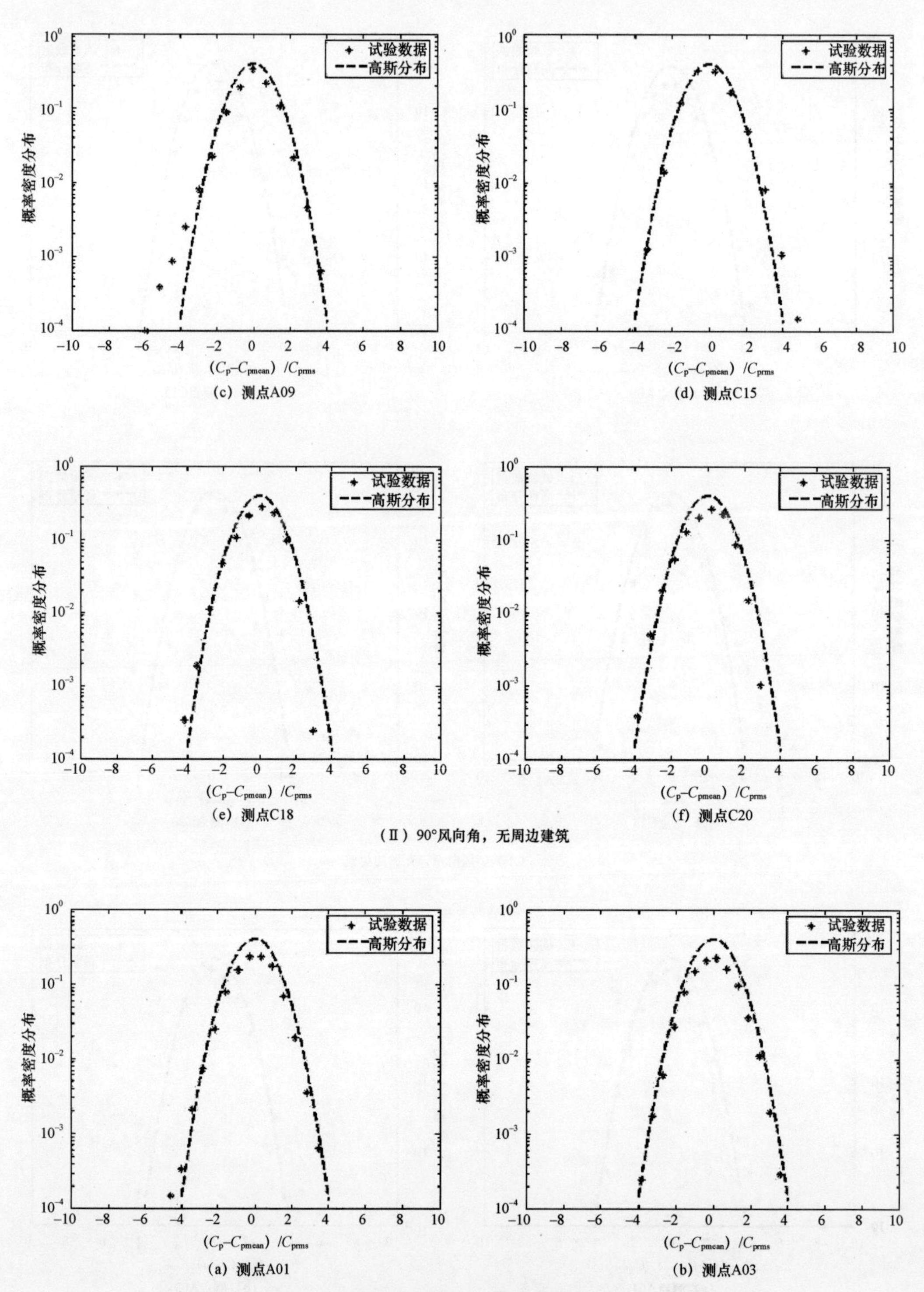

图 3.18　吉林火车站典型测点脉动风压系数的概率分布示意图（续）

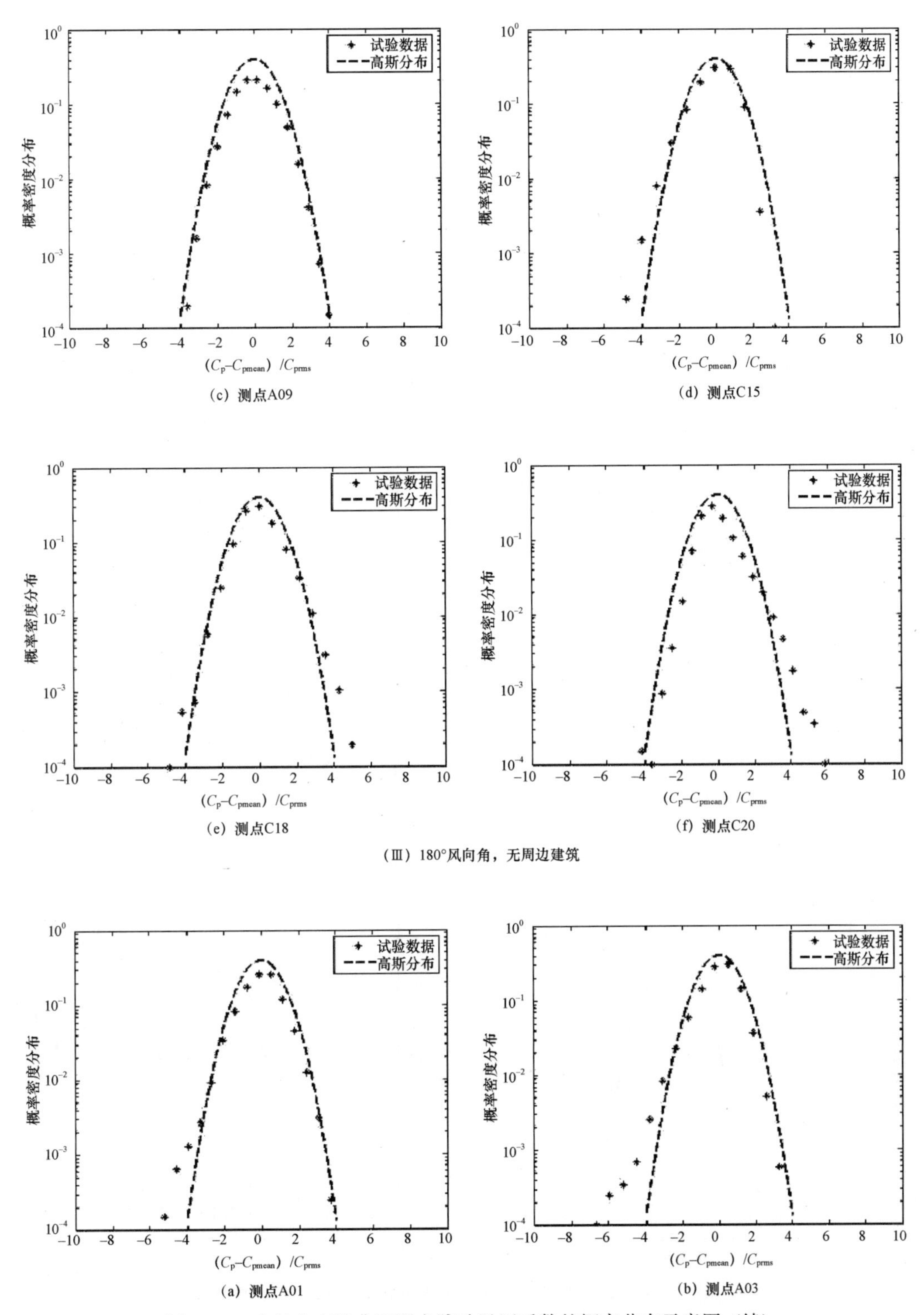

图 3.18　吉林火车站典型测点脉动风压系数的概率分布示意图（续）

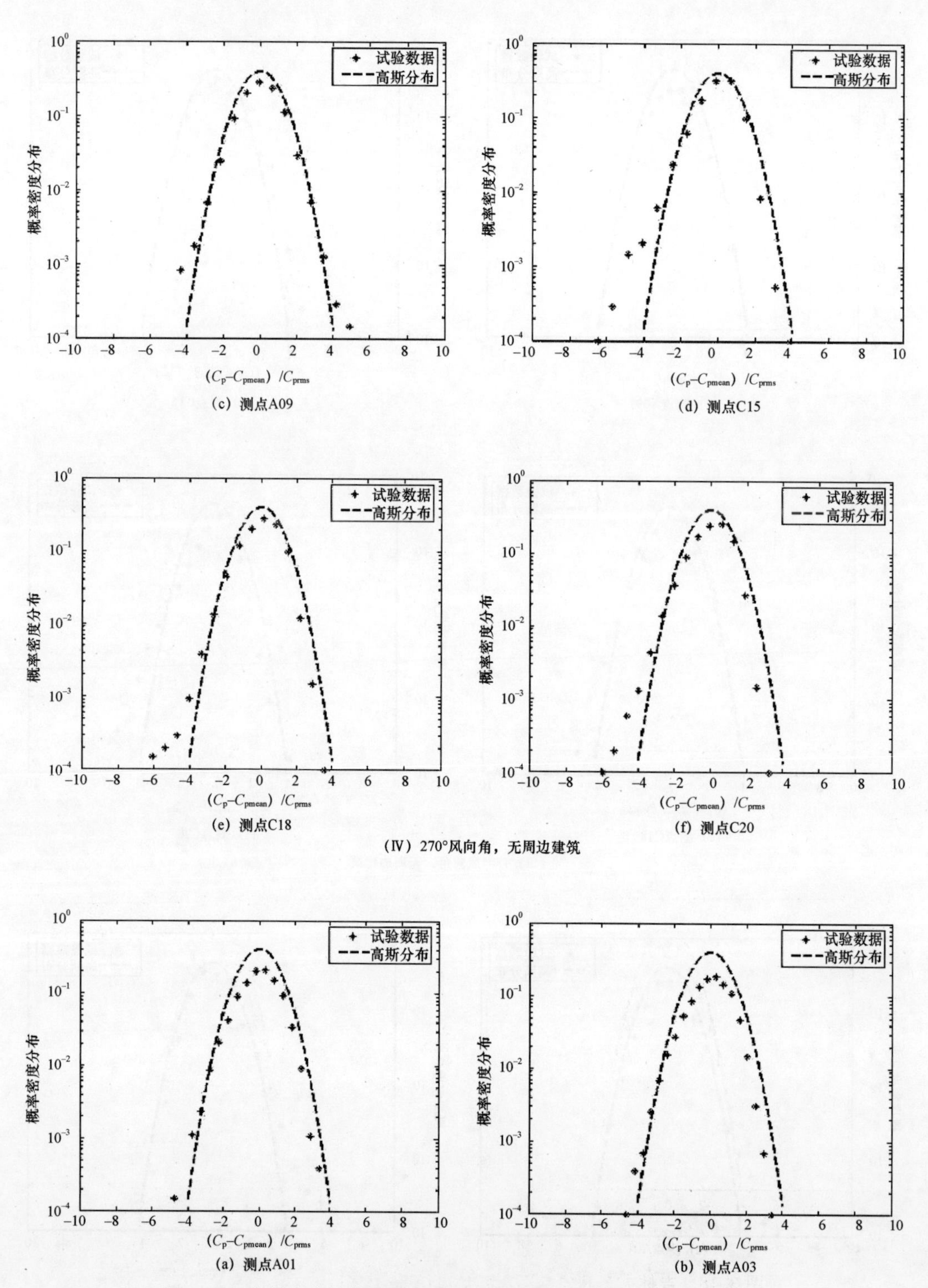

(c) 测点A09

(d) 测点C15

(e) 测点C18

(f) 测点C20

(Ⅳ) 270°风向角，无周边建筑

(a) 测点A01

(b) 测点A03

图 3.18　吉林火车站典型测点脉动风压系数的概率分布示意图（续）

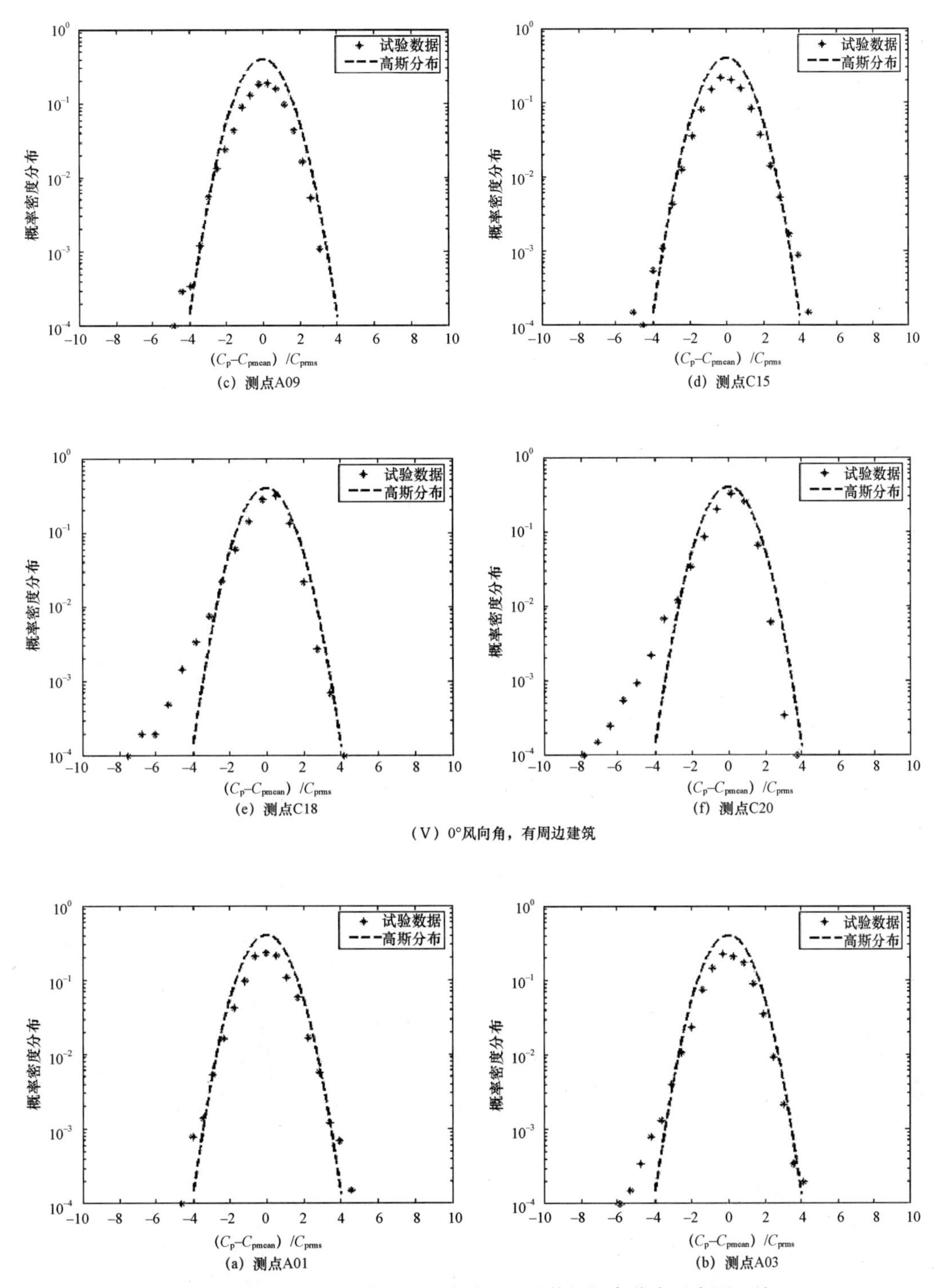

图 3.18　吉林火车站典型测点脉动风压系数的概率分布示意图（续）

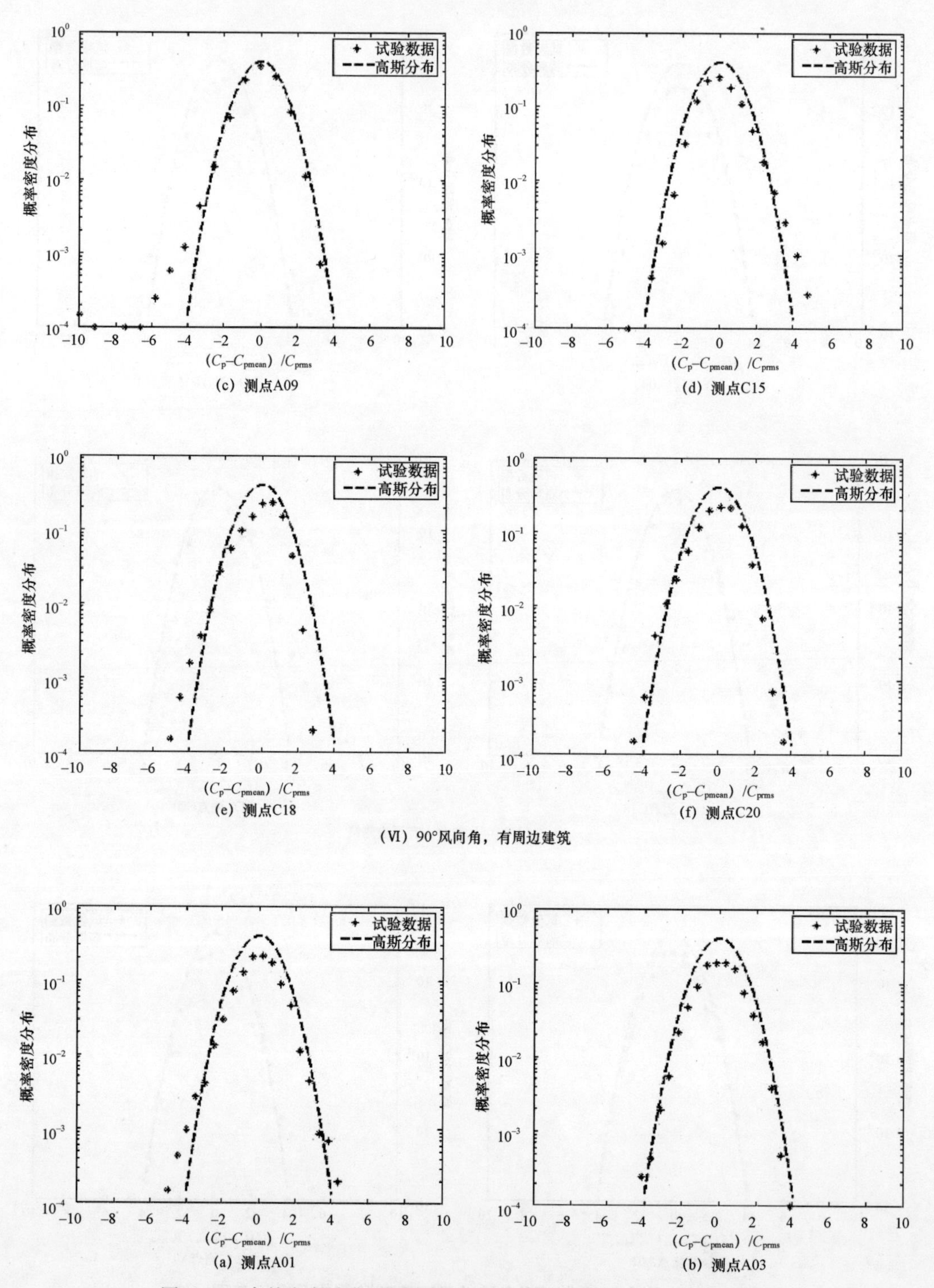

图 3.18　吉林火车站典型测点脉动风压系数的概率分布示意图（续）

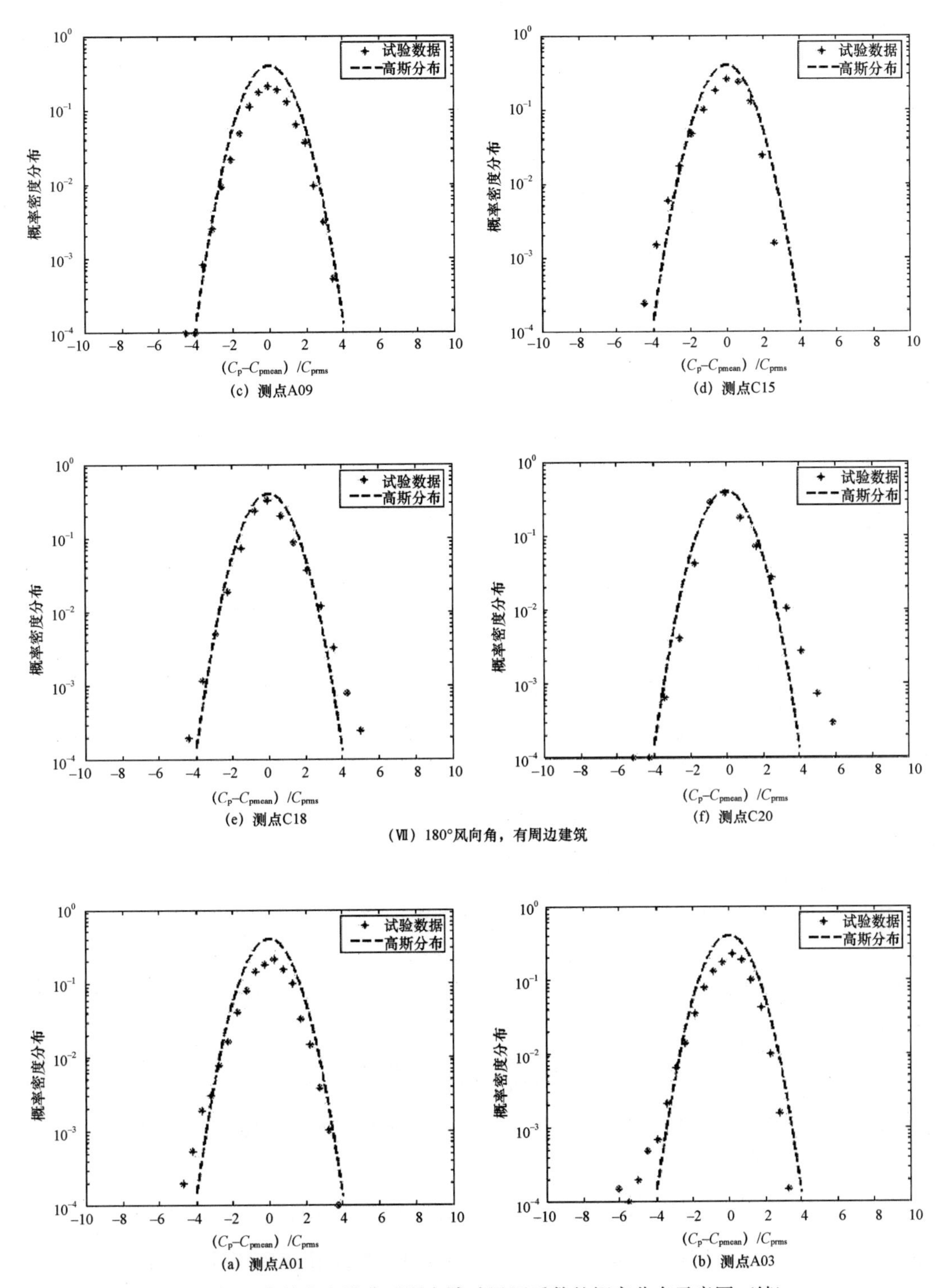

图 3.18　吉林火车站典型测点脉动风压系数的概率分布示意图（续）

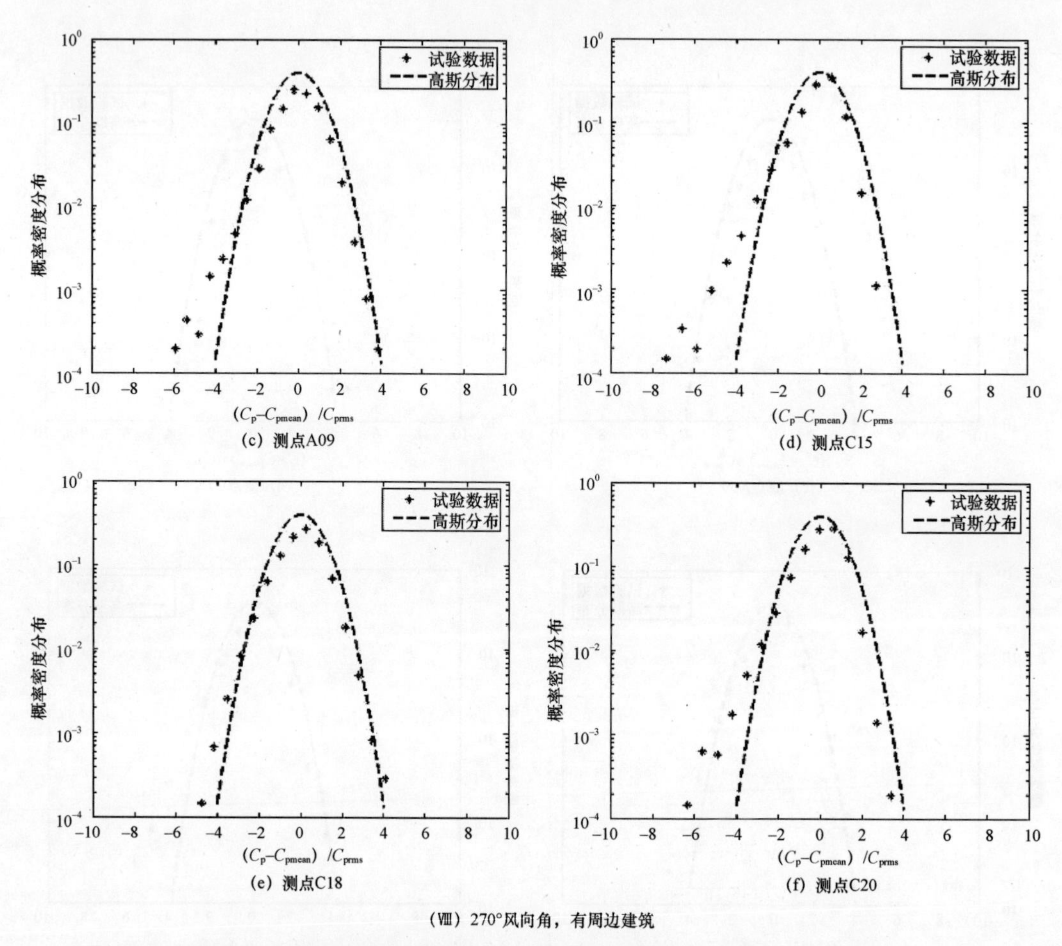

图 3.18　吉林火车站典型测点脉动风压系数的概率分布示意图（续）

3.1.3.6　吉林火车站结构风振响应分析

对于大跨度弹性屋盖结构，其有限元振动方程为[100]：

$$[M]\{y''\}+[C]\{y'\}+[K]\{y\}=\{P(t)\} \tag{3.6}$$

式中，$P(t)$ 为屋盖上各点风致气动作用力。位移按照振型分解，对于第 j 阶振型，则有：

$$q''_j+2\xi_j\omega_j q'_j+\omega_j^2 q_j=\frac{F_j(t)}{M_j} \tag{3.7}$$

式中，M_j 表示第 j 阶的广义质量；$F_j(t)$ 表示风致气动作用力的第 j 阶模态力，定义为：

$$F_j(t)=\int_0^{L_1}\int_0^{L_2}p(x,y,t)\phi_j(x,y)\mathrm{d}x\mathrm{d}y \tag{3.8}$$

式中，$p(x, y, t)$ 为屋盖上某一点 (x, y) 处的竖方向脉动风压的时程；$\phi_j(x, y)$ 为第 j 阶模态的竖方向分量；L_1、L_2 分别表示屋盖区域面积的积分范围。第 j 阶模态力 $F_j(t)$ 还可以进一步表示为无量纲参数 $C_{F_j}(t)$：

$$C_{F_j}(t)=\frac{F_j(t)}{Q_H B_j} \tag{3.9}$$

式中，C_{F_j} (t) 称作模态力系数；Q_H 指参考风压，$Q_H=\frac{1}{2}\rho v_H^2$；$B_j$ 可以通过下式确定：

$$B_j=\int_0^{L_1}\int_0^{L_2}\phi_j^2(x,y)\mathrm{d}x\mathrm{d}y \tag{3.10}$$

第 j 阶模态力作用下模态位移的均值和方差分别为：

$$\bar{q}_j=\frac{\overline{F}_j}{M_j(2\pi f_j)^2}=\frac{Q_H\overline{C_{Fj}}}{m_j(2\pi f_j)^2} \tag{3.11}$$

$$\hat{q}_j=\frac{Q_H C_{F_j}}{m_j(2\pi f_j)^2}\left[1+\frac{\pi}{4\xi_j}\frac{f_j S_{F_j}(f_j)}{\sigma_{F_j}^2}\right]^{\frac{1}{2}} \tag{3.12}$$

式中，M_j 为第 j 阶广义质量；m 为屋盖单位面积的质量；ξ_j 为屋盖结构的第 j 阶阻尼比；f_j 为结构的第 j 阶自振频率；$\frac{f_j S_{F_j}(f_j)}{\sigma_{F_j}^2}$ 为 j 阶模态力归一化谱在频率 f_j 下的值；σ_{F_j} 为第 j 阶模态力的均方根值。

由各振型叠加可以得到屋盖上各点的位移响应均方根值及加速度响应均方根值分别为：

$$\sigma_y=\sqrt{\sum_{j=1}^{N}\hat{q}_j^2\phi_j^2(x,y)} \tag{3.13}$$

$$\sigma_{y''}=\sqrt{\sum_{j=1}^{N}\omega_j^4\phi_j^2(x,y)\hat{q}_j^2} \tag{3.14}$$

表 3.2 列出了吉林火车站部分屋盖典型测点的风振响应结果对比。从表中可以看出，屋盖结构在有无周边建筑干扰下风振响应均较小，这主要与结构刚度较大的原因有关；周边建筑群对站台雨棚角部、主站楼凸起的天窗及东西两侧屋檐区域风振响应影响较大，结构设计时应予以注意。

表 3.2　吉林火车站典型测点风振响应结果对比

测点编号	位移响应均方根			加速度响应均方根		
	无干扰	有干扰	差别（%）	无干扰	有干扰	差别（%）
A01	1.185	0.705	68.09	0.030	0.018	66.67
A03	1.338	1.228	8.96	0.034	0.031	9.68
A09	0.288	0.559	−48.48	0.007	0.014	−50.00
A15	0.975	1.170	−16.67	0.025	0.030	−16.67
C15	1.534	1.286	19.28	0.240	0.193	24.35
C18	0.761	0.779	−2.31	0.110	0.112	−1.79
C19	1.059	0.774	36.82	0.153	0.112	36.61
C20	0.652	0.812	−19.70	0.099	0.124	−20.16

3.2　昆明南站风荷载试验研究

3.2.1　昆明南站工程简介

昆明南站位于云南省昆明市，由 415m×184m 的大跨壳型屋盖与 349m×111m 的大跨度站台雨棚组成（图 3.19）。地上三层，建筑最高点为 44.8m（至西广场地面）；站房南北（含高架车道）长度为 226m，东西进深 443.5m，屋盖南北宽 184m，东西长 415m，南北檐口高度 17.6m（距高架层楼面）。站房两侧无站台柱雨棚对称布置，各雨棚南北总长 111m，东西总宽 349.025m，雨棚最高点距站台面 12.89m，顶棚底至站台面高度>11m。

图 3.19 昆明南站鸟瞰图

3.2.2 试验概况

昆明南站刚性模型风洞试验在湖南大学建筑与环境风洞试验室进行。

根据昆明南站周边建筑物、构造物等因素，地貌类型按中国荷载规范[101]中规定的 B 类地貌考虑，地貌粗糙度指数 $\alpha=0.16$（说明：开展本工程研究时，采用当时实施的《建筑结构荷载规范》（GB 50009—2001）[101]版本）。在试验段内，用二元尖劈、粗糙元来模拟 B 类地貌的风剖面及湍流分布，风速剖面及湍流度剖面如图 3.20 所示。试验中取参考高度为 0.6m，试验风速为 10m/s。

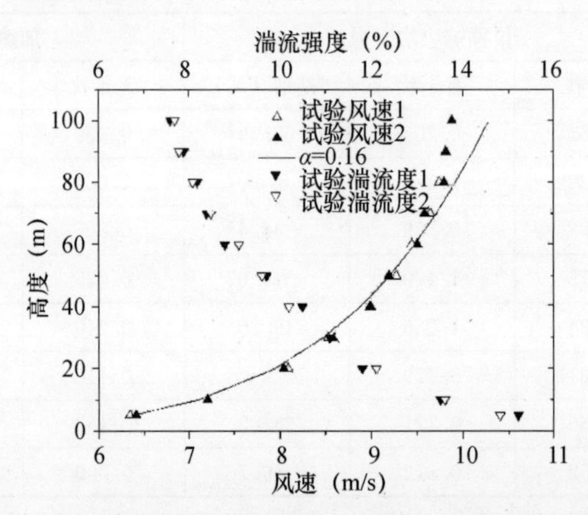

图 3.20 风洞试验模拟地貌的风速剖面及湍流度剖面

风洞试验模型是用 ABS 板制成的刚性模型，几何外形与原建筑相似，试验模型缩尺比为 1∶200。为了测取屋面的风压分布，在主站房模型屋面上共布置有 284 个单测点，南北屋檐分别布置有 95 对双测点，主站房 9.5m 标高楼板下侧布置有 60 个单测点；主站房南北幕墙各布置有 86 个单测点以及 15 对双测点，东幕墙布置有 42 个单测点和

21 对双测点，西幕墙布置有 41 个单测点和 11 对双测点，西面幕墙造型羽毛处布置有 36 对双测点，西面悬挑木亭立面处布置有 7 个单测点；突出屋面东西侧幕墙各布置有 7 个单测点；主站房东悬挑雨棚布置有 5 对双测点，主站房西悬挑雨棚（木亭）布置有 12 对双测点；南北站台雨棚各布置有 243 对双测点，总共测点数为 2012 个。风洞试验模型典型测点布置图如图 3.21～图 3.23 所示。

由于主站房在东南西北四立面处有大型入口门厅（图 3.24），其中东立面的幕墙（门厅）开洞率为 3.25%，西立面的开洞率为 3.25%，南立面的开洞率为 5.23%，北立面的开洞率为 5.23%。试验时考虑四立面幕墙是否开洞分两种工况进行了试验，其中无立面开洞时定义为工况Ⅰ，有立面幕墙开洞时定义为工况Ⅱ。昆明南站主站房屋面细部构造如图 3.25 所示。

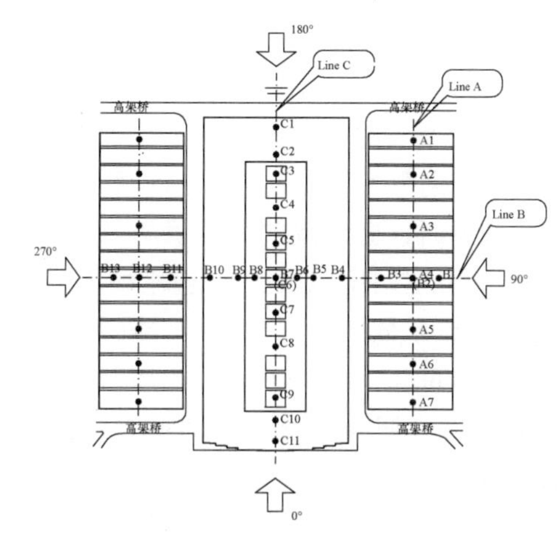

图 3.21　昆明南站风向角示意图及模型典型测点布置图

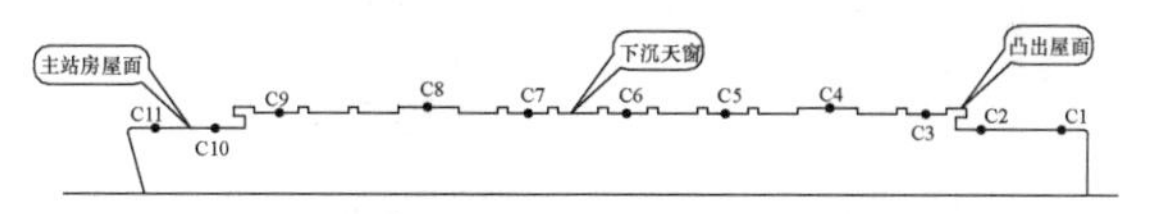

图 3.22　昆明南站典型测点纵向剖面示意图

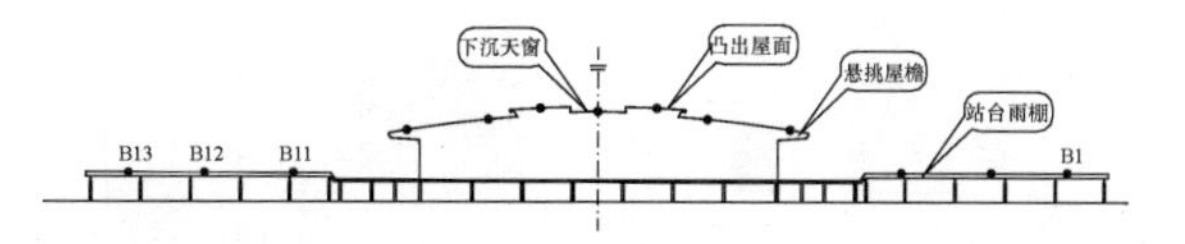

图 3.23　昆明南站典型测点横向剖面示意图

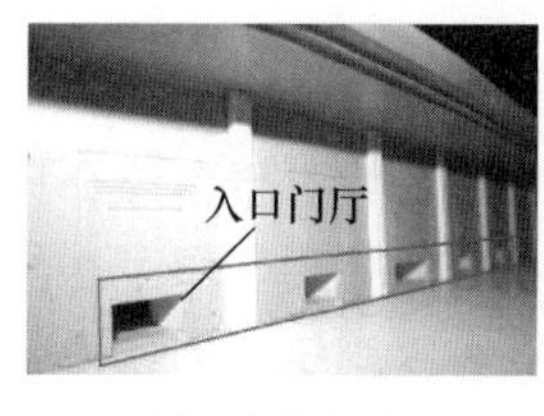

(a)　南北立面

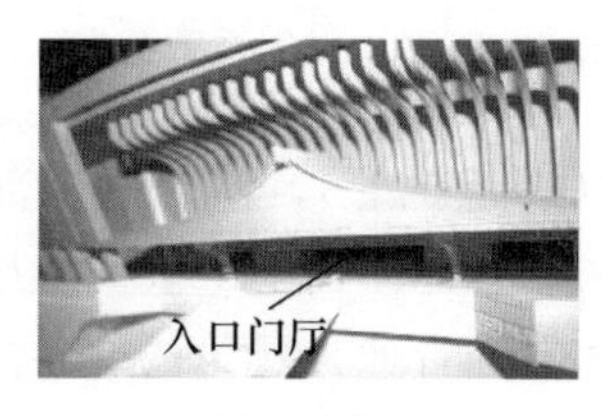

(b)　西立面

(c)　东立面

图 3.24　昆明南站主站房立面入口门厅

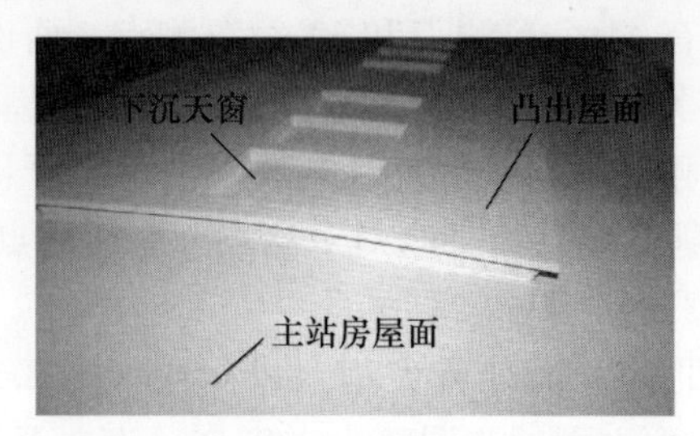

图 3.25　昆明南站主站房屋面细部构造图

3.2.3　试验结果分析

3.2.3.1　平均风压分布特性分析

当来流遇到屋面棱角部位时，会产生明显的气流分离，形成离散的分离泡漩涡，并脱落到位于屋面下方的尾流中。由于漩涡中存在较大的逆压梯度，在气流分离处会形成较大的负压（即风吸力）。当来流同流向分离线（迎风屋檐）垂直时，会沿着流动分离线形成柱状涡[102]，当风向同分离线倾斜时，会形成两个锥状涡[103,104]。图 3.26～图 3.28为昆明南站在风向角β为 0°、90°、180°下主站房屋面、南北侧无柱雨棚的平均风压系数分布图。从图中可以看出，屋盖的平均风压系数均呈现为负压（风吸力），较大的负压均分布在迎风屋檐、屋脊、屋盖角部区域。同时也可以发现，凸出屋盖的下沉采光天窗负压较小，甚至出现较小的正风压；站台雨棚除在迎风屋檐区域出现明显的分离与再附外，其他区域的风压分布较为均匀，且风压系数较小，一般出现在－0.20 左右。从图 3.26 与图 3.28 可以看出，由于火车站建筑的对称性，屋盖的风压基本上按照对称轴对称分布。

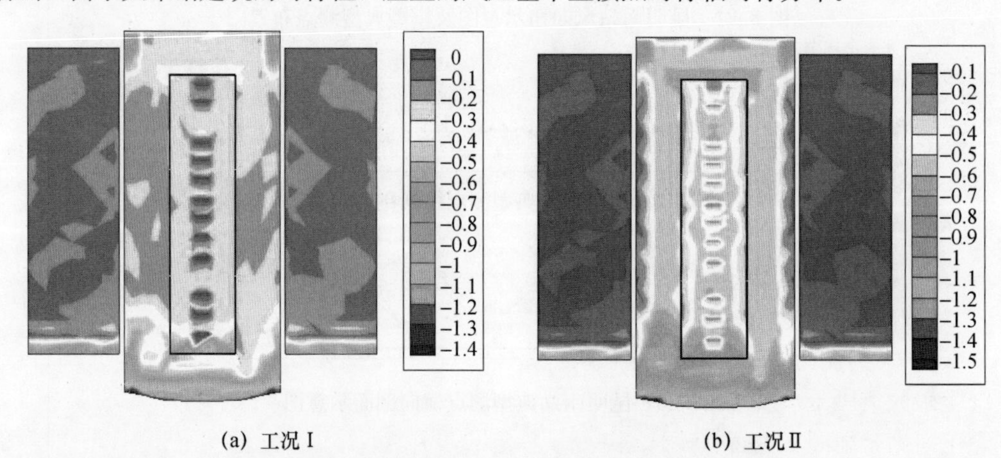

图 3.26　昆明南站 β=0°平均风压系数分布云图

由于考虑有立面幕墙的入口门洞（即工况Ⅱ），建筑的内部风压系数对屋盖综合风压系数有一定的影响。而结构设计时一般考虑屋盖上下表面风压系数的叠加。由于在给定的边界层空间中，空气压力的传播速度为音速，建筑内部各测点可以用统一的压力系数时程来描述结构内压的特性[86]。在本章的试验中，对此观点给予了论证。当风向角β=0°时，内部各测点（屋盖的下表面测点）平均风压系数的平均值为 0.32，风向角β=

90°时为0.20，风向角$\beta=180°$时为0.25。根据本文第2.2.2节对风压系数正负号的定义："试验中符号约定以压力向内（压）为正，向外（吸）为负"，故在工况Ⅱ下，由于风压表现为"上吸下顶"，屋盖的负压（风吸力）均会增加，如图3.26（b）、图3.27（b）、图3.28（b）所示。

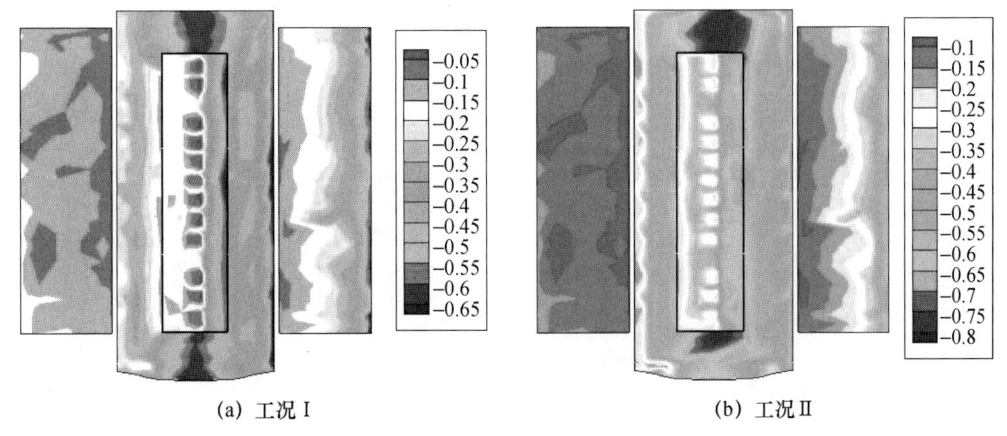

(a) 工况Ⅰ　　(b) 工况Ⅱ

图3.27　昆明南站$\beta=90°$平均风压系数分布云图

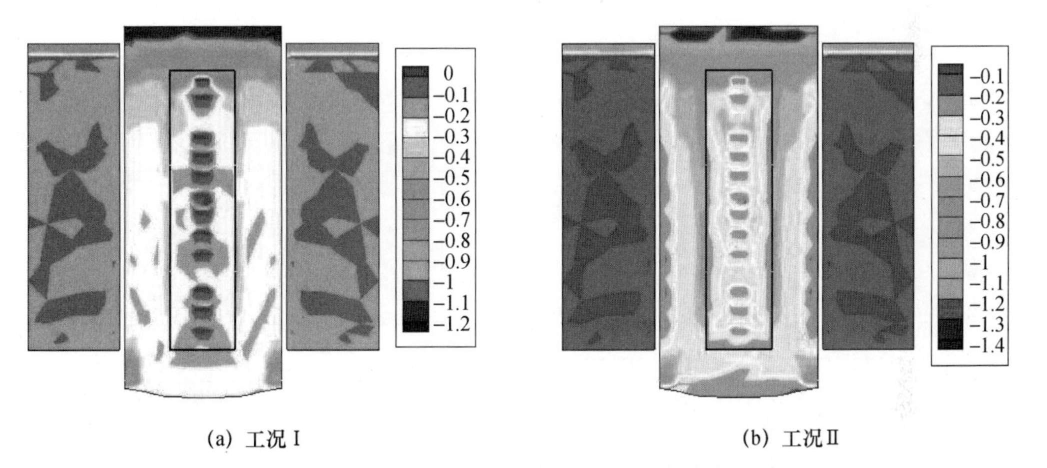

(a) 工况Ⅰ　　(b) 工况Ⅱ

图3.28　昆明南站$\beta=180°$平均风压系数分布云图

图3.29为昆明南站全风向角下最大负平均风压系数分布图，从图中可以看出，两种工况下最大负风压系数均出现在屋檐区域；由于主站房、站台雨棚下面均为架空层，各风向角下对站台雨棚下表面的气流均起到了一定的"引流"作用，从而出现"上吸下吸"的现象，使得站台雨棚的综合风压系数有所减小，故在全风向角下站台雨棚的风压均较小。

图3.30为典型风向角下典型测点在工况Ⅰ的平均风压系数变化趋势图。由图3.30（a）可以发现，气流在站台雨棚迎风屋檐处分离较为显著，负风压较大，如风向角$\beta=0°$时测点A7、$\beta=180°$时A1所示，而在中间区域，风压系数变化较小；在风向角$\beta=270°$时，由于典型测点所在的南站台雨棚高度较低，气流受到主站房的阻挡，风压系数较小。从图3.30（b）可以看出，测点的风压系数基本上按照建筑对称轴（0°～180°风向角）对称分布，最大的负风压系数出现在屋面迎风屋檐区域，如风向角$\beta=90°$时测点B4、$\beta=270°$时

B10；同时在凸出屋面的下沉采光天窗区域（测点 B7），负风压系数绝对值较小，甚至出现较小的正风压系数。这是因为风流经该下沉的区域时，下沉的区域相当于一个死水区，上方的气流并不会对这个相对静止的空气团产生较大的影响，因此风压较小。从图 3.30（c）可以看出，各测点的风压系数随着屋盖的凸出与凹进的变化而变化，总体来看，凸出屋面特别是迎风屋檐区域的测点风压系数较大，而凹进的下沉采光天窗处的测点风压较小。

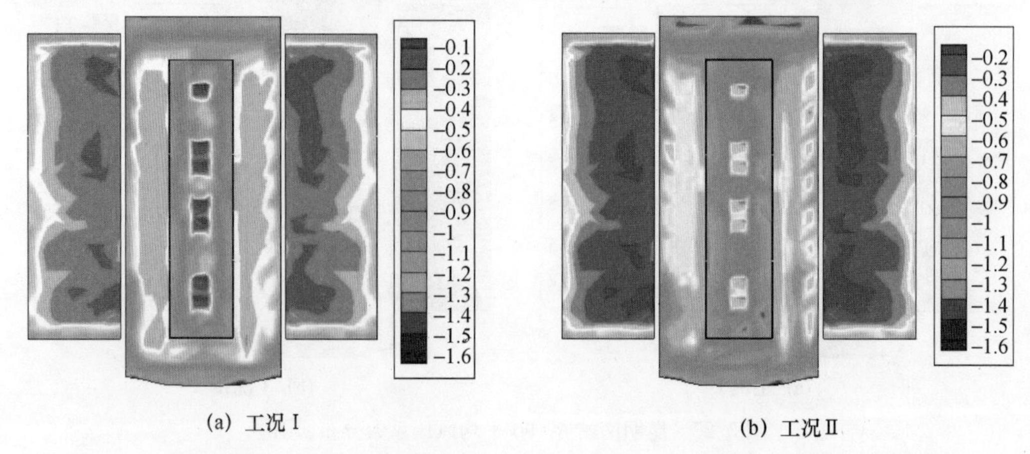

图 3.29　昆明南站全风向下最大负平均风压系数分布云图

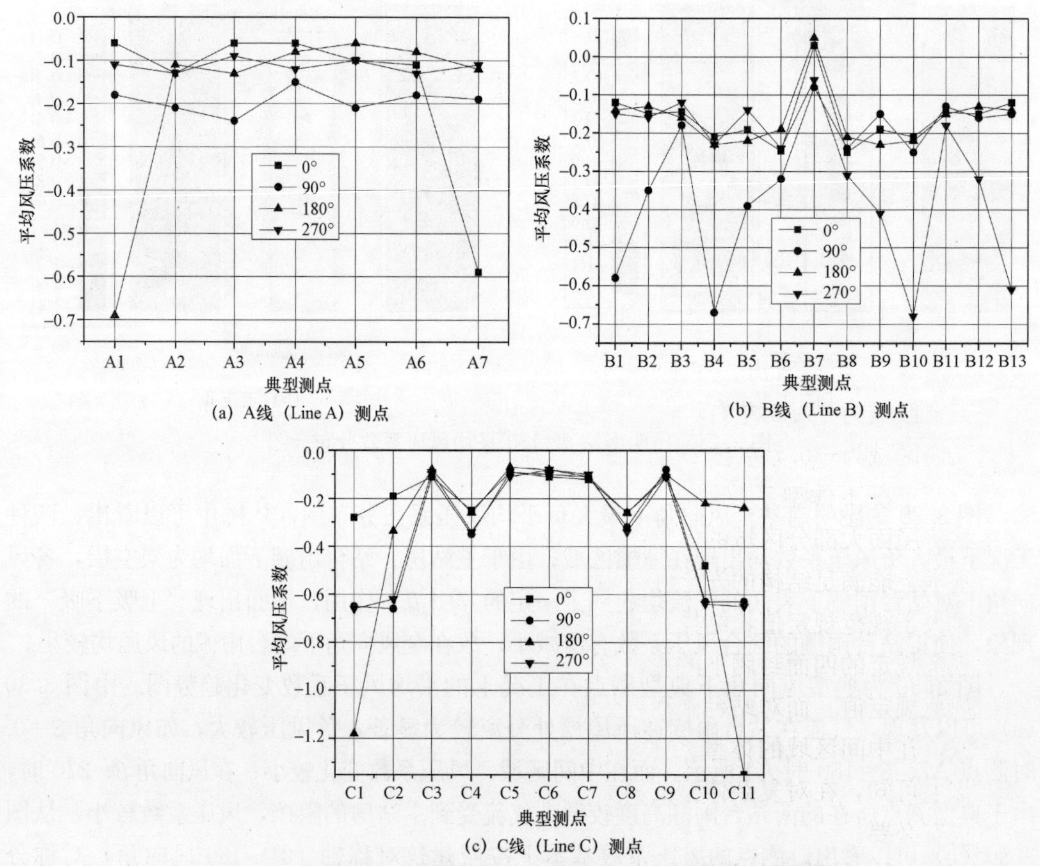

图 3.30　昆明南站典型风向角下测点平均风压系数变化曲线图

（注：Line A、Line B、Line C 及相应测点布置见图 3.26、图 3.27、图 3.28。）

3.2.3.2　局部体型系数分析

风荷载体型系数，指的是建筑物表面受到的风压与大气边界层中气流风压的比值。体型系数所描述的是在稳定风压作用下建筑物表面静态压力的分布规律，它主要与建筑物外部的“体形”（结构工程中也叫做“体型”）及其尺度有关，当然也与建筑物周边的环境及地表粗糙度类型有关。相比风压系数，体型系数更能直观地表示建筑抗风的优劣性能，图 3.31 给出了全风向下昆明南站的最大负平均局部体型系数的分布。我国《建筑结构荷载规范》[7]对封闭式带下沉天窗的拱形屋面的规定为：迎风屋面风荷载体型系数为－0.80，背风屋面为－0.50，下沉天窗屋面为－1.2；而对四面开敞的平屋面，规范没有给出明确的规定，但可以适当参考四面开敞的双坡屋面的相关规定。《建筑结构荷载规范》对四面开敞的双坡屋面，当屋面坡角≤10°时迎风屋面取－1.3，背风屋面取－0.7。此外，规范的规定值仅限于形状规则的单一建筑的屋面，同时也仅限于四周封闭的建筑，而对于体型复杂的结构，建议进行风洞试验予以确定。

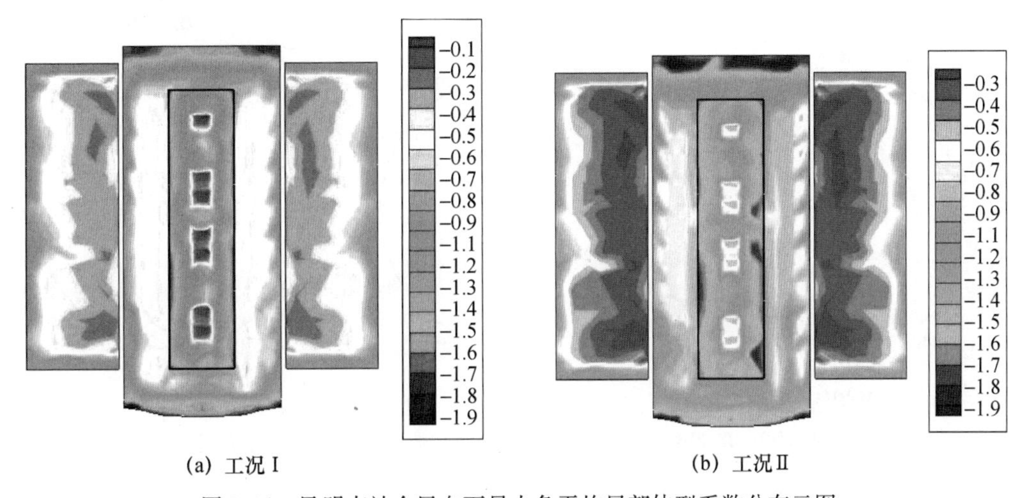

图 3.31　昆明南站全风向下最大负平均局部体型系数分布云图

从图 3.31 可以看出，在工况Ⅰ下主站房屋面的体型系数为－0.42～－1.92 之间，下沉天窗区域为－0.3 左右；在工况Ⅱ下主站房屋面体型系数在－0.54～－1.93 之间，下沉天窗区域为－0.7 左右。由于立面幕墙开洞与否对站台雨棚影响不大或其影响可以忽略，两工况下体型系数均在－0.22～－1.41 之间。从风洞试验结果来看，在工况Ⅰ下主站房屋面大部分区域的体型系数与规范规定值大小相当，采用规范值进行结构设计时，基本上能满足结构的安全性要求；但是在屋面悬挑屋檐及屋面棱角处，屋面体型系数明显大于规范规定值，结构设计时应予以注意；在工况Ⅱ下，屋面风载体型系数均略大于规范规定的四面封闭下的屋面体型系数；此外，下沉天窗区域在两工况下试验值均小于规范规定值。而对站台雨棚，最大风载体型系数仅出现在气流分离较大的屋檐及屋角区域，在中间区域的体型系数较小，如果完全按照规范规定值进行设计，则较为保守。综上可知，在对复杂体型的屋盖结构进行设计时，采用风洞试验来确定屋面的体型系数很有必要。

图 3.32 为昆明南站屋盖典型测点的体型系数随风向角变化的曲线图。从图中可以

看出，在迎风屋檐区域，风载体型系数受气流的分离与再附的影响较大，而在屋盖的中间区域，体型系数较为稳定，随风向角变化差异较小；下沉天窗（测点 C3）由于受气流的干扰较少，全风向角下体型系数较小且随风向角变化较小；同时也可以看出，站台雨棚的体型系数整体上比主站房屋面的体型系数要小。

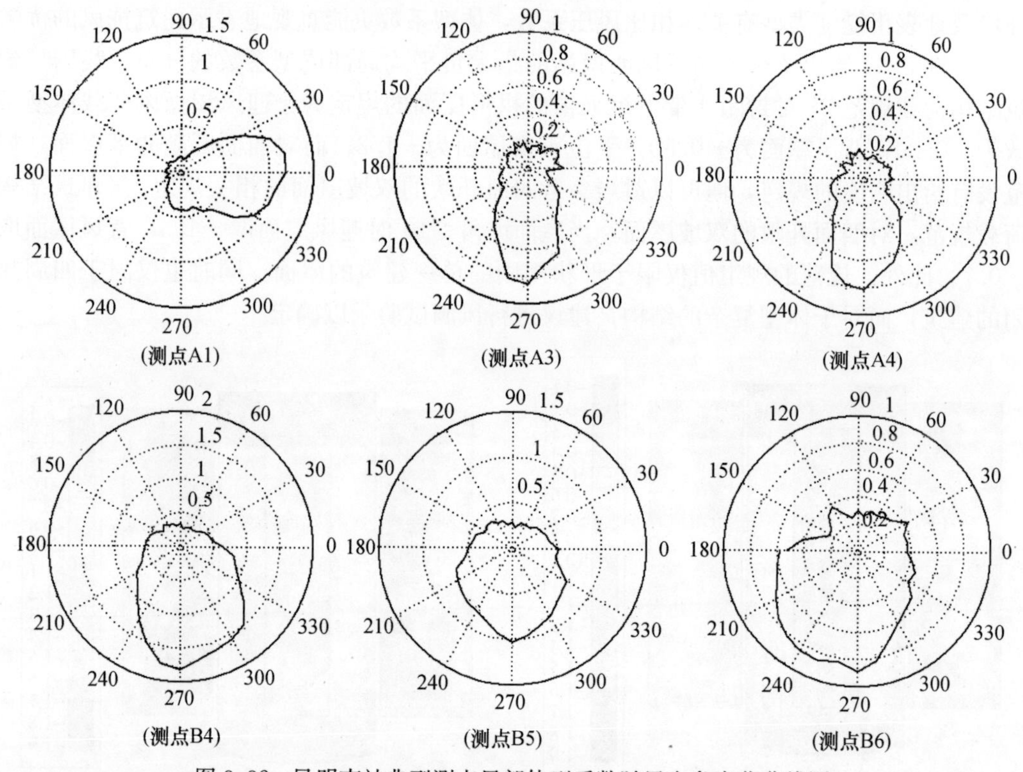

图 3.32　昆明南站典型测点局部体型系数随风向角变化曲线图

3.2.3.3　典型测点脉动风压概率分布特性

在风工程研究中，一般假定风荷载符合高斯分布。根据一些研究学者对大跨屋盖结构的风荷载特性进行分析研究发现，在屋盖的某些局部区域内，如屋盖迎风边缘区域及屋盖拐角部位，风荷载会出现较为明显的非高斯分布[97,105～108]，如果对这些区域仍采用高斯分布来描述，通常会产生较大的误差[109]。经过一些学者的研究表明，具有非高斯分布的风压时程是以风压分布的不对称性并带有大幅值的风压脉冲为特点的[110]，如图 3.33所示。这种大幅值的风压脉冲现象与屋盖风场的漩涡脱落与再附有一定的关系，这往往是造成屋面破坏的主要原因[111]。

通常，高斯信号的概率密度函数一般可以由前两阶统计矩（即数学期望与方差）来进行描述。而对于非高斯分布，要获得其概率分布密度函数是比较困难的，往往是通过信号的多阶统计矩（尤其是三阶与四阶统计量）对概率分布密度函数的特征来进行描述的。三阶统计量一般称之为斜度（Skewness），四阶统计量一般称之为峰态（Kurtosis），斜度可用于描述脉动风压随机过程的概率分布的偏离度，峰态则可用于描述概率分布的凸起程度，其相应表达式如下[112,113]：

$$C_{pisk} = n^{-1} \sum_{i=1}^{n} [(C_{pi}(t) - C_{pimean})/C_{pirms}]^3 \qquad (3.15(a))$$

$$C_{piku} = n^{-1} \sum_{i=1}^{n} [(C_{pi}(t) - C_{pimean})/C_{pirms}]^4 \qquad (3.15(b))$$

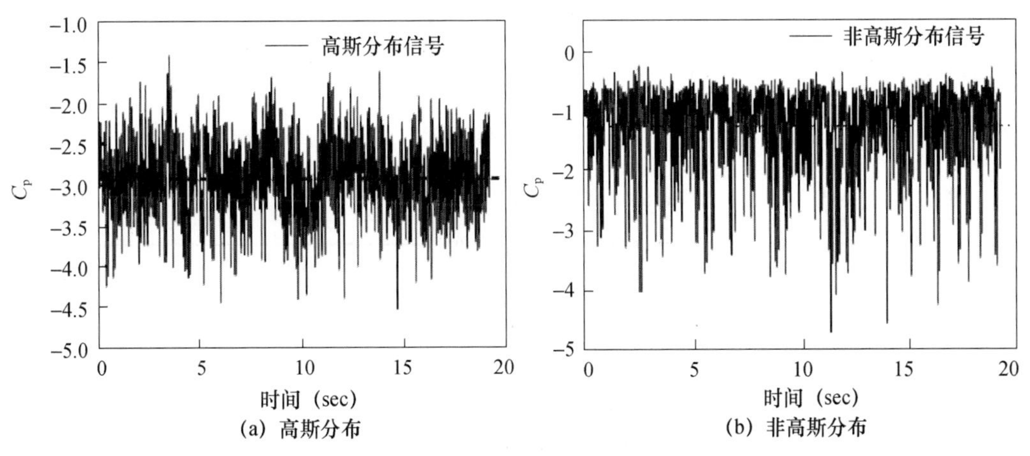

图 3.33　典型高斯与非高斯风压信号

斜度值及峰态值常用来区别高斯信号与非高斯信号，可对数据信号的非高斯分布特性进行描述。通常对高斯信号斜度值定为 0，峰态值定为 3。斜度值一般体现概率分布的非对称性，当斜度值小于 0 时体现为左偏态，说明概率分布与高斯分布相比偏向负值；斜度值当大于 0 时体现为右偏态，偏向于正值。峰态值则是用来描述概率分布曲线较高斯分布表现为尖削还是平坦的趋势，一般峰态值大于 3 时概率分布曲线比正态分布的曲线尖削，呈现正的峰态；小于 3 时则概率分布曲线相对较为平坦，呈现负的峰态。非高斯分布特性描述的参数如图 3.34 所示。

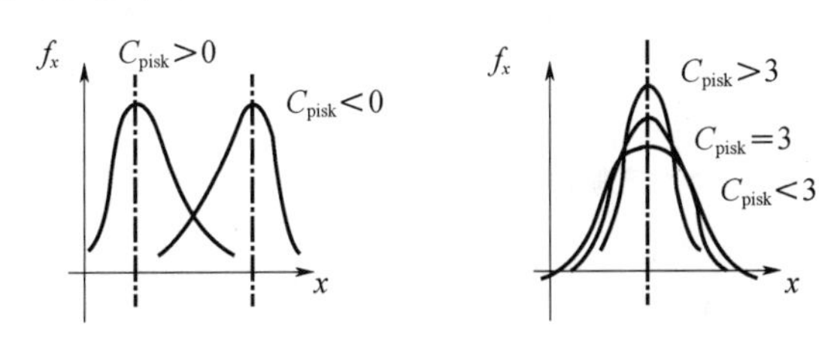

图 3.34　非高斯分布特性描述参数示意图

脉动风压概率分布特性能较好地反映风压的脉动能量大小，作为衡量风荷载的脉动特性的特征之一，同时也是目前国内外风工程学者判定建筑物表面风压是否符合非高斯分布或者高斯分布的重要评估手段。此外，脉动风压概率统计不仅对改善结构风致响应的理论分析方法起到一定的作用，还可以用于确定建筑结构设计峰值风荷载值。

选取位于主站房与站台雨棚三大轴线上（图 3.21 中的 LineA、lineB、lineC）的部分典型测点为例，分析各测点在风向角 β 为 0°、90°下的正则化脉动风压系数（C_p-C_{pmean}）/C_{prms}的概率密度函数分布，如图 3.35 所示。图中横坐标代表脉动风压系数标准化后的值（（C_p-C_{pmean}）/C_{prms}），纵坐标代表相应的概率密度函数值。

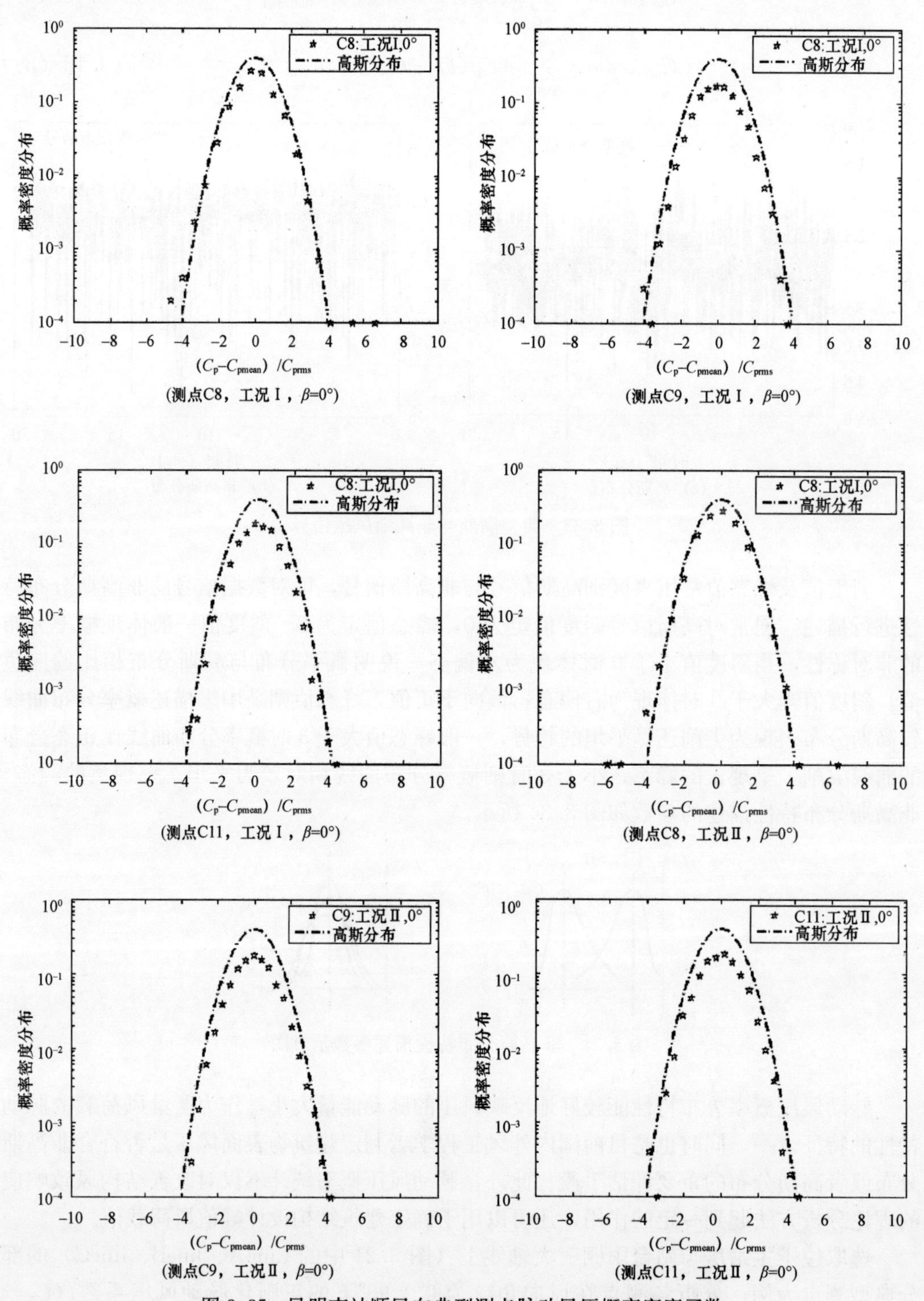

图 3.35 昆明南站顺风向典型测点脉动风压概率密度函数

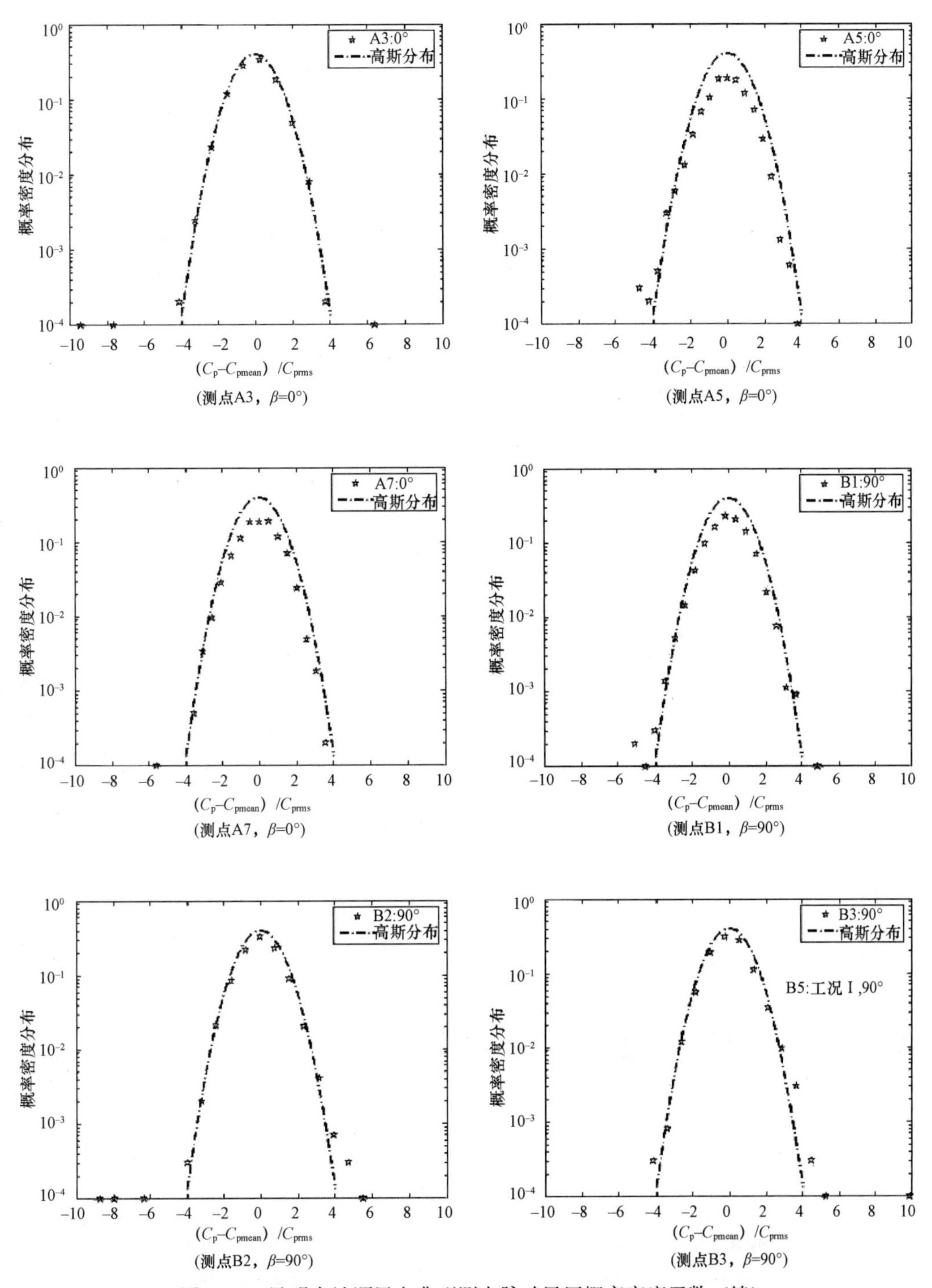

图 3.35　昆明南站顺风向典型测点脉动风压概率密度函数（续）

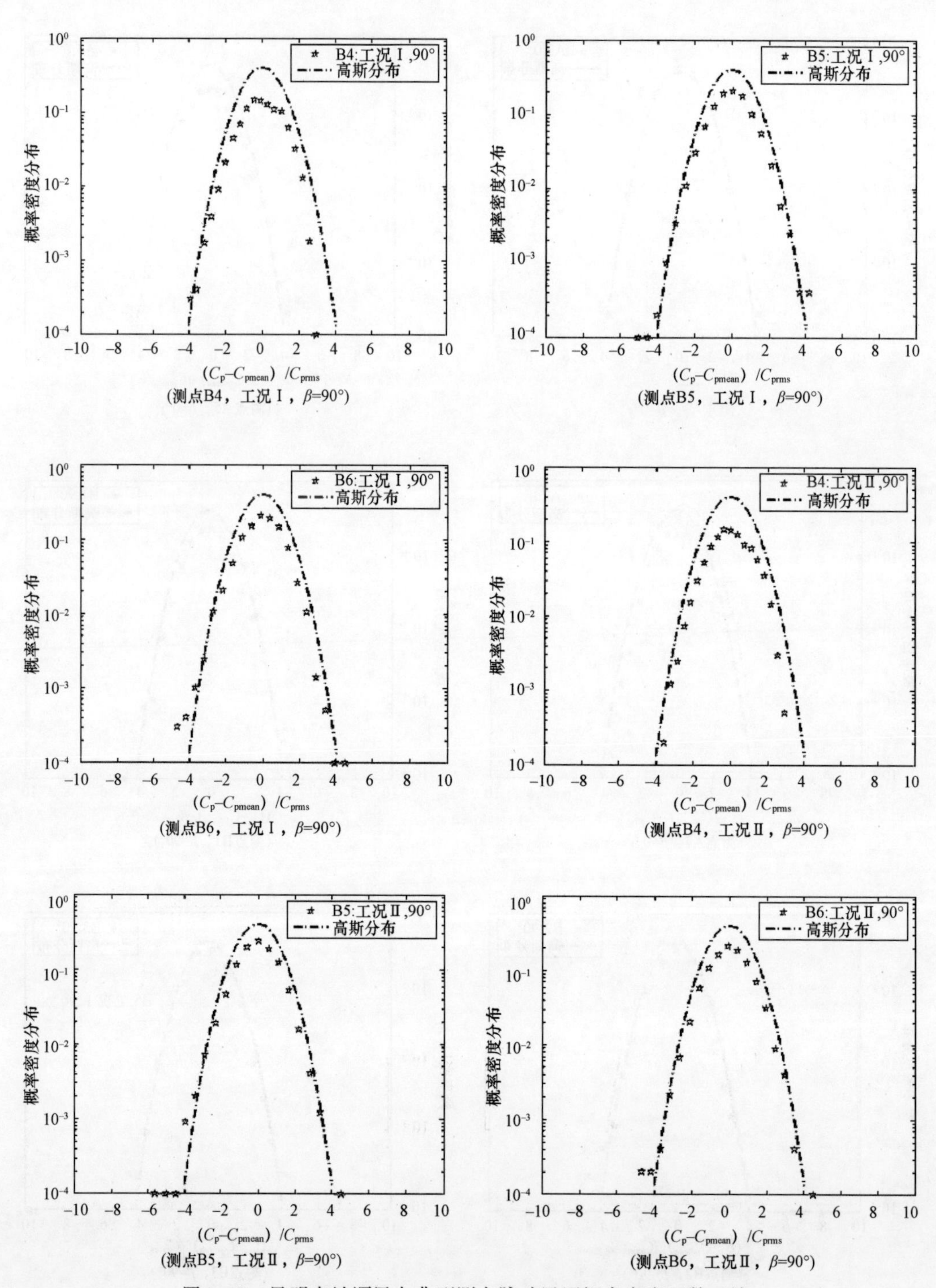

图 3.35　昆明南站顺风向典型测点脉动风压概率密度函数（续）

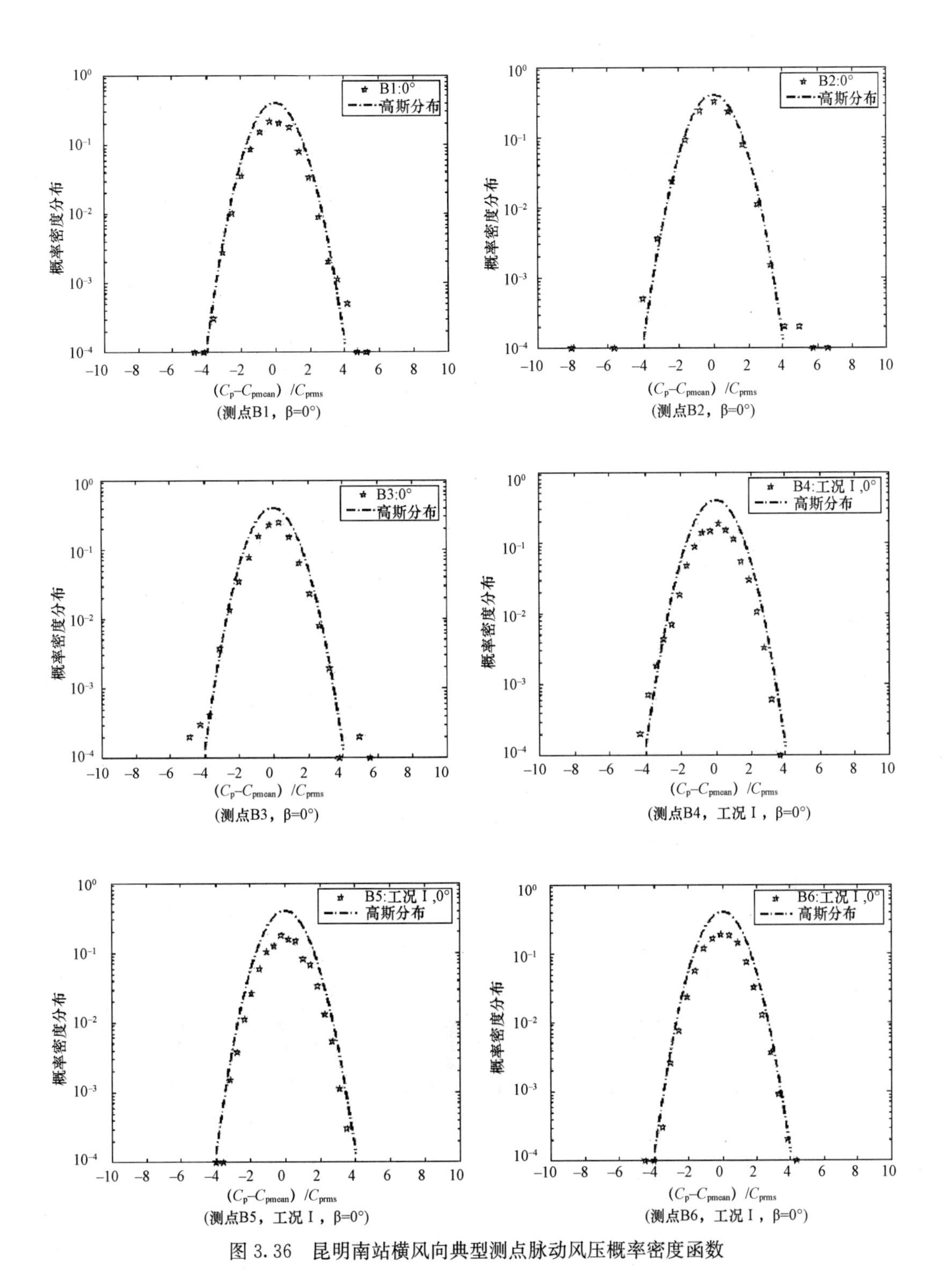

图 3.36　昆明南站横风向典型测点脉动风压概率密度函数

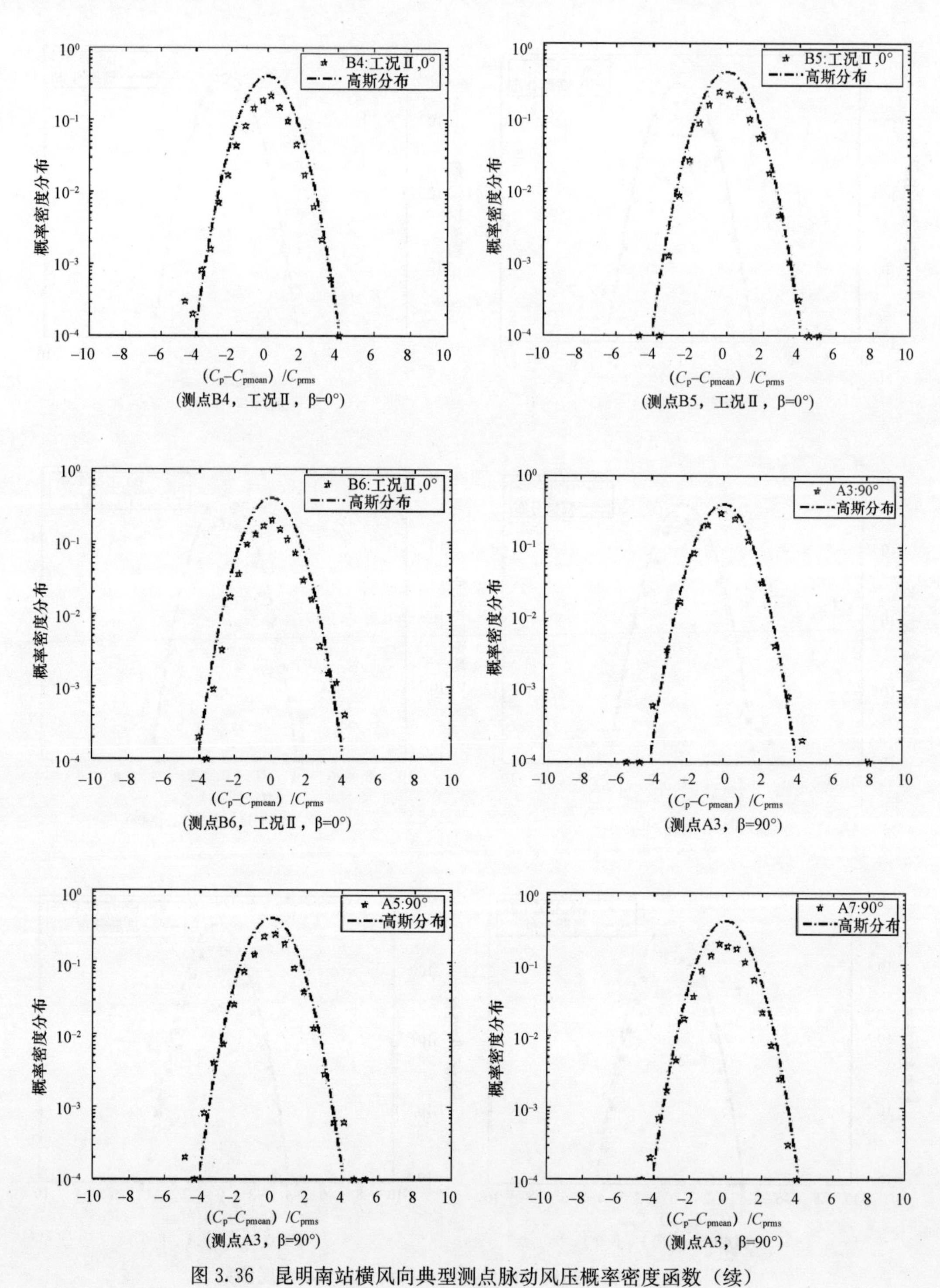

图 3.36　昆明南站横风向典型测点脉动风压概率密度函数（续）

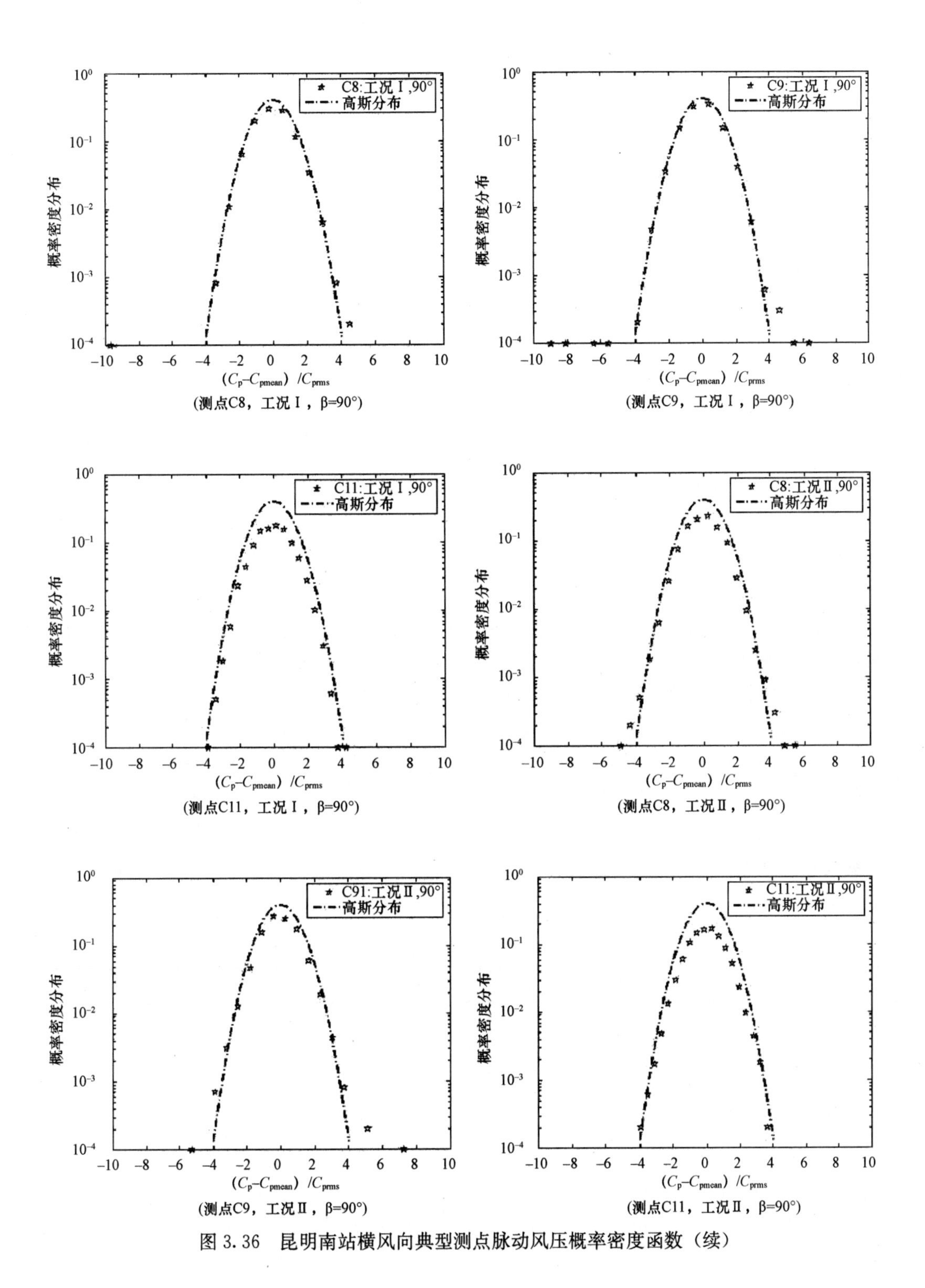

(测点C8，工况Ⅰ，β=90°)

(测点C9，工况Ⅰ，β=90°)

(测点C11，工况Ⅰ，β=90°)

(测点C8，工况Ⅱ，β=90°)

(测点C9，工况Ⅱ，β=90°)

(测点C11，工况Ⅱ，β=90°)

图 3.36　昆明南站横风向典型测点脉动风压概率密度函数（续）

从图3.35、图3.36可以看出，位于主站房与站台雨棚边缘区域的测点（如A7、B1、B4、C11等），其脉动风压概率密度分布函数体现较为明显的非高斯分布特性，尤其在尾部负压区域更为显著。这是因为这些测点位于屋盖前沿的气流分离区，风压的脉动能量除了受到来流本身湍流的影响外，还受到气流分离引起的特征湍流的影响。这也可以表明，相对高斯分布而言，较长负压尾部的存在，其具有更高的高负压发生概率。而在屋盖中间区域的测点，无论测点位于顺风向还是横风向位置，其脉动风压在两种工况下基本上均与高斯分布吻合较好。

3.2.3.4 上下表面典型测点相关性分析

对大跨屋盖结构表面风压进行相关性研究分析，不仅关系到结构设计风荷载的确定，同时也有助于对脉动风荷载作用及风致振动机理的认识。选取屋面的16个典型测点作为分析对象，根据式（3.4）可求得典型测点两两间的相关系数γ_{ud}，计算结果见表3.3～表3.8。

从表3.3～表3.8可以看出：

（1）各测点间的风压相关系数随着测点间距离的增大而减小；

（2）由于气流在上游区域的测点湍流度大于下游区域，故位于下流区域测点的相关性要大于上流区域的测点；

（3）由于受到站台柱及站房架空层柱的影响，站台雨棚下表面测点存在较大的流动分离，测点间出现部分风压正相关与负相关现象；

（4）主站房由于受到凸出采光屋盖的影响，气流流经该区域时发生较大的分离与再附，屋盖下风向处测点的相关性受到上风向处屋盖的干扰而削弱；

（5）在围护结构设计时，结构表面的净风压极值往往起控制作用，而净风压极值则需要考虑结构上下表面风压的相关性，故相关系数是衡量结构内外压共同作用的重要参数之一。风压负相关表示一定程度上的“此消彼长”，导致结构上表面受负压、下表面受正压，形成“上吸下顶”的现象，从而产生较大的向上的吸力；当结构上下表面均为负压时，对结构表面的合力起抵消的作用，从而呈现正相关的特征。一般来说在屋盖的角部及悬挑屋檐区域，测点的负相关较强，风荷载对这些区域的破坏力较强，结构设计时应予以注意。

表3.3 昆明南站站台雨棚$\beta=0°$典型测点间相关系数

测点编号	A1	A2	A3	A4	A5	A6	A7
A1	1.00	0.60	0.52	0.51	0.48	0.34	0.33
A2	0.71	1.00	0.61	0.50	0.48	0.29	0.34
A3	0.58	0.59	1.00	0.59	0.53	0.28	0.28
A4	0.54	0.59	0.65	1.00	0.61	0.29	0.30
A5	0.48	0.52	0.58	0.58	1.00	0.29	0.29
A6	0.54	0.52	0.56	0.57	0.62	1.00	0.68
A7	0.48	0.54	0.45	0.48	0.44	0.49	1.00

注：表中上三角为上表面测点间的相关系数，下三角为下表面测点间的相关系数。

表 3.4　昆明南站站台雨棚 $\beta=90°$ 典型测点间相关系数

测点编号	A1	A2	A3	A4	A5	A6	A7
A1	1.00	0.47	0.38	0.40	0.38	0.30	0.28
A2	0.78	1.00	0.40	0.41	0.38	0.31	0.32
A3	0.63	0.60	1.00	0.41	0.35	0.27	0.27
A4	0.63	0.65	0.65	1.00	0.43	0.24	0.25
A5	0.61	0.58	0.65	0.63	1.00	0.27	0.26
A6	0.53	0.56	0.58	0.59	0.65	1.00	0.71
A7	0.58	0.63	0.49	0.54	0.51	0.50	1.00

注：表中上三角为上表面测点间的相关系数，下三角为下表面测点间的相关系数。

表 3.5　昆明南站站台雨棚 $\beta=270°$ 典型测点间相关系数

测点编号	A1	A2	A3	A4	A5	A6	A7
A1	1.00	0.57	0.53	0.56	0.54	0.36	0.36
A2	0.69	1.00	0.53	0.50	0.52	0.36	0.37
A3	0.55	0.55	1.00	0.55	0.55	0.35	0.35
A4	0.54	0.60	0.59	1.00	0.58	0.32	0.33
A5	0.49	0.52	0.55	0.54	1.00	0.32	0.33
A6	0.57	0.52	0.50	0.50	0.58	1.00	0.69
A7	0.47	0.59	0.40	0.47	0.40	0.41	1.00

注：表中上三角为上表面测点间的相关系数，下三角为下表面测点间的相关系数。

表 3.6　昆明南站主站房 $\beta=0°$ 与 $90°$ 典型测点间相关系数

(a) 横向测点

测点编号	B4	B5	B6	B7	B8	B9	B10
B4	1.00	0.50	0.46	0.55	0.17	0.68	0.62
B5	0.43	1.00	0.72	0.44	0.01	0.60	0.53
B6	−0.02	0.22	1.00	0.43	−0.05	0.55	0.50
B7	0.31	0.35	0.19	1.00	0.16	0.62	0.56
B8	−0.05	−0.05	0.04	0.11	1.00	0.16	0.22
B9	0.29	0.45	0.36	0.56	0.21	1.00	0.73
B10	0.27	0.41	0.33	0.51	0.21	0.72	1.00

(b) 纵向测点

测点编号	C1	C2	C3	C4	C5	C6	C7	C8	C9	C10	C11
C1	1.00	0.38	0.52	0.52	0.44	0.44	0.33	0.48	0.52	0.32	0.10
C2	0.31	1.00	0.43	0.47	0.41	0.46	0.41	0.43	0.43	0.31	0.16
C3	0.44	0.35	1.00	0.63	0.53	0.60	0.43	0.55	1.00	0.29	0.13
C4	0.43	0.40	0.46	1.00	0.61	0.56	0.50	0.63	0.63	0.28	0.20
C5	0.39	0.39	0.38	0.53	1.00	0.48	0.42	0.52	0.53	0.27	0.15

续表

测点编号	C1	C2	C3	C4	C5	C6	C7	C8	C9	C10	C11
C6	0.30	0.47	0.44	0.48	0.41	1.00	0.41	0.48	0.60	0.26	0.15
C7	0.28	0.48	0.39	0.48	0.42	0.46	1.00	0.40	0.43	0.19	0.14
C8	0.45	0.43	0.46	0.62	0.53	0.48	0.51	1.00	0.55	0.25	0.16
C9	0.44	0.35	1.00	0.46	0.38	0.44	0.39	0.46	1.00	0.29	0.13
C10	0.54	0.46	0.46	0.57	0.47	0.45	0.41	0.58	0.46	1.00	0.08
C11	0.08	0.05	0.08	0.16	0.13	0.10	0.13	0.15	0.08	0.12	1.00

注：表中上三角为主站房$\beta=0°$测点间风压的相关系数，下三角为为$\beta=90°$测点间风压的相关系数。

表 3.7　昆明南站站台雨棚$\beta=0°$与 180°典型测点间相关系数

测点编号	A1	A2	A3	A4	A5	A6	A7
A1	1.00	0.14	−0.13	0.14	0.12	0.04	0.05
A2	0.20	1.00	0.11	0.18	0.19	−0.12	0.10
A3	0.04	−0.15	1.00	−0.07	−0.02	0.03	−0.09
A4	0.03	−0.15	0.45	1.00	0.36	−0.01	0.11
A5	0.02	0.13	−0.20	−0.35	1.00	0.09	0.14
A6	−0.01	−0.04	0.24	−0.03	0.06	1.00	0.10
A7	0.06	−0.09	0.24	0.23	−0.32	0.29	1.00

注：表中上三角为$\beta=0°$上下表面测点间综合风压的相关系数，下三角为为$\beta=180°$上下表面测点间综合风压的相关系数。

表 3.8　昆明南站站台雨棚$\beta=90°$与 270°典型测点间相关系数

测点编号	A1	A2	A3	A4	A5	A6	A7
A1	1.00	0.18	−0.03	0.01	0.02	0.00	−0.07
A2	0.16	1.00	−0.15	−0.13	0.13	−0.09	0.03
A3	−0.09	−0.22	1.00	0.42	−0.25	0.25	0.24
A4	−0.06	−0.18	0.70	1.00	−0.32	0.07	0.19
A5	0.04	0.16	−0.21	−0.27	1.00	−0.05	−0.32
A6	−0.06	−0.09	0.12	0.04	0.09	1.00	0.15
A7	−0.08	−0.26	0.39	0.40	−0.51	0.24	1.00

注：表中上三角为$\beta=90°$上下表面测点间综合风压的相关系数，下三角为为$\beta=270°$上下表面测点间综合风压的相关系数。

3.2.3.5　水平方向典型测点相干性分析

当空间上某一点P的脉动风速达到最大值时，与点P相距r的点Q的脉动风速不一定会同时达到最大值，在一定的范围内，r越大，则P、Q两点同时达到最大值的可能性就会越小，这种现象称为脉动风的相关性，一般可用频域内的相干函数和时域内的相关系数来表示。不同测点净脉动风压的相干特性反映了风荷载在频域内的空间相关性，它也是反应脉动风荷载特性的一个重要参量，并对进一步分析结构在随机风荷载作用下的动态响应分析具有一定的指导作用。相干函数可用如下形式表示[9]：

$$\rho_{xy}^2=\frac{|S_{xy}(f)|^2}{S_x(f)S_y(f)} \tag{3.16}$$

式中，$S_x(f)$、$S_y(f)$ 分别表示为 x、y 两点的净脉动风压的自功率谱；$S_{xy}(f)$ 表示为两点净脉动风压互谱。

图 3.37、图 3.38 分别列出了昆明南站典型测点顺风向与横方向下基准点和其他不同距离测压点的净脉动风压相干函数。从图中可以看出，在低频段内，测点间的脉动风压相干性均随着频率和空间距离增大而减小，这与文献[14,114]中的结论相一致；对于站台雨棚，当频率大于 100Hz 时，随着测点间距离的增大，测点的相干性变化不大，同时在高频段内，空间距离的变化对净脉动风压相干性的影响较小，甚至可以忽略。

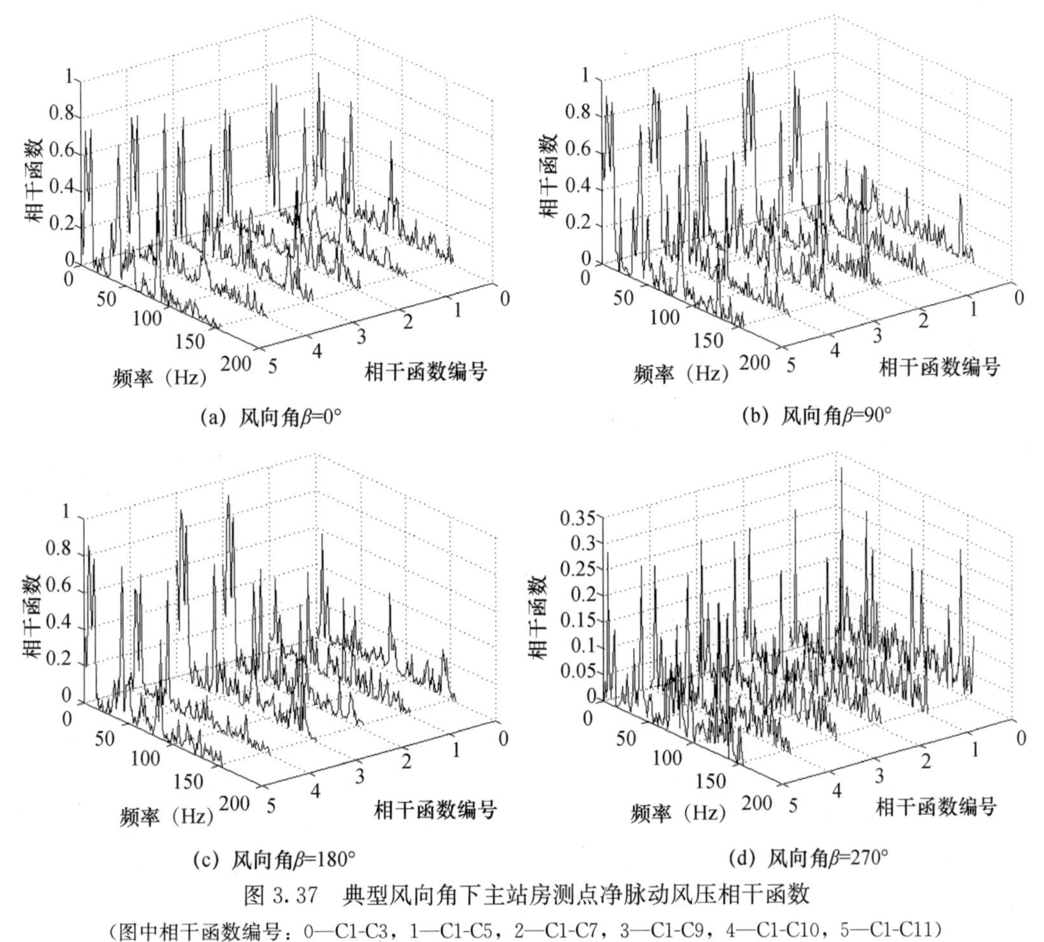

图 3.37　典型风向角下主站房测点净脉动风压相干函数

（图中相干函数编号：0—C1-C3，1—C1-C5，2—C1-C7，3—C1-C9，4—C1-C10，5—C1-C11）

3.3　本章小结

本章以吉林火车站、昆明南站为研究对象，通过刚性模型风洞试验的方法，对大跨屋盖结构的风荷载特性进行了详细的分析研究，主要得出以下几点结论：

（1）随着风向角的变化，吉林火车站屋盖上的平均风压在有无周边建筑干扰时主要呈现负压（即风吸力），较大的吸力均分布在迎风面的屋檐、屋盖角区和主站楼凸起的天窗附近。由于气流在高度较低时湍流特性较大，且更容易受周边地貌的影响，因而高度较低的站台雨棚的升力系数在全风向受周边建筑的干扰效应较大。主站楼在有无周边

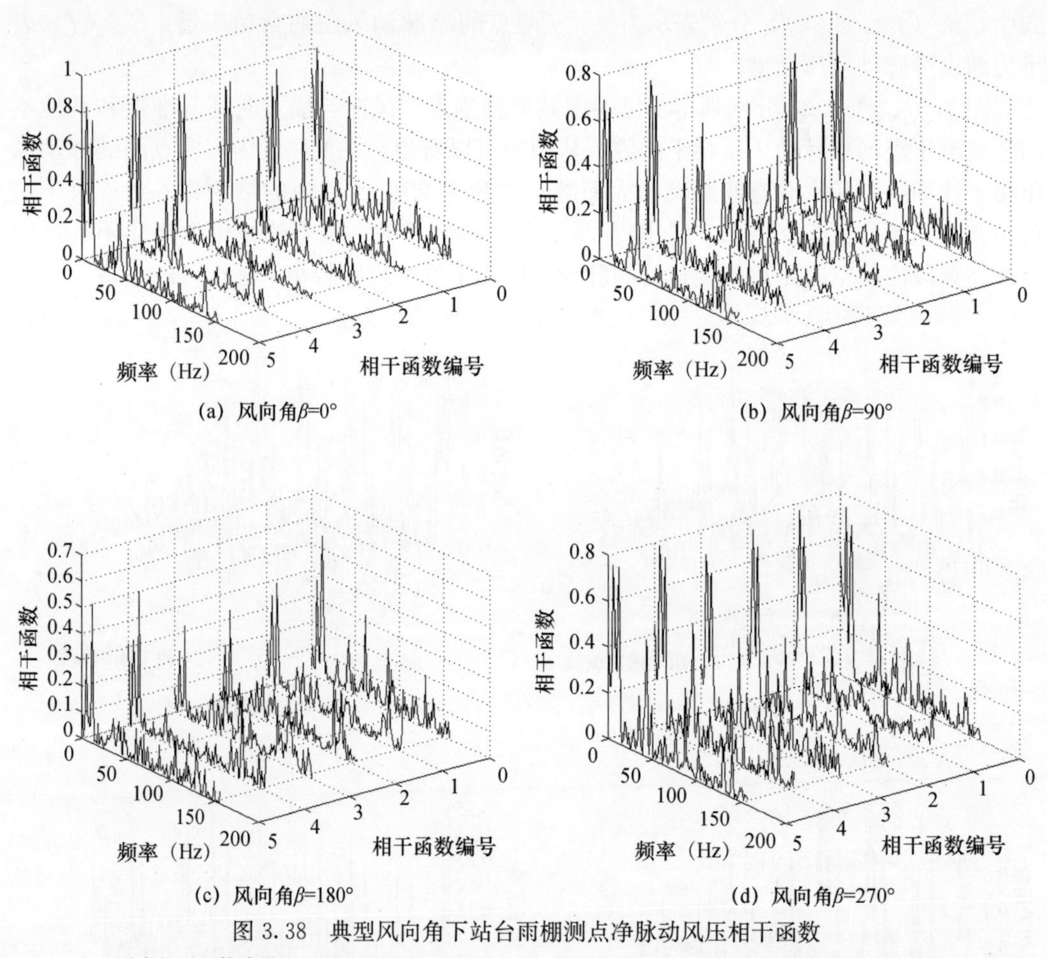

图 3.38 典型风向角下站台雨棚测点净脉动风压相干函数

（图中相干函数编号：0—A1-A2，1—A1-A3，2—A1-A4，3—A1-A5，4—A1-A6，5—A1-A7）

干扰时，两者屋盖的升力系数在全风向的变化趋势较为接近。

（2）在屋盖的气流分离区域，因存在较大的负风压，致使风压的概率分布在负压段延伸，因此在对极值风压进行计算时应予以适当的提高，建议对于不同的紊流强度区域应取不同的峰值因子，在高紊流区域测点的峰值因子可取 3.0～4.0，在低紊流区域测点的峰值因子可取 2.5～3.0。

（3）通过昆明南站风洞试验结果可以发现，当立面幕墙入口门洞封闭时（工况Ⅰ）主站房屋面大部分区域的体型系数与规范规定值大小相当，但在屋面悬挑屋檐及屋面棱角处，屋面体型系数明显大于规范规定值；当考虑有立面入口门洞时（工况Ⅱ），屋面风载体型系数均略大于规范规定的四面封闭下的屋面体型系数；此外，下沉天窗区域在两工况下试验值均小于规范规定值。位于主站房与站台雨棚边缘区域的测点，其脉动风压概率密度分布函数体现较为明显的非高斯分布特性，尤其在尾部负压区域更为显著。

（4）通过昆明南站测点的相干性分析发现在低频段内，测点间的脉动风压相干性均随着频率和空间距离增大而减小；对于站台雨棚，当频率大于 100Hz 时，随着测点间距离的增大，测点的相干性变化不大，同时在高频段内，空间距离的变化对净脉动风压相干性的影响较小，甚至可以忽略。

第4章　幕墙开孔的大跨屋盖结构风致内压的理论研究

本章通过四个部分探讨大跨屋盖结构风致内压响应的问题。首先对开孔结构风致内压理论分析依据的动力学基本方程进行了探讨；其次对紊流风场中开孔屋盖结构的孔（洞）口阻尼特性进行了理论研究；然后对现有开孔结构风致内压脉动的频域分析理论进行了修正；最后对考虑双面幕墙开孔的内压传递方程进行了理论推导，研究了背立面幕墙开孔（洞）对开孔结构内压响应的影响。所研究的内容对目前国内外关于大跨屋盖开孔结构的内压响应研究的不足进行了补充，具有理论研究意义，同时也具有工程实际应用价值。

4.1　风致内压动力学计算方程

4.1.1　空气绝热变化状态方程

当结构的内部空气体积和压强发生变化时，通常可认为结构内部空气满足空气绝热变化法则，则控制结构内气体压强与体积变化的状态方程可表示为[115]：

$$PV^{\gamma}=P_0V_0^{\gamma} \tag{4.1}$$

式中，γ 为比热比，即等压过程气体比热与等容过程气体比热之比，在空气动力学中，通常取 $\gamma=1.4$；P_0、V_0 为平衡态结构内部压强和内部容积。

对式（4.1）求导，可得：

$$\mathrm{d}P=-\frac{\gamma p_a}{V_0}\mathrm{d}V \tag{4.2}$$

式中，p_a 为标准大气压强，也即平衡状态下结构内部的压强。

4.1.2　非定常伯努利方程

控制一维气体流动能量的偏微分方程可表示为[77]：

$$\frac{1}{\rho_a g}\frac{\partial p}{\partial s}=-\frac{1}{g}\frac{\partial u}{\partial t}-S_f \tag{4.3}$$

式中，p 为压强；s 为空气在其流动路径上的长度；u 为空气流动路径上任一断面上气体的流动速率；S_f 为空气摩阻梯度。

图4.1为空气流经孔洞的示意图，当空气流经孔洞时，压力从 p_e 变为 p_i，其中 p_e 为孔洞外侧气压，p_i 为孔洞内侧气压。

对式（4.3）沿着流线积分可得：

$$p_e-p_i=\rho_a\frac{\mathrm{d}U}{\mathrm{d}t}\int\frac{A}{a(s)}\mathrm{d}s+\Delta p_s \tag{4.4}$$

式中，A 为孔口处名义断面的面积；U 为气流流经该孔洞处的速率；$a(s)$ 为空气流动路径上任一断面上的面积，Δp_s 为因孔洞气流摩擦产生的压强降，Δp_s 可表示成：

$$\Delta p_s = \frac{1}{2} C_L \rho_a U^2 \tag{4.5}$$

式中，C_L 为孔口处孔口损失系数，其取值与孔洞的几何形状、雷诺数的大小有关。

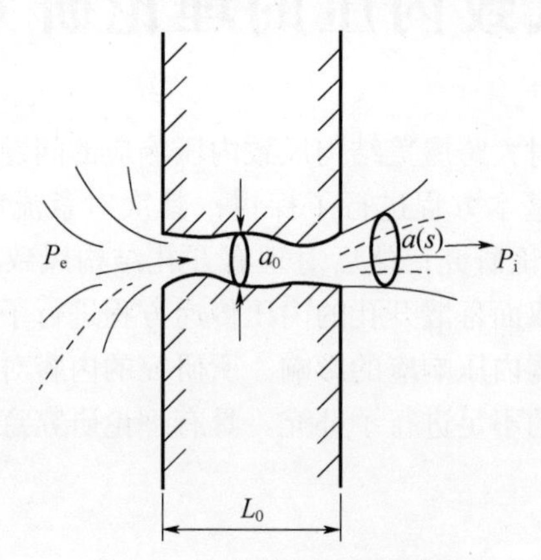

图 4.1　空气流经孔洞示意图

综合式（4.4）与式（4.5），可得到空气流经开孔结构孔洞的非定常伯努利方程如下：

$$\Delta p = p_e - p_i = \frac{1}{2} C_L \rho_a U^2 + \rho_a L_e \dot{U} \tag{4.6}$$

式中，L_e 为孔口处孔口的等效深度，可由下式求得：

$$L_e = \int \frac{A}{a(s)} ds = \int \frac{u(s)}{U} ds \tag{4.7}$$

式（4.7）也可以写成如下形式：

$$L_e = L_0 + C_I \sqrt{A} \tag{4.8}$$

式中，L_0 为孔洞的实际深度（图 4.1），孔口惯性系数 C_I 的取值与孔洞的形状以及入口边缘的状态有关。

当考虑空气在孔洞处振荡时，则式（4.6）应改写成：

$$\Delta p = p_e - p_i = \frac{1}{2} C_L \rho_a U|U| + \rho_a L_e \dot{U} \tag{4.9}$$

4.1.3　空气流动连续性方程

根据质量守恒定律，经孔洞流入结构内部的空气质量与结构内部空气质量的增量相等[115]，也即：

$$\rho_i \sum Q = \frac{d}{dt}(\rho_i V) \tag{4.10}$$

式中，ρ_i 为开孔结构内部的空气密度；$\sum Q$ 为经洞口流入结构内部的空气质量；V 为开孔结构的内部容积。

4.2　开孔结构的孔口阻尼特性

对开孔（洞）结构的孔口阻尼特性的研究在国外已经受到重视，但对紊流场中的洞口阻尼特性的研究成果甚少，而紊流场中的洞口阻尼对强风作用下的屋盖结构和风致内压有着很直接的影响。从理论上对洞口阻尼特性进行研究探讨对于立面幕墙有开洞的屋盖结构响应和风致内压响应的估算有着重要的意义，同时对建筑结构的抗风设计具有一定的实际工程应用价值。

4.2.1　开孔结构内压传递方程

在风致内压的理论研究中，内压传递方程始终贯穿其中，随着国内外研究学者对该问题的不断深入探讨，内压传递方程也不断得到了完善。刚性模型的迎风面幕墙突然开孔的风致内压的理论解释最初由 Holmes[74] 提出，他把建筑有幕墙开孔时看作 Helmholtz 声学谐振器，采用二阶非线性常微分方程表示风致内压的瞬态响应，最先给出了内压传递方程的基本表达形式：

$$\frac{\rho_a L_e V_0}{\gamma A_0 p_a}\ddot{C}_{pi}+\frac{\rho_a q V_0^2}{2\left(\gamma c A_0 p_a\right)^2}\left|\dot{C}_{pi}\right|\dot{C}_{pi}+C_{pi}=C_{pe} \tag{4.11}$$

式中，γ 是比热比；ρ_a 为周围空气的密度；p_a 为周围大气压强；A_0 为开孔面积；c 为开孔结构的孔口收缩系数；L_e 为开孔处的气流有效长度；V_0 为开孔结构的内部容积；C_{pi} 为内部风压系数；C_{pe}为孔口处外部风压系数。$q=(\rho_a U_{10}^2)/2$，为参考点的风压；U_{10} 为参考点风速。式（4.11）所表达的方程形式其实为非线性二阶常微分方程形式，其无阻尼固有频率，也即 Helmholtz 频率，可表达为如下式：

$$f_H=\frac{1}{2\pi}\sqrt{\frac{\gamma p_a A_0}{\rho_a L_e V_0}} \tag{4.12}$$

Liu & Saathoff[75] 运用伯努利方程非定常形式，采用流体动力学的原理，得到了一个与 Holmes 提出的式（4.11）较为相似的方程：

$$\frac{\rho_a L_e V_0}{\gamma c A_0 p_a}\ddot{C}_{pi}+\frac{\rho_a q V_0^2}{2\left(\gamma c A_0 p_a\right)^2}\left|\dot{C}_{pi}\right|\dot{C}_{pi}+C_{pi}=C_{pe} \tag{4.13}$$

相应的 Helmholtz 频率表示为：

$$f_H=\frac{1}{2\pi}\sqrt{\frac{\gamma c p_a A_0}{\rho_a L_e V_0}} \tag{4.14}$$

Liu & Saathoff[75] 认为式（4.13）的适用性更优于 Holmes 提出的声学共振方程式，并通过刚性模型的风洞试验证实了取 $c=0.88$ 时理论得到的 Helmholtz 共振频率与风洞试验得到的结果吻合较好。

Vickery & Bloxham[116] 在 Holmes 提出的声学共振方程形式的基础上认为将适用性更强的孔口损失系数 C_L 替代式中的阻尼项 $1/c^2$，则内压传递方程则可表达为：

$$\frac{\rho_a L_e V_0}{\gamma A_0 p_a}\ddot{C}_{pi}+\frac{C_L \rho_a q V_0^2}{2\left(\gamma A_0 p_a\right)^2}\left|\dot{C}_{pi}\right|\dot{C}_{pi}+C_{pi}=C_{pe} \tag{4.15}$$

式中，开孔处气流的有效长度 $L_e=L_0+C_I\sqrt{A_0}$，其中 C_I 为孔口处惯性系数，用于描述孔口面积与孔口处气柱的附加长度的关系，其适用性则更广泛。此时，Helmholtz 频率则可表示为：

$$f_{\mathrm{H}}=\frac{1}{2\pi}\sqrt{\frac{\gamma p_{\mathrm{a}}A_0}{\rho_{\mathrm{a}}L_{\mathrm{e}}V_0}} \tag{4.16}$$

由上可知，式（4.12）与式（4.16）完全一致，但值得注意的是，Vickery & Bloxham[116]所强调的是在紊流风场之中孔口处气流的特性决定了气流的孔口收缩系数不应存在内压传递微分方程的惯性项中，而是应该通过孔口惯性系数来调整孔口处气流的惯量，这是与 Holmes 提出的内压传递方程所不同的地方。

Sharma & Richards[117,118]对建筑物在立面幕墙突然开孔时对建筑内部所产生的风致内压瞬态响应进行了 CFD 数值模拟计算和大气边界层风洞模型试验研究，得出在不同深度开孔的孔口收缩系数差异较大，并指出孔口收缩系数应该出现在内压传递方程中，但其取值应随着孔口特性和来流特征的变化而变化，从而在内压传递方程中引入了三个孔口参数（即孔口收缩系数 c、孔口惯性系数 C_{I}、孔口损失系数 C_L），其表达式如下：

$$\frac{\rho_{\mathrm{a}}L_{\mathrm{e}}V_0}{\gamma cA_0 p_{\mathrm{a}}}\ddot{C}_{\mathrm{pi}}+\frac{C_{\mathrm{L}}\rho_{\mathrm{a}}qV_0^2}{2(\gamma A_0 p_{\mathrm{a}})^2}|\dot{C}_{\mathrm{pi}}|\dot{C}_{\mathrm{pi}}+C_{\mathrm{pi}}=C_{\mathrm{pe}} \tag{4.17}$$

国外学者除了对内压传递方程的基本形式进行研究外，还对其基本方程进行了改进。Sharma & Richards[118]在对开孔结构的风致内压瞬态响应进行 CFD 数值模拟研究时发现孔口边界的附加阻尼与基本方程无法吻合，便提出了利用等效动力粘度来描述孔口边界的附加阻尼，对内压传递方程进行了改进，其表达式如下：

$$\frac{\rho_{\mathrm{a}}L_{\mathrm{e}}V_0}{\gamma cA_0 p_{\mathrm{a}}}\ddot{C}_{\mathrm{pi}}+C_{\mathrm{L}}\frac{\rho_{\mathrm{a}}qV_0^2}{2(\gamma A_0 p_{\mathrm{a}})^2}|\dot{C}_{\mathrm{pi}}|\dot{C}_{\mathrm{pi}}+\frac{\left(\frac{\mu_{\mathrm{eff}}}{\Delta r}\right)PL_{\mathrm{e}}V_0}{\gamma c^2A_0^2p_{\mathrm{a}}}+C_{\mathrm{pi}}=C_{\mathrm{pe}} \tag{4.18}$$

式中，μ_{eff}为等效动力粘度；Δr 为从平均流速降低到零所经过的距离；P 为孔口周长。

Vickery[77]首次采用模量比的概念来考虑结构柔度的影响，将内压传递基本方程进行了改写为：

$$\frac{\rho_{\mathrm{a}}L_{\mathrm{e}}V_0(1+\gamma p_{\mathrm{a}}/k_{\mathrm{b}})}{\gamma A_0 p_{\mathrm{a}}}\ddot{C}_{\mathrm{pi}}+\frac{C_{\mathrm{L}}\rho_{\mathrm{a}}qV_0^2(1+\gamma p_{\mathrm{a}}/k_{\mathrm{b}})^2}{2(\gamma A_0 p_{\mathrm{a}})^2}|\dot{C}_{\mathrm{pi}}|\dot{C}_{\mathrm{pi}}+C_{\mathrm{pi}}=C_{\mathrm{pe}} \tag{4.19}$$

式中，k_{b} 为开孔结构的体积模量，其倒数的物理意义即为单位内压变化引起的结构容积变化率，也即 $1/k_{\mathrm{b}}=\Delta V/(V_0\Delta p_{\mathrm{i}})$；$\gamma p_{\mathrm{a}}/k_{\mathrm{b}}$ 为空气模量与体积模量之比，简称为模量比。考虑了结构的柔度后，相应的 Helmholtz 频率为[116]：

$$f_{\mathrm{H}}=\frac{1}{2\pi}\sqrt{\frac{\gamma p_{\mathrm{a}}A_0}{\rho_{\mathrm{a}}L_{\mathrm{e}}V_0(1+\gamma p_{\mathrm{a}}/k_{\mathrm{b}})}} \tag{4.20}$$

由此可见，在分析风致内压的共振频率时，当考虑结构柔度时相当于将结构内部容积扩大了 $\gamma p_{\mathrm{a}}/k_{\mathrm{b}}$ 倍，从而对理论分析进行了较大的简化，但这种简化存在一定的误差。针对此问题，Sharma & Richards[119]在考虑结构的柔度时，提出了更为一般的内压传递方程：

$$\ddot{C}_{\mathrm{pi}}=\frac{\gamma cA_0 p_{\mathrm{a}}(C_{\mathrm{pw}}-C_{\mathrm{pi}})}{\rho_{\mathrm{a}}L_{\mathrm{e}}V_0\nu}-\frac{\dot{\nu}\dot{C}_{\mathrm{pi}}}{\nu}-\frac{\gamma p_{\mathrm{a}}\ddot{\nu}}{q\nu}-\frac{\gamma V_0 p_{\mathrm{a}}}{2cA_0L_{\mathrm{e}}q}\frac{\left|\frac{q\nu\dot{C}_{\mathrm{pi}}}{\gamma p_{\mathrm{a}}}+\dot{\nu}\right|\left(\frac{q\nu\dot{C}_{\mathrm{pi}}}{\gamma p_{\mathrm{a}}}+\dot{\nu}\right)}{\nu} \tag{4.21}$$

式中，$\nu=V/V_0$，称为建筑物的无量纲容积。当结构的柔度较小时，可采用准静态来描述结构的风致响应，则方程（4.21）式可回归到（4.19）式。

对大跨屋盖结构，一般屋盖的结构柔度较大，Sharma & Richards[119]将屋盖的风致振动等效为单自由度动力体系，将屋盖的振动方程与内压传递方程（4.21）联立求解，便可得到开孔结构的内压双自由度偶和振动方程组：

$$\begin{cases} \ddot{X}_j+\dfrac{c_j}{\rho_a cA_0L_e}\dot{X}_j+\dfrac{\gamma c_jA_0p_a}{\rho_aL_eV_0}X_j=\dfrac{q}{\rho_aL_e}C_{pw}+\dfrac{\gamma A_rp_a}{\rho_aL_eV_0}X_r \\ \ddot{X}_r+2\zeta_r\omega_r\dot{X}_r+\left(\omega_r^2+\dfrac{\gamma p_aA_r^2}{m_rV_0}\right)X_r=\dfrac{\gamma cA_0A_rp_a}{m_rV_0}X_j \end{cases} \tag{4.22}$$

式中，X_j 和 X_r 分别为孔口气柱与屋盖位移；c_j 为孔口气柱振荡的等效阻尼系数；ζ_r 为屋盖振动的阻尼比；ω_r 为屋盖振动的频率；m_r 为屋盖的等效质量；A_r 为屋盖的等效面积。

对于立面幕墙开孔深度很小的建筑物（孔深/孔口有效直径<1），可以不考虑孔口的实际深度，即 $L_e=C_I\sqrt{A_0}$，由声学公式 $\gamma p_a=\rho_aa_s^2$，则 Helmholtz 频率可表示为[85]：

$$f_H=\frac{1}{2\pi}\cdot\frac{a_sA_0^{1/4}}{\sqrt{(C_I/c)V_0}} \tag{4.23}$$

式中，a_s 为空气中声音的传播速度。

由式（4.23）可知，Helmholtz 频率除了与开孔面积、建筑的内部容积有关外，还与参数 C_I/c 有关。因此在研究建筑物立面有幕墙开洞时的风致内压及屋盖的风致振动时，可应用 Vickery & Bloxham[116]提出的内压传递方程［式（4.15）］，也即认为孔口收缩系数 c 的影响已体现在孔口惯性系数 C_I 中。

然而近年来，Sharma & Richards[120]对方程（式（4.18））又进行了修正，对开孔深度的不同进行了分类：

对于浅孔：

$$\frac{\rho_aL_eV_0}{\gamma cA_0p_a}\ddot{C}_{pi}+\frac{C_L\rho_aqV_0^2}{2(\gamma A_0p_a)^2}|\dot{C}_{pi}|\dot{C}_{pi}+C_{pi}=C_{pe} \tag{4.24a}$$

对于深孔：

$$\frac{\rho_aL_eV_0}{\gamma cA_0p_a}\ddot{C}_{pi}+C_L\frac{\rho_aqV_0^2}{2(\gamma A_0p_a)^2}|\dot{C}_{pi}|\dot{C}_{pi}+\frac{8\pi\left(\dfrac{\mu_{eff}}{\Delta r}\right)PL_eV_0}{\gamma c^2A_0^2p_a}+C_{pi}=C_{pe} \tag{4.24b}$$

显然，式（4.24a）与 Sharma & Richards[117,118]提出的式（4.17）一样，而方程式（4.24b）与方程式（4.18）的区别在于其阻尼项增加了经验系数 8π。

徐海巍[121]在基于动量定理和层流边界层理论的基础上，同时结合刚性模型的试验研究，提出了内压传递方程的新形式：

$$\frac{\rho_aL_eV_0}{\gamma cA_0p_a}\ddot{C}_{pi}+C_L\frac{\rho_aqV_0^2}{2(\gamma A_0p_a)^2}|\dot{C}_{pi}|\dot{C}_{pi}+\frac{0.95PV_0\sqrt{\mu(\rho_aq)L_0}}{\gamma c^2A_0^2p_a}|C_{pi}-C_{pe}|^{\frac{1}{4}}\dot{C}_{pi}+C_{pi}=C_{pe} \tag{4.25}$$

式中，μ 为动力粘度；其他的参数与本章前文所述一致。

但式（4.25）中仍存在一些未知系数，如孔口收缩系数 c、有效气柱长度 L_e 等；同时，考虑到柔性结构在风致内压作用下会使开孔结构内部容积发生变化，从而降低

Helmholtz 频率，增加内压脉动的阻尼，且当结构存在多孔洞时，风致内压的峰值响应会得到削弱，因此，对于柔性结构和立面多开孔结构，还需进行更深一步的研究探讨，因此目前应用较广的还是内压传递方程的基本形式。

4.2.2 孔口等效阻尼比的理论分析

在内压传递方程的研究探讨中，其中最难确定的是非线性阻尼项。对于带绝对值的非线性阻尼，目前有两种线性化方法，即能量平均法与概率平均法，但对这两种方法优劣的评价分歧较大[119,122~124]。余世策[86]对这两种方法进行了比较，并表达成了统一的形式：

$$|\dot{X}|\dot{X}=\beta\sigma_{\dot{X}}\dot{X} \tag{4.26}$$

根据不同的线性化方法，β 的取值不同，但事实上，这两种线性化方法所得到的 β 值相差不大。

将阻尼线性化表达式（4.26）代入 Vickery & Bloxham[116]提出的内压传递方程[式（4.15）]，可得到二阶线性微分方程：

$$\ddot{C}_{pi}+2\xi_{eq}\omega_{H}\dot{C}_{pi}+\omega_{H}^{2}C_{pi}=\omega_{H}^{2}C_{pe} \tag{4.27}$$

式中，$\omega_{H}=2\pi f_{H}$ 为 Helmholtz 圆频率，ξ_{eq}为孔口等效阻尼比，可用下式予以表达：

$$\xi_{eq}=\frac{C_{L}qV_{0}\beta\sigma_{\dot{C}_{pi}}}{4\omega_{H}\gamma L_{e}A_{0}p_{a}} \tag{4.28}$$

式中含有内压系数导数的均方根，实际上阻尼与响应相互耦合，以下用基于时程分析的数值解法对其进行分析。根据文献［86］，式（4.28）中参数 β 取 $\sqrt{8/\pi}$。

对于非线性常微分方程（4.15），可以通过直接时程分析方法对其进行求解。而对在紊流风场中开孔结构的风致内压响应进行时程计算时首先必须得到开孔处的外压系数时程，本章采用 Shinozuka－Deodatis 法[125]进行脉动风速模拟。

4.2.3 脉动风速时程模拟

进行脉动风荷载的模拟，其中的关键问题是采用哪种方法才能使模拟得出的风荷载较为精确地反映实际风荷载的特性。对脉动风荷载的计算机数值模拟，目前常用的方法有两类：一类是谐波合成法，它基于三角函数的加权叠加，主要有 WAWS（Weighted Amplitude Wave Superpositon）法和 CAWS（Constant Amplitude Wave Superpositon）法[126,127]；另一类是线性滤波器法，它基于自回归模型[128~131]。还有研究学者对这两类方法进行结合提出了混合模拟的方法。

4.2.3.1 线性滤波法

线性滤波法也叫做时间系列法，它基于线性滤波技术，如状态 Moving Average（MA）法、Auto Regressive（AR）法、空间法等。该方法将白噪声随机过程（均值为零）通过滤波器后，能使输出的随机过程达到指定的谱特征。该法的计算速度快且计算工作量小，在时序分析和随机振动中得到了较为广泛应用，但其算法较为繁琐，计算精度也较差。

假设 $S_{0}=1.0$ 的白噪声随机过程 $w(t)$ 经过下式线性滤波过程[132]：

$$\ddot{z}_1(t)+\alpha_1\dot{z}_1(t)+\beta_1 z_1(t)=w(t) \tag{4.29a}$$

$$f^*(t)=\gamma_1\dot{z}_1(t) \tag{4.29b}$$

得到的随机过程 f^* (t)，功率谱密度函数可表示为：

$$S_f^*(\omega)=\frac{\gamma_1^2\omega^2 S_0}{(\beta_t-\omega^2)^2+\alpha_1^2\omega^2} \tag{4.30}$$

对滤波特性的参数进行适当选取，可使 f^* (t) 的功率谱密度函数 S_f^* 逼近 f (t) 的功率谱 S_f，即有：

$$f^*(t)\approx f(t) \tag{4.31}$$

若选取式（4.30）中功率谱的卓越频率与 Davenport 谱[92]相等，谱峰值为其 0.5 倍，联立式（4.29）可以求得：

$$\alpha_1=1.208\times10^{-2}\bar{v}_{10} \tag{4.32}$$

$$\beta_1=1.645\times10^{-5}\bar{v}_{10}^2 \tag{4.33}$$

$$\gamma_1=\sqrt{\alpha_1/\pi}=6.2\times10^{-2}\sqrt{\bar{v}_{10}} \tag{4.34}$$

随机风速的向量则可以根据下式经单位白噪声滤波生成：

$$\{\ddot{V}_1(t)\}+\alpha_1\{\dot{V}_1(t)\}+\beta_1\{V_1(t)\}=\{I_0\}w(t) \tag{4.35}$$

$$\{p(t)\}=[D]\sigma_v\gamma_1\{\dot{V}_1(t)\} \tag{4.36}$$

式中，$\{V_1$ $(t)\}$ 表示中间向量，其维数与随机风荷载向量的维数相同。

4.2.3.2　谐波合成法

谐波合成法（Harmony Superposition Method）的基本思路是采用以离散谱逼近目标随机过程的离散数值模拟方法，随机信号可以通过离散傅立叶分析变换，分解为一系列具有不同频率和幅值的正弦或其他谐波。该方法基于三角级数求和，算法简单直观、数学基础严密，比较适用于任意指定谱特征平稳高斯随机过程的模拟。Shinozuka－Deodatis 法是目前认为谐波合成法中稳定性最强、精度最高的一种方法，由 Deodatis[125] 提出。该方法引入了快速 FFT 变换技术和频率双索引（Double－indexing Frequency）的概念，使谐波合成法的精度得到了极大地提高[133]。Shinozuka－Deodatis 法的基本过程如下：

假设一个零均值一维的 M 个变量的平稳的高斯随机过程：　$[u$ $(t)]$ $=$ $[u_1$ (t)，u_2 (t)，…，u_M $(t)]^T$，互谱密度的矩阵可表示如下：

$$S(\omega)=\begin{bmatrix} S_{11}(\omega) & S_{12}(\omega) & \cdots & S_{1M}(\omega) \\ S_{21}(\omega) & S_{22}(\omega) & \cdots & S_{2M}(\omega) \\ \vdots & \vdots & & \vdots \\ S_{M1}(\omega) & S_{M2}(\omega) & \cdots & S_{MM}(\omega) \end{bmatrix} \tag{4.37}$$

式中，S_{jk} (ω) $=S_{kj}^*$ (ω)，$(j$，$k=1$，2，…，$M)$ 是共轭矩阵。按照 Cholesky 分解原理，则 S (ω) 可以分解为：

$$S(\omega)=H(\omega)H^*(\omega)^T \tag{4.38}$$

式中，H (ω) 为下三角矩阵，具体表达式如下：

$$H(\omega)=\begin{bmatrix} H_{11}(\omega) & 0 & \cdots & 0 \\ H_{21}(\omega) & H_{22}(\omega) & \cdots & 0 \\ \vdots & \vdots & & \vdots \\ H_{M1}(\omega) & H_{M2}(\omega) & \cdots & H_{MM}(\omega) \end{bmatrix} \tag{4.39}$$

式中，矩阵 $H(\omega)$ 中各元素间可满足如下的关系：

$$\begin{aligned} &H_{jj}(\omega)=H_{jj}(-\omega),\quad (j=1,2,\cdots,M) \\ &H_{jk}(\omega)=H_{kj}^{*}(-\omega),\quad (j=2,3,\cdots,M;k=1,2,\cdots,M-1;j>k) \end{aligned} \tag{4.40}$$

用极坐标形式对 $H(\omega)$ 中的各元素进行表示：

$$H_{jk}(\omega)=|H_{jk}(-\omega)|e^{i\theta_{jk}(\omega)},\quad (j=1,2,\cdots,M;k=1,2,\cdots,j;j\geqslant k) \tag{4.41}$$

式中，$\theta_{jk}(\omega)$ 为 $H_{jk}(\omega)$ 的复角，可表示成：

$$\theta_{jk}(\omega)=\tan^{-1}\left\{\frac{\mathrm{Im}[H_{jk}(\omega)]}{\mathrm{Re}[H_{jk}(\omega)]}\right\} \tag{4.42}$$

根据 Shinozuka 的分析理论，随机过程 $[u(t)]$ 的某一样本 $u_j(t)$ 可表示为：

$$u_j(t)=\sum_{k=1}^{j}\sum_{l=1}^{N}|H_{jk}(\omega_{kl})|\cdot\sqrt{2\Delta\omega}\cdot\cos[\omega_{kl}t-\theta_{jk}(\omega_{kl})+\psi_{kl}],\quad (i=1,2,\cdots,M) \tag{4.43}$$

式中，N 指一个正整数（其值充分大）；$\Delta\omega=\omega_{up}/N$ 指频率增量，ω_{up} 指截止圆频率，即 $\omega>\omega_{up}$ 时，$S(\omega)=0$；ψ_{kl} 指均匀分布于 $[0,2\pi]$ 区间内的随机相位；ω_{kl} 指双索引频率，其表达式为：

$$\omega_{kl}=(l-1)\Delta\omega+\frac{k}{M}\Delta\omega,\quad (l=1,2,\cdots,N) \tag{4.44}$$

根据式（4.43）进行模拟得到的脉动风速，有时会出现模拟结果的失真，因此必须使时间增量 Δt 满足以下条件：

$$\Delta t\leqslant\frac{2\pi}{2\omega_{up}} \tag{4.45}$$

则模拟随机过程周期可表示为：

$$T_0=\frac{2\pi n}{\Delta\omega}=\frac{2\pi nN}{\omega_{up}} \tag{4.46}$$

Deodatis 运用快速 FFT 变换技术大大地减少了风场模拟的计算量，从而进一步提高了计算的效率，可以将式（4.43）改写成如下表达式：

$$\begin{aligned} u_j(p\Delta t)&=\mathrm{Re}\left\{\sum_{k=1}^{j}g_{jk}(q\Delta t)\exp\left[i\left(\frac{k\Delta\omega}{M}\right)(p\Delta t)\right]\right\} \\ &(p=0,1,\cdots,2N\times M-1;j=1,2,\cdots,M) \end{aligned} \tag{4.47}$$

式中，q 是 $p/2N$ 的余数，$q=0,1,\cdots,M-1$。

$g_{jk}(q\Delta t)$ 可由下式求得：

$$g_{jk}(q\Delta t)=\sum_{l=0}^{2N-1}B_{jk}(l\Delta\omega)\exp[i(l\Delta\omega)(q\Delta t)] \tag{4.48}$$

式中，$B_{jk}(l\Delta\omega)$ 可表达为：

$$B_{jk}(l\Delta\omega)=\begin{cases} \sqrt{2\Delta\omega}\cdot\left|H_{jk}\left(l\Delta\omega+\frac{k\Delta\omega}{M}\right)\right|\cdot\exp\left[-i\theta_{jk}\left(l\Delta\omega+\frac{k\Delta\omega}{M}\right)\right]\cdot\exp(i\psi_{kl}), & 0\leqslant l\leqslant N \\ 0, & N\leqslant l\leqslant 2N \end{cases} \tag{4.49}$$

从式（4.49）可以看出，g_{jk}（$q\Delta t$）即为 B_{jk}（$l\Delta\omega$）的傅立叶变换，因此可以用 FFT 来计算。

4.2.4　计算实例与分析

4.2.4.1　脉动风速的数值模拟

按照上述 Shinozuka-Deodatis 法原理编制脉动风时程的 Matlab 语言，将频域内的脉动风转化为时域内的脉动风，其中频域内的脉动风以风速功率谱密度函数为主要特征。通过该法可分别对横风向、顺风向及竖向的风速时程进行模拟，然后选取不同的互功率谱函数和自功率谱形式，对模拟风速时程曲线的离散值做数理统计与分析，并对其准确性予以验证。

算例的参数取值如下：10m 高度处的风速 $U_{10}=30\text{m/s}$，采用随高度变化的 Kaimal 谱，脉动风空间相干函数采用 Davenport 相干函数，卡曼（Karman）常数取 0.4，粗糙长度取 0.05m，地貌取为 B 类，地表粗糙度系数 $\alpha=0.16$。开孔结构的参数取值见表 4.1。模拟总时间取 500s。

表 4.1　开孔结构算例参数取值表

项目	参数	取值
内部容积 *1	V_0	360000m^3
迎风面开孔面积 *2	A_0	40m^2
孔口惯性系数	C_I	0.89
孔口损失系数	C_L	2.68
比热比	γ	1.4
空气密度	ρ_a	1.22kg/m^3
大气压强	p_a	$1.01325\times10^5\text{Pa}$
迎风面体型系数	μ_s	0.80
孔口处风压高度变化系数 *3	μ_z	1.00

注：*1—开孔（洞）结构取长×宽×高为：150m×80m×30m；
*2—开孔（洞）尺寸取长×宽为：5m×8m；
*3—根据《建筑结构荷载规范》[7]取 B 类地貌 5m 高度处的风压高度变化系数。

用 Shinozuka-Deodatis 法模拟得到孔口处外部顺风向脉动风速时程，进而得到其顺风向外压系数时程，再将该孔口外压系数时程代入前文所述的内压传递方程式（4.15）便可得到结构内压系数时程。顺风向脉动风速时程曲线如图 4.2 所示，同时对模拟得到的脉动风速时程进行了功率谱分析，风压功率谱密度见图 4.3。从图 4.3 可以看出，Shinozuka-Deodatis 法所模拟得到的脉动风速的功率谱与目标谱的吻合程度较好，精度较高，故用该法得到的结果进行结构内压风致响应分析能得到较为准确的计算结果。

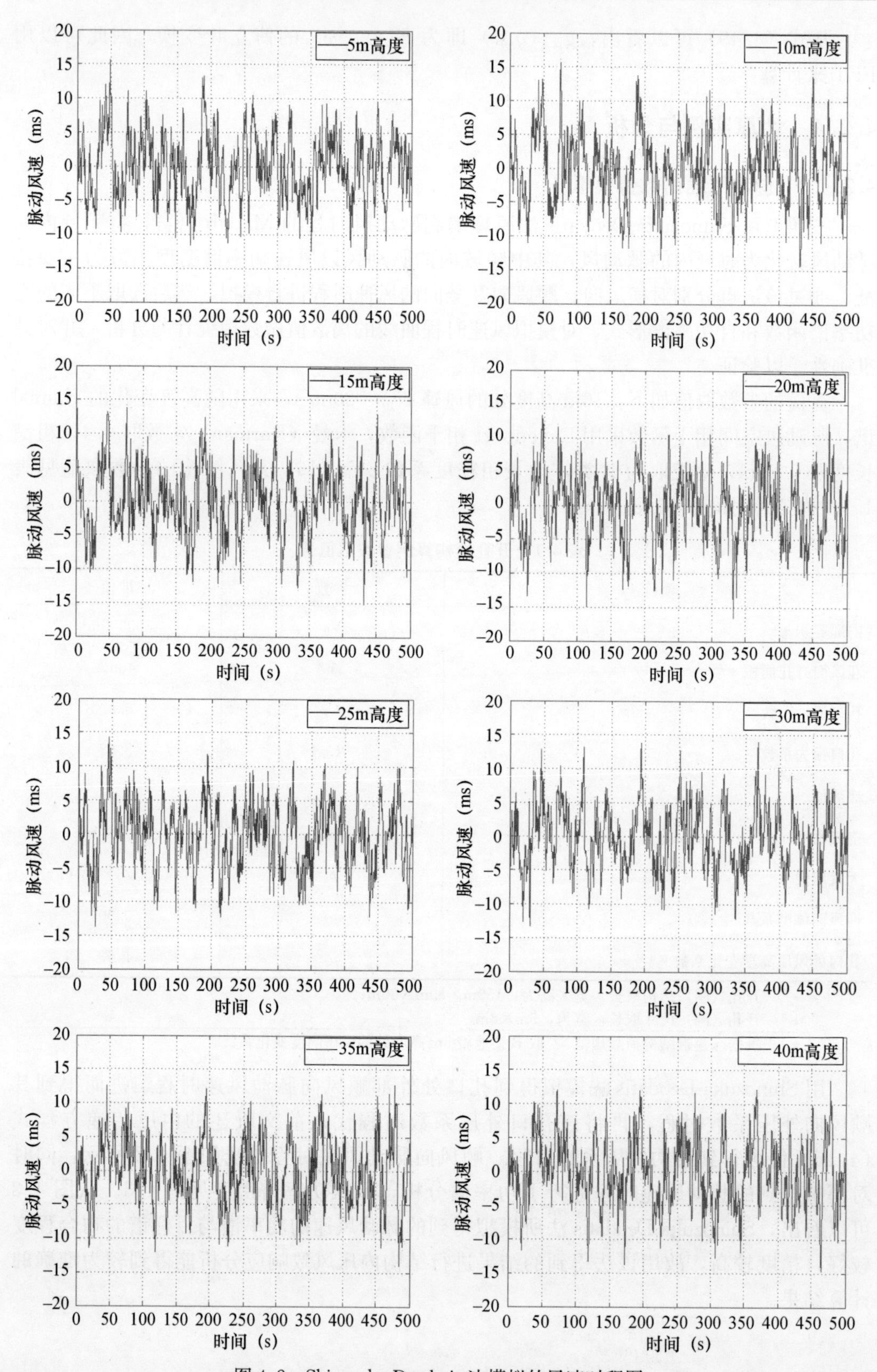

图 4.2　Shinozuka-Deodatis 法模拟的风速时程图

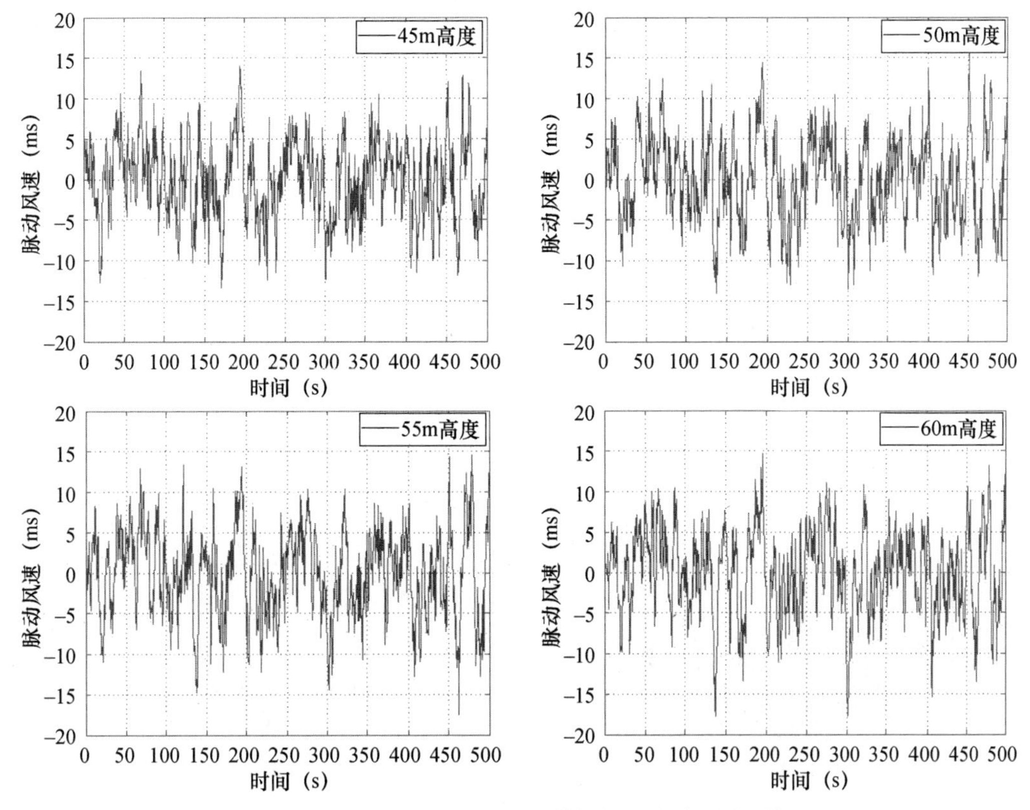

图 4.2　Shinozuka-Deodatis 法模拟的风速时程图（续）

由于准定常假定适用于动力风荷载的确定，因此可将 Shinozuka－Deodatis 法模拟的脉动风速时程转换成风压系数时程：

$$C_{pe}(t)=\frac{\frac{1}{2}\mu_s\rho_a\left[\sqrt{\mu_z}U_{10}+u(t)\right]^2}{\frac{1}{2}\rho_a U_{10}^2}=\frac{\mu_s\left[\sqrt{\mu_z}U_{10}+u(t)\right]^2}{U_{10}^2} \tag{4.50}$$

再将该外压系数时程代入前文所述的内压传递方程式（4.15），采用龙格－库塔法[134～136]进行求解便可得到结构内压系数时程（图 4.4）。

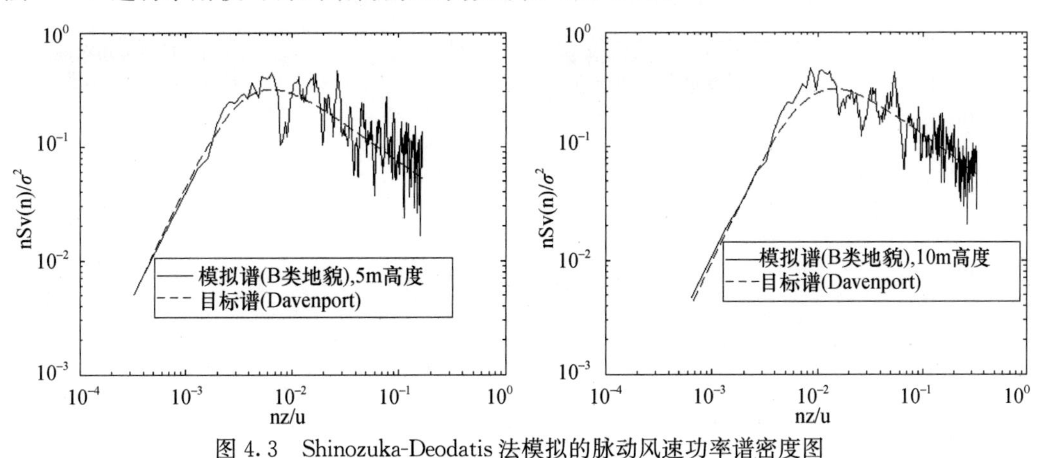

图 4.3　Shinozuka-Deodatis 法模拟的脉动风速功率谱密度图

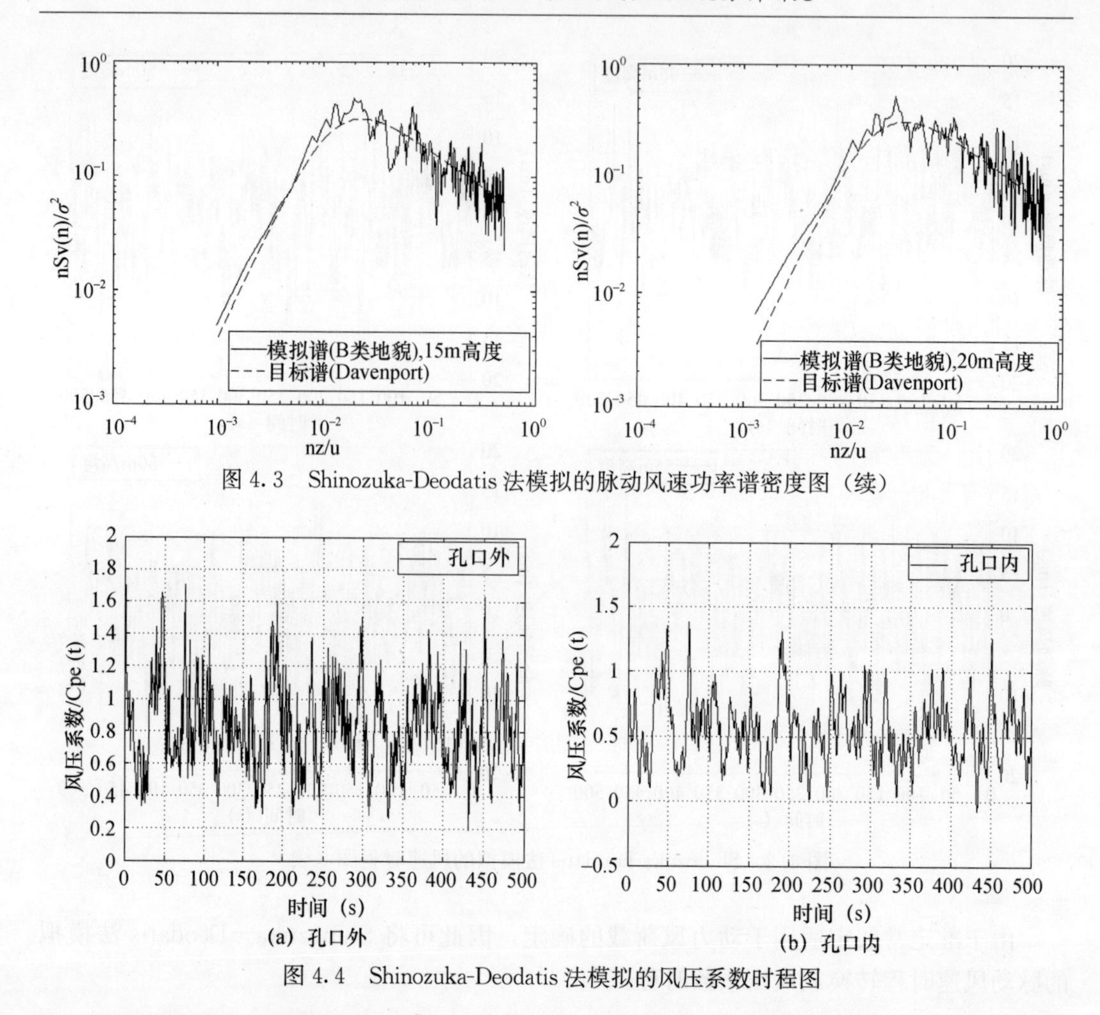

图 4.3 Shinozuka-Deodatis 法模拟的脉动风速功率谱密度图（续）

图 4.4 Shinozuka-Deodatis 法模拟的风压系数时程图

孔口处的外压系数功率谱（图 4.5），既可以通过实测得到，也可以在理论上由准定常理论通过顺风向风速谱得到：

$$S_{C_{pe}}(f)=\frac{4\mu_s^2\mu_z}{U_{10}^2}S_u(f) \tag{4.51}$$

式中，$S_u(f)$ 为谱密度沿高度不变的 Davenport 脉动风速谱。

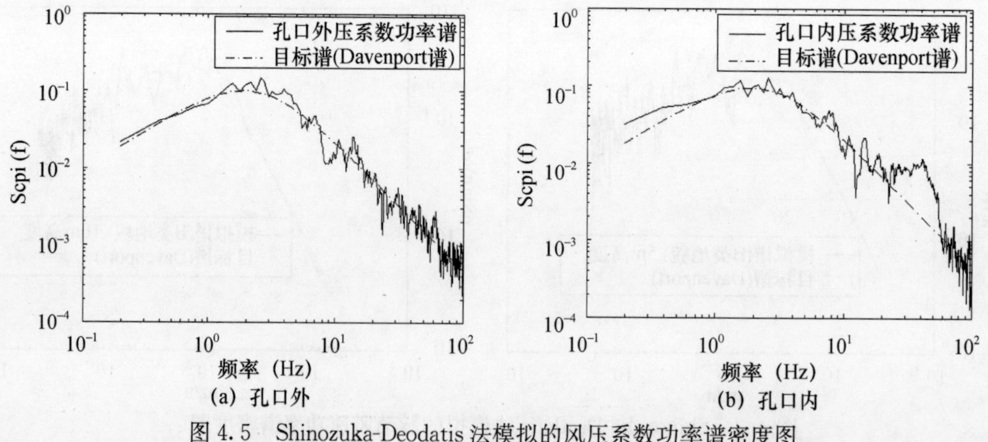

图 4.5 Shinozuka-Deodatis 法模拟的风压系数功率谱密度图

4.2.4.2　开孔结构孔口阻尼特性分析

在紊流风场中开孔结构的孔口阻尼特性是影响开孔结构风致内压和屋盖结构风致响应的一个重要因素之一，因此在紊流风场中对孔口阻尼特性进行分析探讨具有较大的研究意义。利用前文所得到的计算开孔结构的孔口等效阻尼比计算公式［式（4.28）］，变化其中的参数值，得到孔口等效阻尼比随参数的变化如图 4.6 所示。

从图 4.6（a）可以看出，随着开孔面积的减小，孔口等效阻尼比 ξ_{eq} 增大，从这可以说明，对于固定内部容积建筑，尽量减小墙面（幕墙）开孔的面积，可以增加内压响应的阻尼，从而对结构安全性的提高有利；从图 4.6（b）可以得知，当建筑开孔面积一定时，结构孔口等效阻尼比 ξ_{eq} 随着建筑内部容积的增大而增大；从图 4.6（c）、（d）可以看出，当建筑的开孔面积与建筑内部容积一定时，孔口等效阻尼比 ξ_{eq} 随着参考风速 U_{10} 及孔口处风压高度变化系数 μ_z 的增大而增大。此外，从图 4.6 可以看出，当式（4.28）中参数取 $\beta=\sqrt{8/\pi}$ 时，采用迭代精确算法（能量平均法）与共振响应简化算法（概率平均法）计算的结果非常接近。

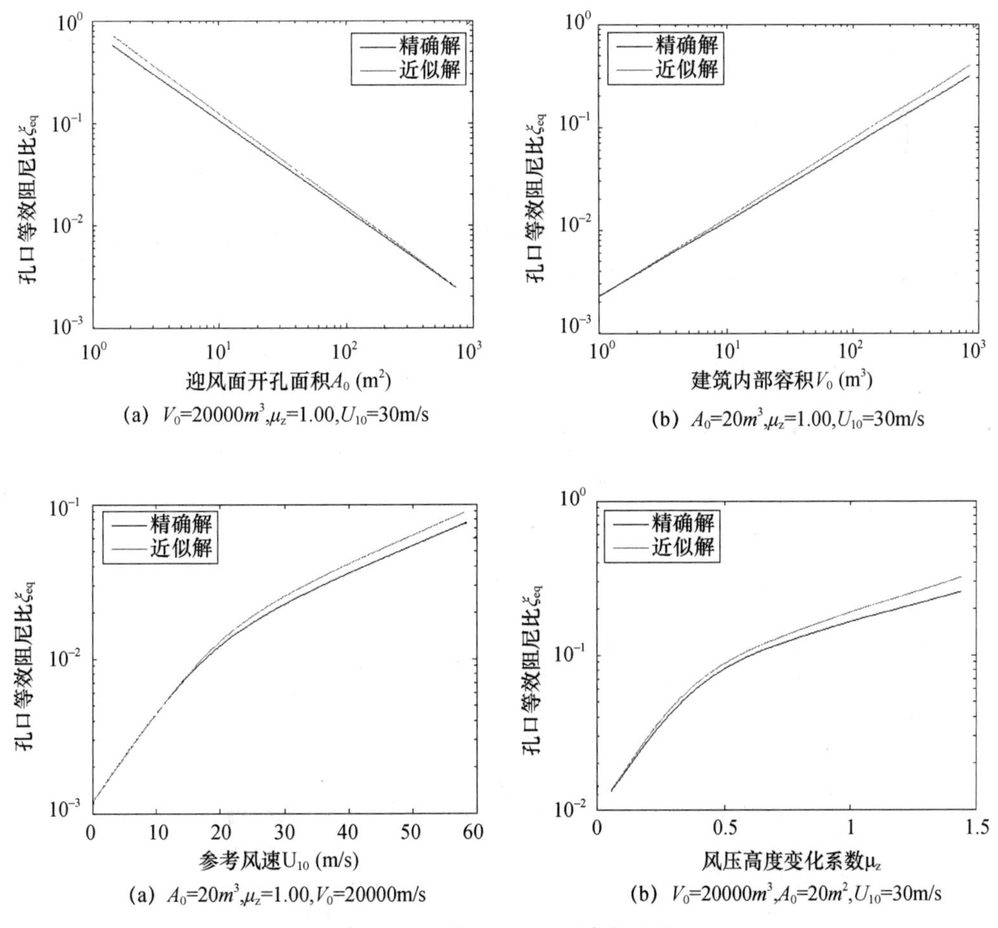

(a)　V_0=20000m^3,μ_z=1.00,U_{10}=30m/s　　(b)　A_0=20m^3,μ_z=1.00,U_{10}=30m/s

(a)　A_0=20m^3,μ_z=1.00,V_0=20000m/s　　(b)　V_0=20000m^3,A_0=20m^2,U_{10}=30m/s

图 4.6　孔口等效阻尼比随参数变化图

4.3 开孔结构风致内压脉动的频域法分析研究

风荷载是建筑结构的常遇随机动荷载，由其所对应产生的结构响应（即结构风致响应）也应是随机响应。为了保证建筑结构同时满足正常使用和承载能力两个极限状态，避免结构在风荷载作用下材料达到非线性阶段。已有研究表明，刚性屋盖结构在风荷载作用下的几何非线性不是很明显，因此大跨屋盖结构的风振响应分析可采用基于随机振动理论的频率分析方法。

频域法分析的基本思路是：首先输入结构脉动风荷载谱，然后利用传递函数得到结构位移响应功率谱，最后对其在频域内积分得到结构位移响应根方差（图 4.7）。

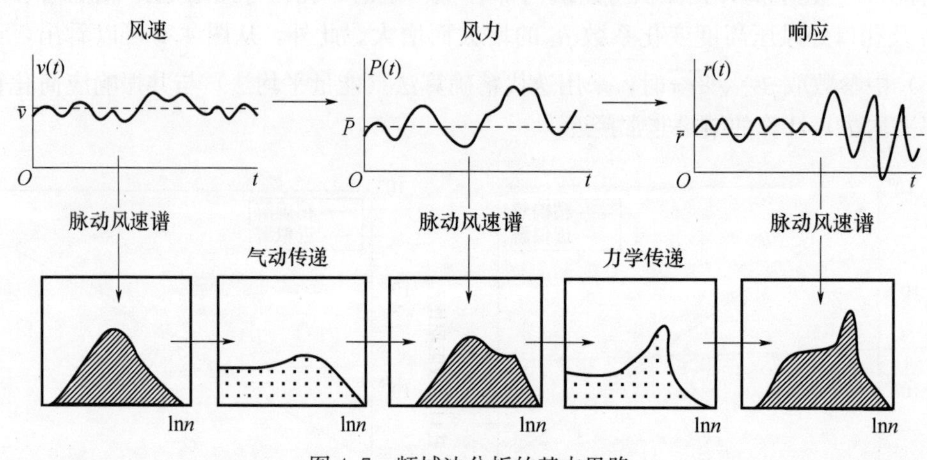

图 4.7 频域法分析的基本思路

上节对单一开孔结构的阻尼特性进行了较为详细的研究，也给出了单一开孔结构的风致内压脉动的精确解，但在现实生活与工程实际应用中，建筑并不局限于只存在单一开孔的情况，还有同立面多处开孔或多立面多处开孔等众多现象。本节利用非定常形式的伯努利方程，从理论上对不同开孔数量、开孔率大小以及开孔的位置对结构内压的脉动量进行估算，同时分析研究了不同开孔状况下开孔结构内压脉动的变化规律，得出了对工程实际有意义的结论。

4.3.1 频域法分析的基本假设

开孔结构内压脉动频域法分析的基本假设为：

（1）开孔结构的洞口位于迎风面，且结构的其他立面无孔洞；

（2）忽略开孔结构内部的通风效应，即认为孔洞处气流的流速均值为零，也即认为开孔结构的平均内压与孔口平均外压相等；

（3）开口结构内符合绝热变化法则；

（4）认为开孔结构为完全刚性结构，忽略围护结构的柔度对风致内压脉动的影响。

4.3.2 风致内压响应频域法理论计算公式

根据非定常伯努利方程，当开孔结构迎风面幕墙有 N 个孔洞，对于第 n 个孔洞，可以表示为：

$$\Delta p_{\mathrm{n}}=\frac{1}{2}C_{\mathrm{Ln}}\rho_{\mathrm{a}}U_{\mathrm{n}}|U_{\mathrm{n}}|+\rho_{\mathrm{a}}L_{\mathrm{en}}\dot{U}_{\mathrm{n}} \tag{4.52}$$

式中，Δp_{n} 为孔洞处内外的瞬态气压差；U_{n} 为第 n 孔口处的气流速率；C_{Ln}为第 n 孔口处的孔口损失系数；L_{en}第 n 孔口处的孔口有效长度，对于一般的开孔建筑，通常满足如下关系：

$$L_{\mathrm{en}}=C_{\mathrm{In}}\sqrt{A_{\mathrm{n}}} \tag{4.53}$$

式中，C_{In}第 n 孔口处的孔口惯性系数；A_{n} 第 n 孔口处的孔口面积。

将第 n 孔口处的气柱视为单自由度，定义其位移脉动分量为 X_{n}，则可得到气流脉动与孔口处内外压力脉动的关系：

$$\rho_{\mathrm{a}}L_{\mathrm{en}}\ddot{X}_{\mathrm{n}}+\frac{1}{2}C_{\mathrm{Ln}}\rho_{\mathrm{a}}|\dot{X}_{\mathrm{n}}|X_{\mathrm{n}}=p_{\mathrm{en}}-p_{\mathrm{i}} \tag{4.54}$$

式中，p_{en}第 n 孔口处的孔口的脉动外压；p_{i} 为结构的脉动内压。

对式（4.54）进行非线性阻尼线性化，可得：

$$\rho_{\mathrm{a}}L_{\mathrm{en}}\ddot{X}_{\mathrm{n}}+\frac{1}{2}C_{\mathrm{Ln}}\rho_{\mathrm{a}}|\dot{X}_{\mathrm{n}}|X_{\mathrm{n}}=p_{\mathrm{en}}-p_{\mathrm{i}} \tag{4.55}$$

采用概率平均线性化方法，可得：

$$C_{\mathrm{n}}=\sqrt{\frac{2}{\pi}}C_{\mathrm{Ln}}\rho_{\mathrm{a}}\sigma_{\dot{X}_{\mathrm{n}}} \tag{4.56}$$

对式（4.54）进行线性简化，可得到以下形式：

$$\rho_{\mathrm{a}}L_{\mathrm{en}}\ddot{X}_{\mathrm{n}}+C_{\mathrm{n}}\dot{X}_{\mathrm{n}}=p_{\mathrm{en}}-p_{\mathrm{i}} \tag{4.57}$$

假设第 k 个孔口的脉动外压为 p_{ek}，而其他各孔口的外压脉动则为零，则第 k 个孔洞处的气柱位移可表示为：

$$X_{\mathrm{nk}}=H_{\mathrm{n}}(\omega)(p_{\mathrm{en}}-p_{\mathrm{ik}}) \tag{4.58}$$

式中，p_{ik}为脉动内压；p_{en}为第 n 个孔口处的脉动外压，当 $n\neq k$ 时，$p_{\mathrm{en}}=0$。

对应的振动系统的频响函数 n 可表示为如下形式：

$$H_{\mathrm{n}}(\omega)=\frac{1}{-\rho_{\mathrm{a}}L_{\mathrm{en}}\omega^{2}+i\omega C_{\mathrm{n}}} \tag{4.59}$$

因为开孔结构内空气符合绝热变化法则，由式（4.2）可得：

$$p_{\mathrm{ik}}=\frac{\gamma p_{\mathrm{a}}}{V_{0}}\sum_{n=1}^{N}A_{\mathrm{n}}X_{\mathrm{nk}} \tag{4.60}$$

将式（4.58）代入式（4.60）可得：

$$p_{\mathrm{ik}}=H_{\mathrm{p_{ik}}}(\omega)p_{\mathrm{ek}} \tag{4.61}$$

式中，$H_{\mathrm{p_{ik}}}(\omega)$ 为第 k 个孔口位置所对应的结构内外风压频响函数，可表示为如下形式：

$$H_{\mathrm{p_{ik}}}(\omega)=\frac{(\gamma p_{\mathrm{a}}/V_{0})A_{\mathrm{k}}H_{\mathrm{k}}(\omega)}{1+(\gamma p_{\mathrm{a}}/V_{0})\sum_{n=1}^{N}[A_{\mathrm{n}}H_{\mathrm{n}}(\omega)]} \tag{4.62}$$

根据随机振动的分析理论，可得到开孔结构的风致内压脉动功率谱：

$$S_{p_{\mathrm{i}}}(\omega)=\sum_{j=1}^{N}\sum_{s=1}^{N}H_{p_{\mathrm{ij}}}(\omega)H_{p_{\mathrm{is}}}^{*}(\omega)S_{p_{\mathrm{js}}}(\omega) \tag{4.63}$$

式中，$H^{*}_{p_{is}}$（ω）为 $H_{p_{is}}$（ω）的共轭函数，$S_{p_{js}}$（ω）为第 j、s 孔口处的风压互谱函数。

Ginger & Letchford[137]研究发现在开孔结构中，迎风幕墙的风压与来流风速的相关性较好，故认为可采用准定常理论来确定开孔结构孔洞处的风压互谱函数：

$$S_{p_{js}}(\omega)=\mu_s^j\mu_s^s\sqrt{\mu_z^j\mu_z^s}\rho_a^2U_{10}^2\sqrt{S_u^j(\omega)S_u^s(\omega)}\,\mathrm{coh}(j,s,\omega) \tag{4.64}$$

式中，μ_s^j、μ_s^s 分别为第 j、s 孔口处的体型系数；μ_z^j、μ_z^s 分别为第 j、s 孔口处的风压高度变化系数；S_u^j（ω）、S_u^s（ω）分别为第 j、s 孔口处的脉动风速谱；coh（j，s，ω）为第 j、s 孔口处的相干函数。

开孔结构孔口处的均方根内压系数可按下式得到：

$$\sigma_{C_{pi}}=\frac{1}{0.5\rho_aU_{10}^2}\sqrt{\int_0^{\infty}S_{p_i}(\omega)\mathrm{d}\omega} \tag{4.65}$$

将式（4.61）代入式（4.58）后并求导，便可得到仅有第 k 个孔口存有外压时在第 n 孔口中的气流脉动速率：

$$\dot{X}_{nk}=H_{\dot{X}_{nk}}(\omega)p_{ek} \tag{4.66}$$

对应振动系统的频响函数 $H_{\dot{X}_{nk}}$（ω）可表示为：

$$H_{\dot{X}_{nk}}(\omega)=\begin{cases}i\omega H_n(\omega)[1-H_{p_{ik}}(\omega)],(n=k)\\-i\omega H_n(\omega)H_{p_{ik}}(\omega),\qquad(n\neq k)\end{cases} \tag{4.67}$$

从而可以得到第 n 个孔口的气流速率功率谱函数：

$$S_{\dot{X}_n}(\omega)=\sum_{j=1}^{N}\sum_{s=1}^{N}H_{\dot{X}_{nj}}(\omega)H^{*}_{\dot{X}_{ns}}(\omega)S_{p_{js}}(\omega) \tag{4.68}$$

则第 n 个孔口的气流速率的均方根为：

$$\sigma_{\dot{X}_n}=\sqrt{\int_0^{\infty}S_{\dot{X}_n}(\omega)\mathrm{d}\omega} \tag{4.69}$$

对比式（4.56）与式（4.69）可知，上述计算是一个反复迭代的计算过程。在计算式（4.56）时首先取 $\sigma_{\dot{X}_n}$ 为一单位向量，将式（4.69）计算得到的结果再迭代到式（4.56），直至迭代前后向量 $\sigma_{\dot{X}_n}$ 的相对误差足够小为止，从而可得到孔口处气流的内压系数均方根的精确值。

4.3.3 开孔结构频响特性分析

在开孔结构的风致内压分析研究中，内压响应的实质是由孔口气柱质量、孔口阻尼与结构内部气承刚度所组成的动力系统在孔口外部风压激励下的随机响应。余世策[86]认为在单一开孔结构中，定义了开孔率的无量纲数为 $\Sigma=A_0/V_0^{2/3}$，并对两种内部容积不同的模型进行了理论分析，发现当开孔率较大时开孔结构内压脉动增大，会发生 Helmholtz 共振，随着开孔率的减小，最终 Helmholtz 共振消失。但是，在工程实际中，开孔结构的 Helmholtz 频率不仅仅与建筑的内部容积和迎风面开孔面积有关，还与结构迎风面面积的大小有关，故本文定义开孔率为：

$$\delta=\varepsilon\frac{A_0}{V_0^{2/3}} \tag{4.70}$$

式中，ε 为开孔面积大小与迎风面幕墙面积的比值，即 $\varepsilon=A_0/A_{all}$，则式（4.70）可转化为：

$$\delta=\frac{A_0^2}{A_{\mathrm{all}}V_0^{2/3}} \tag{4.71}$$

由随机振动理论，内压系数相对于外压系数的增益可用以下公式予以表示：

$$|\chi_{C_{\mathrm{pi}}/C_{\mathrm{pe}}}|=\frac{|C_{\mathrm{pi}}|}{|C_{\mathrm{pe}}|}=\frac{\omega_{\mathrm{H}}^2}{\sqrt{(\omega_{\mathrm{H}}^2-\omega^2)+(2\xi_{\mathrm{eq}}\omega_{\mathrm{H}}\omega)^2}} \tag{4.72}$$

对孔口内压时程及孔口外压系数时程进行谱变换，便可得到内压系数谱 $S_{\mathrm{Cpi}}(f)$ 与外压系数谱 $S_{\mathrm{Cpe}}(f)$，则内压系数相对于外压系数的增益又可以表示为如下形式：

$$|\chi_{C_{\mathrm{pi}}/C_{\mathrm{pe}}}|=\sqrt{\frac{S_{\mathrm{Cpi}}(f)}{S_{\mathrm{Cpe}}(f)}} \tag{4.73}$$

这里，用不同内部容积下的内压增益曲线来对本章定义的开孔率予以验证。图 4.8 为迎风面单一开孔结构在不同的开孔率、不同建筑内部容积下的内压增益曲线图，这里以 $|\chi_{C_{\mathrm{pi}}/C_{\mathrm{pe}}}|^2$ 表示内压增益曲线。

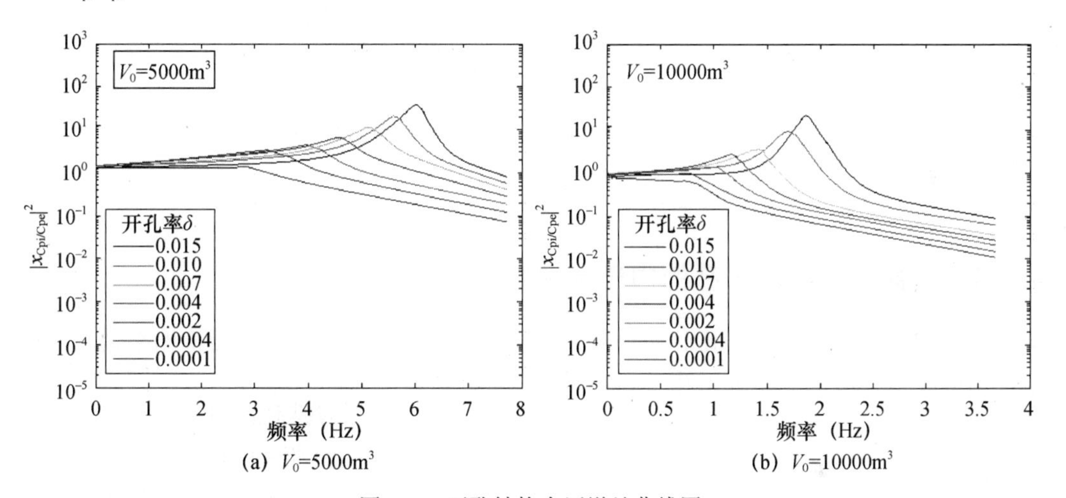

(a) V_0=5000m³　　(b) V_0=10000m³

图 4.8　开孔结构内压增益曲线图

从图 4.8 中可以看出，当开孔率 δ 较大时，会发生 Helmholtz 共振，内压的脉动量也会随之增大；随着开孔结构开孔率的不断减小，建筑外部的风压脉动高频部分经过洞口后得到衰减，系统的阻尼增大，内压的脉动量也随之减小，最终 Helmholtz 共振消失。对比图 4.8（a）、（b）可以发现，对于内部容积不同的建筑，当开孔率相同时，对应的阻尼特性即为相似，仅 Helmholtz 频域有所差异。

4.4　多立面幕墙开孔对屋盖结构风致内压响应的影响

在现实生活中，建筑物并非完全只有迎风面单面开孔（洞），也不是背风面、侧风面完全封闭无孔洞。与前述内容所研究的只存在迎风幕墙开孔的理论相比，背风面或侧风面存在开孔时，则必须考虑结构内部气流的流通，从而使理论上更加复杂，且计算量较大。余世策[86]考虑了背景孔隙对开孔结构风致内压的影响（图 4.9），并提出了考虑背景孔隙的内压传递方程：

$$\frac{\rho_a L_e V_0}{\gamma p_a A_w}\ddot{C}_{pi}+\frac{\rho_a L_e A_1 U_{10}}{2A_w q\sqrt{(C_{pi}-\overline{C}_{pl})/C''_L}}$$

$$+\frac{C_L \rho_a q V_0^2}{2(\gamma p_a A_w)^2}\left(\dot{C}_{pi}+\frac{A_1 U_{10}\gamma p_a}{qV_0}\sqrt{\frac{C_{pi}-\overline{C}_{pl}}{C''_L}}\right)\left|\dot{C}_{pi}+\frac{A_1 U_{10}\gamma p_a}{qV_0}\sqrt{\frac{C_{pi}-\overline{C}_{pl}}{C''_L}}\right|+C_{pi}=C_{pe} \tag{4.74}$$

式中，A_1 为背景孔隙面积之和；A_w 为孔口面积；C''_L 为背景孔隙的孔口损失系数，其他参数与本章前文描述一致。

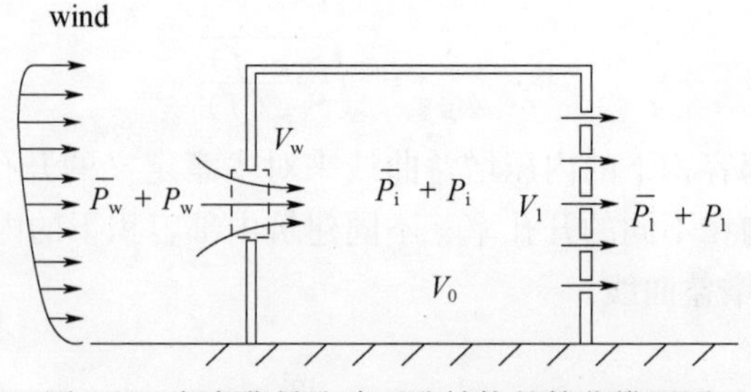

图 4.9　考虑背景孔隙开孔结构的简化模型图

本节在合理的假设前提下，对迎风面与背风面幕墙同时存有开孔（洞）的开孔结构的风致内压进行了分析探讨，所得的研究成果对具有双面幕墙开孔的大跨屋盖结构的风致内压的研究具有一定的理论指导意义和工程实际参考价值。

4.4.1　考虑双面幕墙开孔的内压传递方程

当结构立面幕墙存在开孔而导致风致内压时，假定开孔面积对整面幕墙来说相对较小，则可以不予考虑气流进出孔口的惯性项；同时假定当开孔深度较浅时，忽略空气在孔洞内的来回振荡，根据流体力学的非定常伯努利方程，孔口两侧的气压差与孔口处的速率关系式可表示如下：

$$\Delta P=\frac{1}{2}C_L\rho_a U^2+\rho_a L_e\dot{U} \tag{4.75a}$$

对于迎风面孔洞处，来流从外吹进开孔结构，则式（4.75a）可表示成：

$$P_e-P_i=\frac{1}{2}C'_L\rho_a U_e^2+\rho_a L_e\dot{U}_e \tag{4.75b}$$

对于背风面孔洞处，气流从开孔结构内部流出，则式（4.75a）可表示成：

$$P_i-P_1=\frac{1}{2}C''_L\rho_a U_1^2+\rho_a L_e\dot{U}_1 \tag{4.75c}$$

式中，U_e、U_1 分别为开孔结构迎风面、背风面幕墙孔洞处的孔口气流速率；C'_L、C''_L 分别为开孔结构迎风面、背风面幕墙孔洞处的孔口损失系数。

与结构内压脉动相比，开孔结构背风面幕墙各处的风压接近且脉动很小，故忽略背风面的脉动风压，因而可用同一个平均风压系数来考虑开孔结构背风面的风压分布，则有：

$$U_l=U_{10}\sqrt{\frac{C_{pi}-C_{pl}}{C''_L}} \tag{4.76}$$

式中，C_{pi} 为开孔结构内部瞬态风压系数；C_{pl} 为开孔结构背风面处瞬态风压系数；U_{10} 为参考风速。

根据质量守恒定理及空气流动的连续性方程，有：

$$\rho_i(A_eU_e - A_lU_l) = V_0\frac{d\rho_i}{dt} + \rho_i\frac{dV_0}{dt} \tag{4.77}$$

式中，V_e 为从迎风面孔洞处流入结构内部的气体流量；V_l 为结构内部从背风面孔洞流出的气体流量。

设结构幕墙共有（$m+n$）个开孔，其中迎风面幕墙有 m 个开孔，背风面幕墙有 n 个开孔，也即气流从 m 个孔洞流进结构内部，再从 n 个孔洞流出。双面幕墙开孔结构的简化模型如图 4.10 所示。

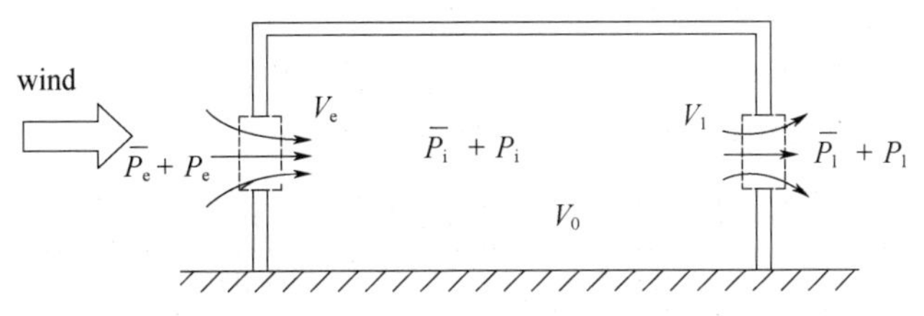

图 4.10　考虑双面幕墙开孔结构的简化模型图

从迎风面孔洞处流入的气体流量 V_e 可表示为：

$$V_e = U_eA_e = U_e\sum_{j=1}^{m}A_{ej} \tag{4.78}$$

从背风面孔洞处流出的气体流量 V_l 可表示为：

$$V_l = U_lA_l = U_l\sum_{k=1}^{n}A_{lk} \tag{4.79}$$

将式（4.78）、式（4.79）代入式（4.77）可得：

$$\rho_i(V_e - V_l) = V_0\frac{d\rho_i}{dt} + \rho_i\frac{dV_0}{dt} \tag{4.80}$$

由于结构内部的体积不发生变化，气流从开孔处涌进会使结构内部的气流密度发生变化，对于绝热变化的空气，由式（4.2）可以得到空气密度压强变化之间的关系式：

$$dP_i = \frac{\gamma p_a}{\rho_i}d\rho_i \tag{4.81}$$

综合式（4.80）与式（4.81），可得：

$$U_e = \frac{V_0q}{\gamma p_aA_e}\dot{C}_{pi} + \frac{A_lU_{10}}{A_e}\sqrt{\frac{C_{pi}-C_{pl}}{C''_L}} \tag{4.82}$$

对上式进行求导，可得：

$$\dot{U}_e = \frac{V_0q}{\gamma p_aA_e}\ddot{C}_{pi} + \frac{A_lU_{10}}{2A_e\sqrt{(C_{pi}-C_{pl})/C''_L}}(\dot{C}_{pi} - \dot{C}_{pl}) \tag{4.83}$$

综合式（4.75）、式（4.82）与式（4.83），可得到考虑双面幕墙开孔结构的内压传递方程如下：

$$\frac{\rho_aL_eV_0}{\gamma p_aA_e}\ddot{C}_{pi} + \left(\frac{\rho_aL_eA_lU_{10}}{2A_eq\sqrt{(C_{pi}-C_{pl})/C''_L}} + \frac{C_LV_0A_lU_{10}}{\gamma A_e^2}\sqrt{(C_{pi}-C_{pl})/C''_L}\right)\dot{C}_{pi} +$$

$$\frac{C_{L}\rho_{a}qV_{0}^{2}}{2\left(\gamma p_{a}A_{e}\right)^{2}}\dot{C}_{pi}^{2}+\left[\frac{C_{L}\rho_{a}U_{10}^{2}}{2qC''_{L}}\left(\frac{A_{l}}{A_{e}}\right)^{2}+1\right]C_{pi}-$$

$$\frac{\rho_{a}L_{e}A_{l}U_{10}}{2A_{e}q\sqrt{\left(C_{pi}-C_{pl}\right)/C''_{L}}}\dot{C}_{pl}-\left[\frac{C_{L}\rho_{a}U_{10}^{2}}{2qC''_{L}}\left(\frac{A_{l}}{A_{e}}\right)^{2}+1\right]C_{pl}=C_{pe} \tag{4.84}$$

4.4.2 背立面幕墙开孔对内压响应的附加阻尼分析

背立面幕墙开孔对风致内压响应的附加阻尼效应可以通过瞬态响应时程来进行分析。计算时取开孔结构的内部容积为 360000m^3，来流的参考点风速取 30m/s，结构迎风面幕墙的外压系数取恒定值 $C_{pe}=0.8$，立面幕墙的开孔（洞）率见表 4.2、表 4.3。层流中背立面幕墙开孔率的变化对内压瞬态响应的影响如图 4.11 所示。采用 Shinozuka-Deodatis 法拟合的脉动风压时程作为激励，对式（4.84）进行积分，便可得到不同开孔率下结构风致内压的瞬态响应时程。紊流中开孔结构在不同立面幕墙开孔率下的风致内压瞬态响应部分时程曲线如图 4.12、图 4.13 所示。

表 4.2 开孔结构背立面幕墙开孔率工况表 *1

工况	开孔率	开孔位置	比值 *2
A1	1.0978×10^{-6}		0.016
A2	4.3910×10^{-6}		0.063
A3	1.7564×10^{-5}		0.250
A4	3.9519×10^{-5}	背立面幕墙	0.563
A5	7.0257×10^{-5}		1.000
A6	1.0978×10^{-4}		1.563

注：*1—迎风面幕墙开孔率均为 7.0257×10^{-5}，背立面幕墙开洞率有变化；
*2—比值=背风面开孔率/迎风面开孔率。

表 4.3 开孔结构立面幕墙开孔率工况表 *3

工况	迎风面开洞（孔）率	背风面开洞（孔）率	比值 *4
B1	1.7564×10^{-5}	1.0978×10^{-6}	0.063
B2	1.7564×10^{-5}	4.3910×10^{-6}	0.250
B3	3.9519×10^{-5}	1.7564×10^{-5}	0.444
B4	3.9519×10^{-5}	3.9519×10^{-5}	1.000
B5	7.0257×10^{-5}	3.9519×10^{-5}	0.563
B6	7.0257×10^{-5}	1.0978×10^{-4}	1.563

注：*3—迎风面、背风面幕墙开洞率均有变化；
*4—比值=背风面开孔率/迎风面开孔率。

从图 4.11 可以看出，随着时间的推移，内压的瞬态响应极值下降，系统阻尼比增加，但内压瞬态响应极值下降的趋势并不是严格随着背立面幕墙开孔率的增大而下降，在背立面与迎风面幕墙开孔率的比值约为 0.25 时（工况 A3）达到最大，当比值大于或小于这个值时，内压振荡逐渐消失。

从图 4.12 可以看出，当建筑背立面开孔率一定时，随着迎风面幕墙开孔率的增大，内压系数呈现增大的趋势；同时也发现，迎风面幕墙开孔率的减小能减小内压响应的峰值，内压系数时程整体向负风压移动且内压脉动量减小。从图 4.13 可以发现，内压系数随着迎风面、背立面幕墙开孔率的增大而增大。

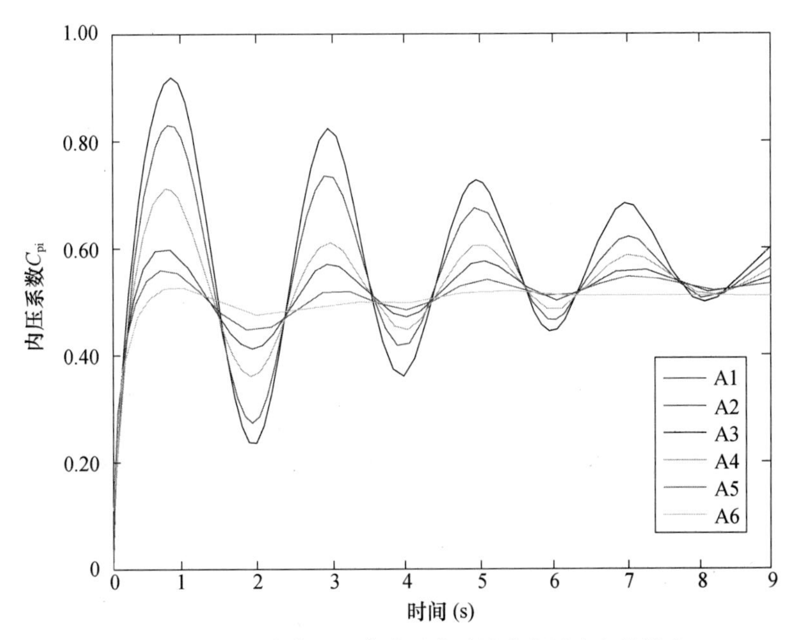

图 4.11　层流中背立面幕墙开孔对风致内压响应的影响

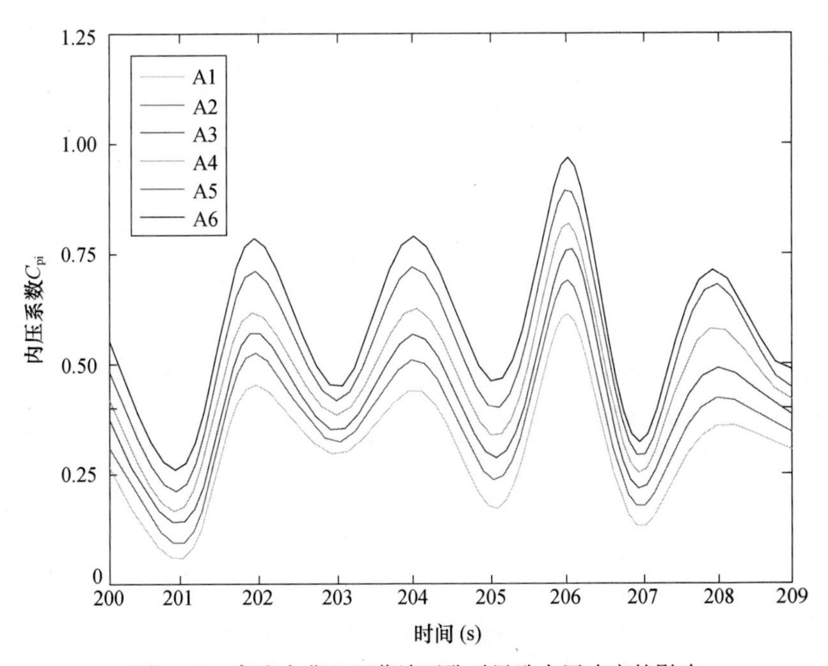

图 4.12　紊流中背立面幕墙开孔对风致内压响应的影响

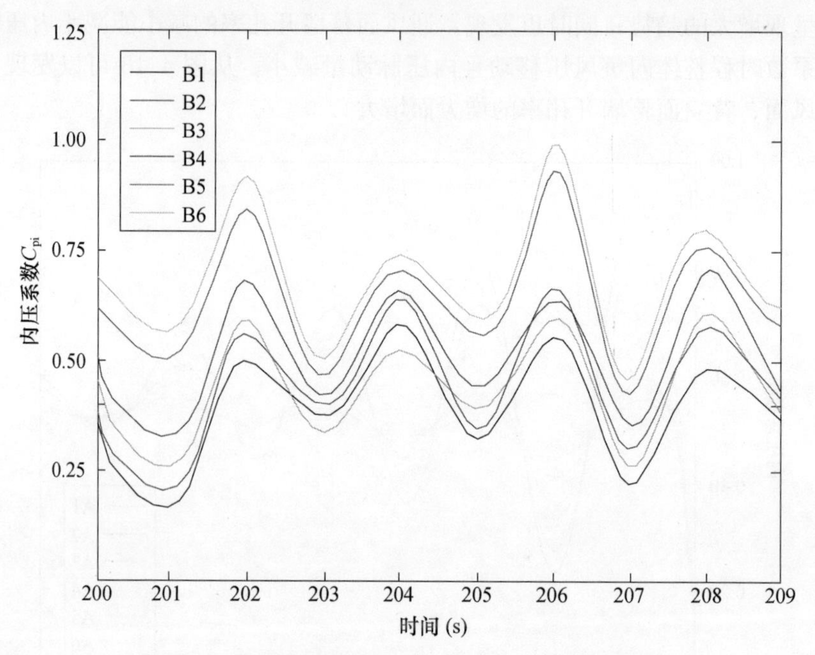

图 4.13 紊流中双面幕墙开孔对风致内压响应的影响

4.5 本章小结

内压传递方程是对开孔结构进行内压响应分析的最基本的理论依据，本章对开孔结构风致内压理论分析的动力学基本方程进行了探讨；其次对紊流风场中开孔屋盖结构的孔（洞）口阻尼特性进行了理论研究；然后对现有开孔结构风致内压脉动的频率分析理论进行了修正；最后对考虑双面幕墙开孔的内压传递方程进行了理论推导，研究了背立面幕墙开孔（洞）对开孔结构内压响应的影响。通过算例分析，可以得到以下结论。

（1）Shinozuka-Deodatis 法所模拟得到的脉动风速的功率谱与目标谱的吻合程度较好，精度较高，故用该法得到的结果进行结构内压风致响应分析能得到较为准确的计算结果。

（2）对考虑双面幕墙开孔结构的内压传递方程进行了推导，并从理论上阐述了背立面开孔时对内压附加阻尼效应的影响。

（3）对于固定内部容积建筑，随着开孔面积的减小，孔口等效阻尼比 ξ_{eq} 增大；当建筑开孔面积一定时，结构孔口等效阻尼比 ξ_{eq} 随着建筑内部容积的增大而增大；当建筑的开孔面积与建筑内部容积一定时，孔口等效阻尼比 ξ_{eq} 随着参考风速 U_{10} 及孔口处风压高度变化系数 μ_z 的增大而增大。

（4）当开孔结构的开孔率 δ 较大时，会发生 Helmholtz 共振，内压的脉动量也会随之增大；随着开孔率的减小，建筑外部风压脉动的高频部分经过洞口后得到衰减，系统的阻尼增大，内压脉动量也随之减小，最终 Helmholtz 共振消失。对内部容积不同的建筑，当开孔率相同时，对应的孔口阻尼特性即为相似，仅 Helmholtz 频域有所差异。

（5）紊流中，开孔结构内压瞬态响应的极值随着时间的推移而迅速下降，但下降的趋势并不是严格随着背立面幕墙开孔率的增大而下降，在背立面与迎风面幕墙开孔率的比值约为 0.25 时（工况 A3）达到最大，当比值大于或小于这个值时，内压振荡逐渐消失。当建筑背立面开孔率一定时，随着迎风面幕墙开孔率的增大，内压系数呈现增大的趋势；迎风面幕墙开孔率的减小能减小内压响应的峰值，内压系数时程整体向负风压移动且内压脉动量减小。

第5章 幕墙开孔的大跨屋盖结构风荷载试验研究

随着我国国民经济和文体事业的快速发展，大跨度屋盖结构蓬勃兴起，较为广泛地应用于机场、会展中心、体育馆、火车站、文化广场等大型公共建筑之中。这些大跨屋盖结构集合了新技术、新材料的应用，具有柔度大、阻尼小、自重轻等特征，因而风荷载通常成为其主要控制荷载，尤其当遭遇门窗受损或被强风吹开（坏）等突发事故时，在建筑物幕墙或屋盖上形成开孔，风从开孔突然涌入建筑物内部，脉动内压急剧增大使屋盖结构受内外压共同作用而更容易遭受风致破坏。灾后调查表明迎风玻璃幕墙破坏产生突然开孔后内外压共同作用是屋面破坏的一个主要原因。众所周知，每当遇到地震、强风等自然灾害时，大型公共场所如体育馆、会展中心等均用于人员集中的灾害避难所，也即在地震、强风等自然灾害来临时，对大型公共场所的结构安全性评估及舒适度的评估更为重要。

目前，国内外对幕墙开孔的屋盖风荷载及内压响应均做了部分研究，得出了一些可用于工程实际及研究的结论。但是这些研究一般都是以平屋盖为研究对象，而实际工程建筑中，大型大跨公共建筑一般追求优美的建筑造型，建筑体型较为复杂；另外，对大跨屋盖结构在迎风玻璃幕墙遭到破坏后，风从开孔处涌入导致背风面幕墙的破坏的研究目前还较少。

本章通过刚性模型同步测压风洞试验对不同结构内部容积、幕墙开洞（孔）面积、开洞（孔）位置、屋盖矢跨比的大跨屋盖结构进行了较为系统的分析研究，探讨了这些因素对屋盖等围护结构风荷载特性的影响，对有幕墙开洞（孔）的屋盖结构的抗风设计具有重要的参考价值。

5.1 幕墙开孔屋盖结构的模型设计与制作

5.1.1 模型设计与测点布置

幕墙开孔屋盖结构风洞试验模型根据屋盖的矢跨比不同共有5个模型，模型的尺寸布置图及模型参数值见图5.1与表5.1所示。为方便测压管的布置同时减小测压管对模型表面风压的干扰，模型采用夹层式结构，即在内外夹层内布置测压管线，连接管线可通过夹层与模型底板下的压力扫描阀模块进行连接，测压点均布置在模型内外表面。各模型均在迎风面、背风面、两侧风面设有3个开孔位置，试验时根据四面幕墙开孔的数量及位置来进行不同工况的组合，对每个模型选取12种开洞组合进行研究，则5个模型2种地貌类型共计120种工况。

模型测压孔的布置根据预计风压变化梯度的大小来决定测压孔的密集程度，风压变化梯度较大的区域测压孔布置则相对较为密集，风压梯度变化较小的区域测压孔布置相对较为稀疏。因此在模型的外表面边缘区域测点布置密集，而在屋盖迎风外表面的中后部区域测点布置较为稀疏。同时对开孔结构内外压之间的相关性进行研究，测点布置时在内外表面均布置有测压孔，模型典型测点布置如图 5.2 所示。以 0°风向角为例，各模型的测点数量统计见表 5.2。

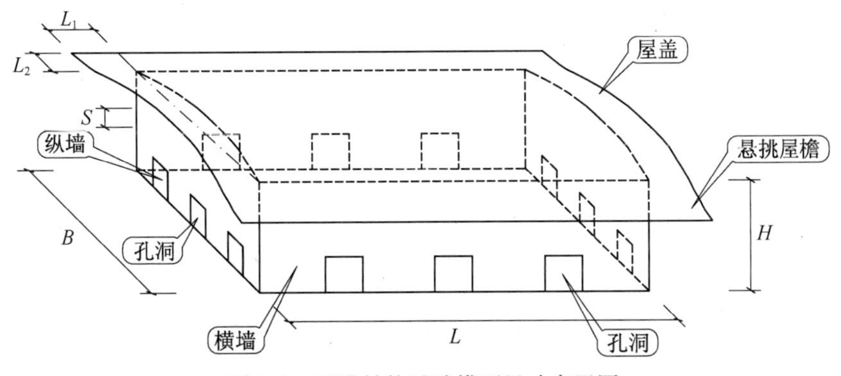

图 5.1　开孔结构试验模型尺寸布置图

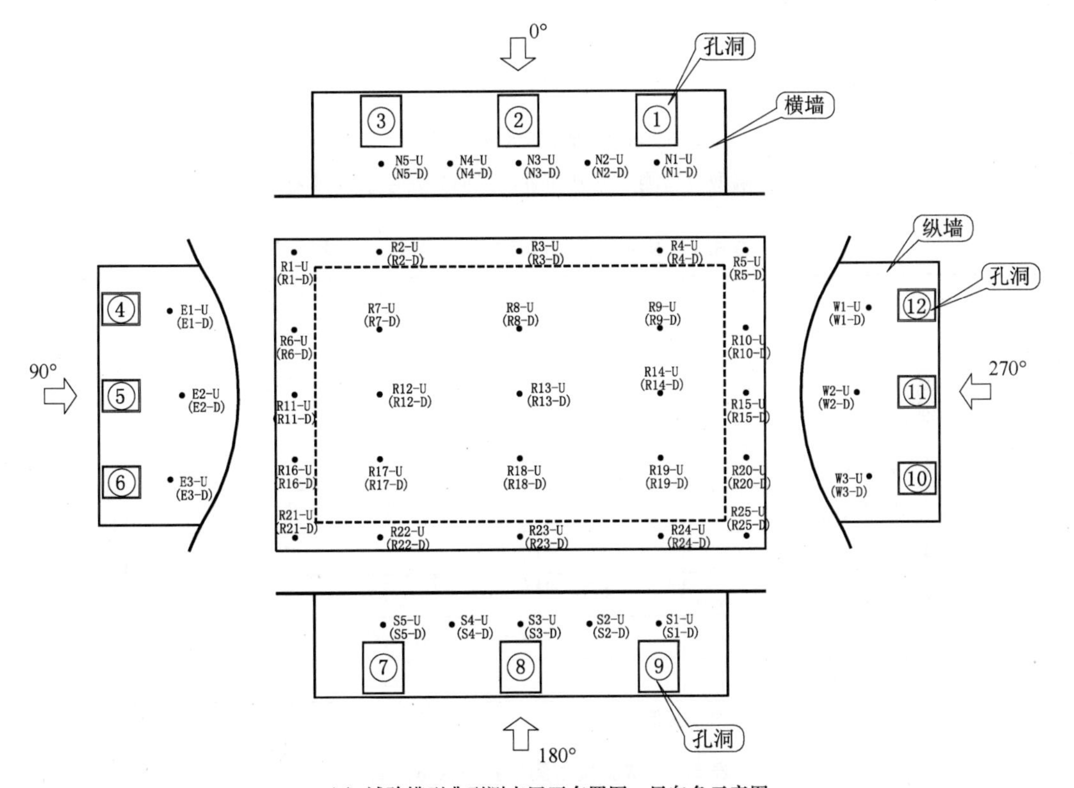

(a) 试验模型典型测点展开布置图、风向角示意图

图 5.2　试验模型典型测点展开布置、风向角及屋盖区域划分图

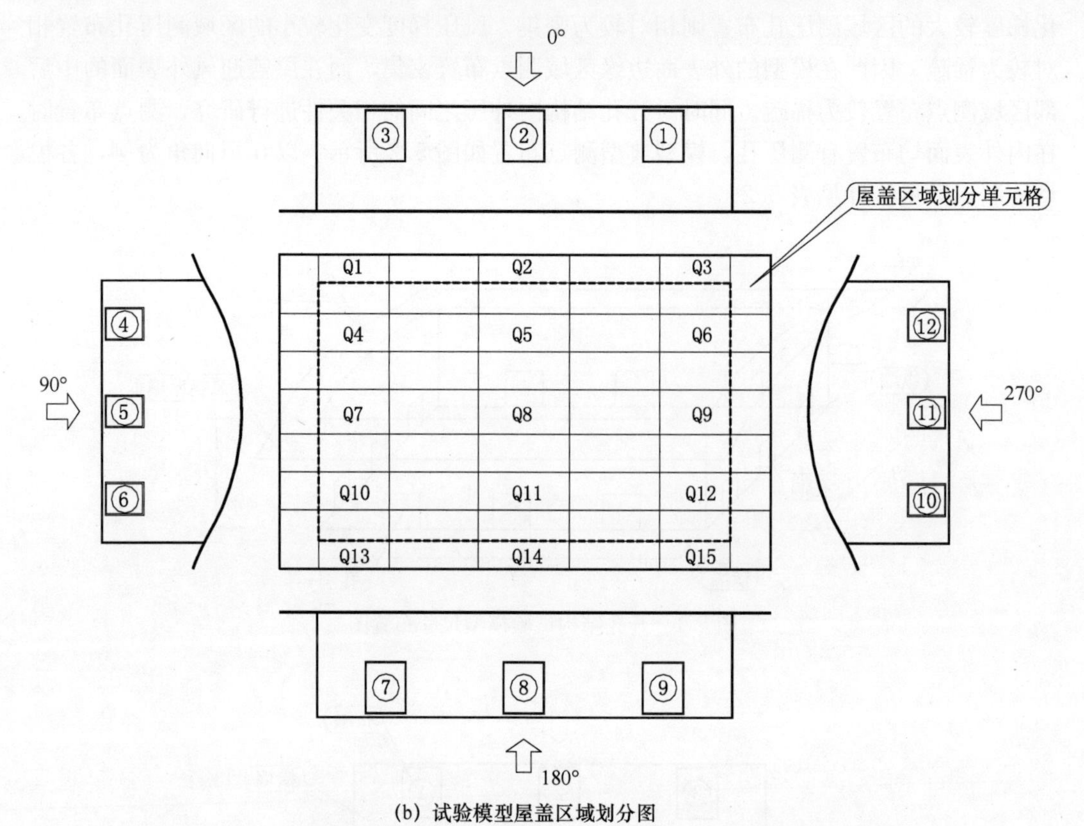

(b) 试验模型屋盖区域划分图

图 5.2　试验模型典型测点展开布置、风向角及屋盖区域划分图（续）

表 5.1　开孔屋盖结构原型尺寸参数取值表

项目	参数	取值				
		模型 1	模型 2	模型 3	模型 4	模型 5
横墙长度（屋盖长向跨度，m）	L	162	162	162	162	162
纵墙长度（屋盖短向跨度，m）	B	100	100	100	100	100
纵墙高度＊（m）	H	40	40	40	40	40
横墙悬挑屋檐长度（m）	L_1	15	15	15	15	15
纵墙悬挑屋檐长度（m）	L_2	10	10	10	10	10
屋盖矢高（m）	S	0	5	10	15	20
容积（m^3）	V	6.48×10^5	7.02×10^5	7.55×10^5	8.09×10^5	8.66×10^5
矢跨比	S/B	0	0.05	0.10	0.15	0.20

注：＊—指纵墙与悬挑屋檐交界处的最低高度。

表 5.2　试验模型测压孔布置数统计表

项目	模型 1	模型 2	模型 3	模型 4	模型 5
横墙外表面	30	30	30	30	30
横墙内表面	10	10	10	10	10
纵墙外表面	20	22	24	26	28

续表

项目	模型 1	模型 2	模型 3	模型 4	模型 5
纵墙内表面	6	6	8	10	12
屋盖上表面	85	85	85	85	85
屋盖下表面	50	50	50	50	50
总计 *	267	271	279	287	295

注：*—考虑模型的对称性，测压孔总数=（横墙外表面+横墙内表面+纵墙外表面+纵墙内表面）×2+屋盖上表面+屋盖下表面。

5.1.2　模型制作

风洞试验刚性模型采用 3mm 厚的 ABS 板按照 1∶300 制作，首先根据设计要求制作墙体及模型底板，横墙预留三个 8.1cm×10cm 尺寸的洞口（对应结构原型尺寸为 16.2m×20m），纵墙预留三个 6.25cm×7.5cm 尺寸的洞口（对应结构原型尺寸为 12.5m×15m），如图 5.1、图 5.2 所示。模型拼装前在其表面按照测压孔设计的位置进行打孔，然后埋入内径为 0.8mm、长度为 1cm 的黄铜管，黄铜管与模型表面垂直并使黄铜管表面与模型表面齐平且无凸凹，再通过内径为 1.4mm 的乙烯树脂管与黄铜管进行紧密连接，乙烯树脂管的长度统一剪成 80cm 长，并对测压管与测压孔一一进行编号。

此外，在每个洞口处设计成可以自由开启与关闭且密闭性良好的门，风洞试验时通过预先设计成的电路控制门的开启与关闭，从而进行不同立面幕墙开洞（孔）率工况的试验。模型孔洞门的开启装置如图 5.3 所示。

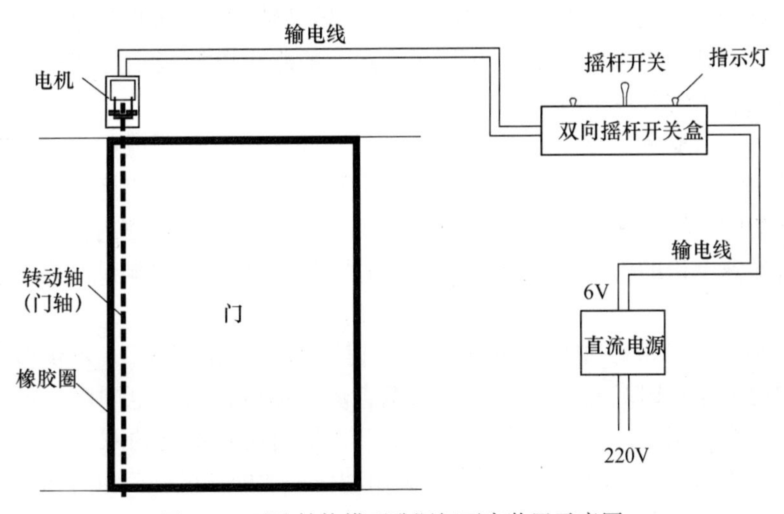

图 5.3　开孔结构模型孔洞门开启装置示意图

5.1.3　试验模型门洞开启装置介绍

该开启装置主要由直流电源、可编程逻辑控制器（PLC）、直流继电器、电源开关盒、微型直流减速电机和转动轴组成（图 5.4）。

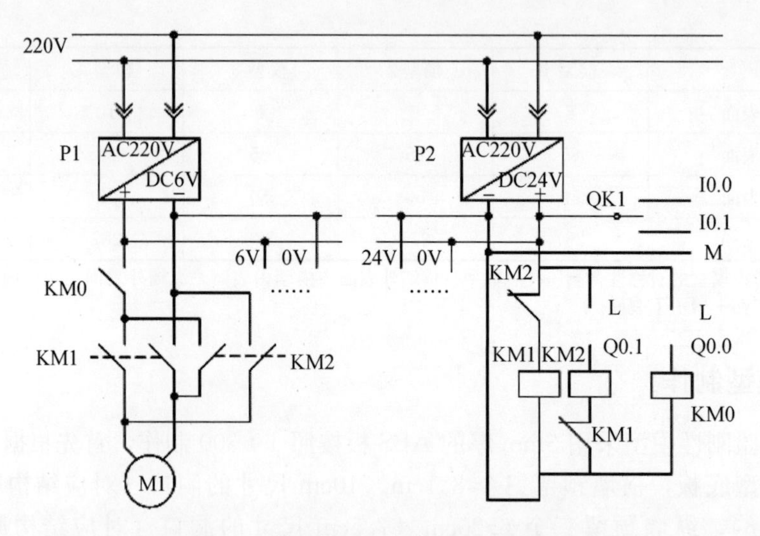

图 5.4　模型孔洞开启装置电气原理图

图例说明：

P1、P2—直流电源；

KM0、KM1、KM2—直流继电器；

QK1—双向摇杆电源开关；

刚性模型制作时，首先应对模型的孔洞（门）处打磨光滑，再对模型的孔洞（门）位置处设置一试验门，试验门上相应地开有转动轴通孔，转动轴的长度根据试验门的高度及微型直流减速电机安装位置确定。试验前，将转动轴插入试验门的转动轴通孔中并安装固定。试验时，通过微型直流减速电机带动转动轴绕不同方向转动，实现试验门的开启和关闭。当试验门被开启时，电源开关盒上的绿色电源指示灯亮；当试验门关闭时，电源开关盒上的红色电源指示灯亮。

在进行风洞试验测试前，可根据孔洞（门）的大小对孔洞或门框四周粘贴 0.5～2mm 厚橡胶圈；转动轴一端与微型直流减速电机输出轴可进行焊接，焊接处应打磨光滑，插入试验门的转动轴通孔处后被卡紧固定；将门的竖直度及密封性进行调整后再固定微型直流减速电机的机座位置，确保试验门关闭或开启时与风洞试验模型无直接的摩擦接触（图 5.5）。

该开启装置（图 5.6）的直流电源、可编程逻辑控制器（PLC）可供多个微型直流减速电机同时操作；PLC 可用于对各个微型直流减速电机的供电顺序、定时及供断电进行控制；一个孔洞（门）对应设有一试验门，分别通过不同的双向摇杆电源开关控制，或者，在不同孔洞（门）处，开启与关闭动作一致的各试验门也可通过同一个双向摇杆电源开关进行控制。

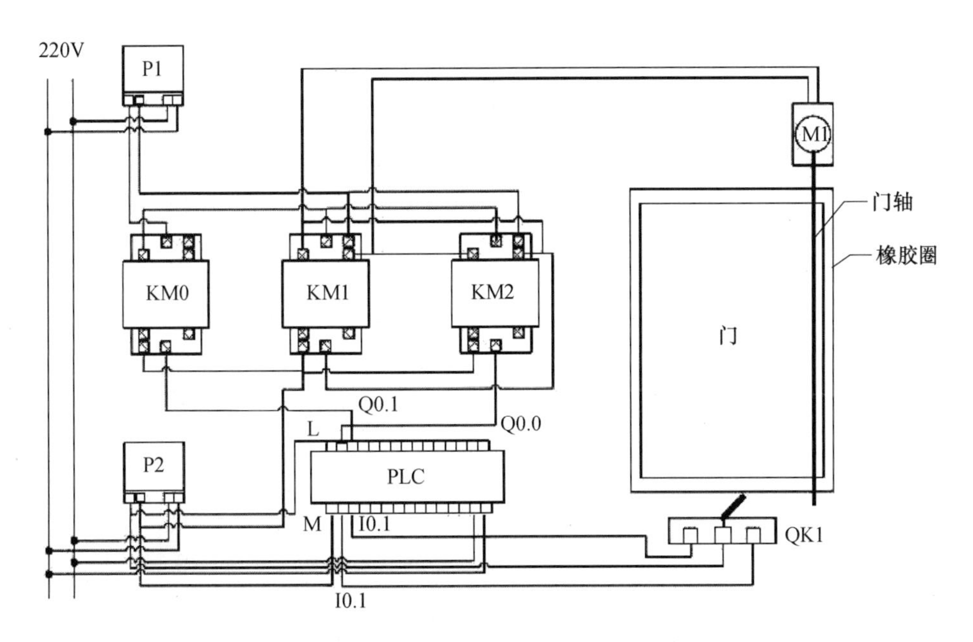

图 5.5　模型孔洞开启装置实物连接示意图

图例说明：

P1、P2—直流电源；

KM0、KM1、KM2—直流继电器；

QK1—双向摇杆电源开关；

PLC—可编程逻辑控制器。

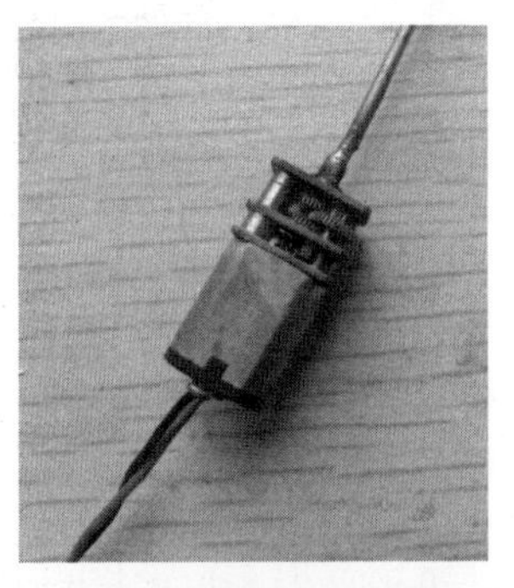

(a) 微型直流减速电机

(b) 直流电源

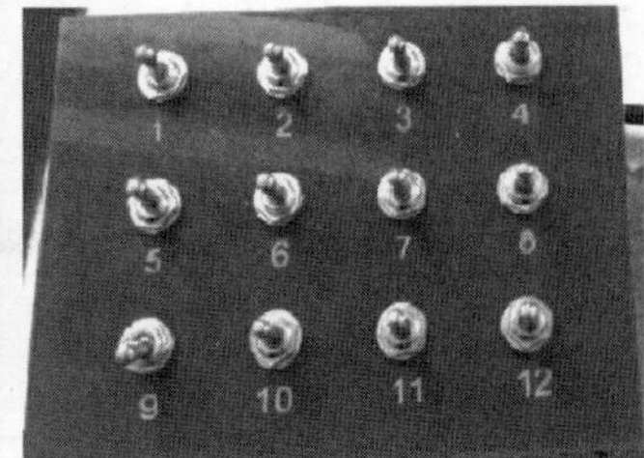

(c) 双向摇杆电源开关盒

(左：元件电路连接，中：盒面开关编号，右：开关盒)

图 5.6　模型孔洞开启装置元件实物图

5.1.4 风洞试验工况

风洞试验根据不同立面幕墙的开洞（孔）率进行工况组合，设计来流风速为 10m/s，在 B 类大气边界层地貌中进行风洞试验，试验工况介绍见表 5.3。

表 5.3 开孔结构模型风洞试验工况

试验工况	孔洞开启编号	幕墙立面开洞（孔）率*					
		模型 1			模型 2		
		迎风面	背风面	侧风面	迎风面	背风面	侧风面
1	②⑧	0.0022	0.0022	0	0.0021	0.0021	0
2	①③⑧	0.0087	0.0022	0	0.0082	0.0021	0
3	①③⑦⑨	0.0087	0.0087	0	0.0082	0.0082	0
4	②⑪	0.0022	0	0.0012	0.0021	0	0.0010
5	②④⑥	0.0022	0	0.0047	0.0021	0	0.0041
6	⑦⑨⑪	0	0.0087	0.0012	0	0.0082	0.0010
7	④⑥⑦⑨	0	0.0087	0.0047	0	0.0082	0.0041
8**	⑤⑧⑪	0	0.0022	0.0047	0	0.0021	0.0041
9**	①③⑤⑧⑪	0.0087	0.0022	0.0047	0.0082	0.0021	0.0041
10**	①③⑤⑪	0.0087	0	0.0047	0.0082	0	0.0041
11**	⑤⑦⑧⑨⑪	0	0.0195	0.0047	0	0.0185	0.0041
12**	①③⑤⑦⑧⑨⑪	0.0087	0.0195	0.0047	0.0082	0.0185	0.0041

试验工况	幕墙立面开洞（孔）率*								
	模型 3			模型 4			模型 5		
	迎风面	背风面	侧风面	迎风面	背风面	侧风面	迎风面	背风面	侧风面
1	0.0020	0.0020	0	0.0019	0.0019	0	0.0018	0.0018	0
2	0.0078	0.0020	0	0.0075	0.0019	0	0.0071	0.0018	0
3	0.0078	0.0078	0	0.0075	0.0075	0	0.0071	0.0071	0
4	0.0020	0	0.0009	0.0019	0	0.0008	0.0018	0	0.0007
5	0.0020	0	0.0036	0.0019	0	0.0032	0.0018	0	0.0029
6	0	0.0078	0.0009	0	0.0075	0.0008	0	0.0071	0.0007
7	0	0.0078	0.0036	0	0.0075	0.0032	0	0.0071	0.0029
8**	0	0.0020	0.0036	0	0.0019	0.0032	0	0.0018	0.0029
9**	0.0078	0.0020	0.0036	0.0075	0.0019	0.0032	0.0071	0.0018	0.0029
10**	0.0078	0	0.0036	0.0075	0	0.0032	0.0071	0	0.0029
11**	0	0.0176	0.0036	0	0.0168	0.0032	0	0.0160	0.0029
12**	0.0078	0.0176	0.0036	0.0075	0.0168	0.0032	0.0071	0.0160	0.0029

注：*—开洞（孔）率按照式（4.68）进行计算；迎风面、背风面、侧风面是根据 0°风向角进行定义；
**—表示两侧风面均有开洞（孔）。

5.2 风洞试验设备和风场模拟

5.2.1 风洞实验室

开孔结构刚性模型风洞试验在湖南大学建筑与环境风洞实验室进行，风洞试验室技术参数见第 2 章表 2.2、图 2.4。

5.2.2 试验数据测量系统

风洞试验模型表面风压测试主要由测试管路系统与扫描阀测试系统组成。其中测试管路系统主要由不锈钢管、胶管、快速接头三部分依次连接组成。测压管按照编号紧密接入美国 Scanivalue 公司生产的 DSM3400 电子压力扫描阀系统进行数据采集。根据模型测压孔数量及扫描阀模块的通道数总共需要 5 个压力模块（ZOC33/64P_XX2）。试验时采样频率为 333.3Hz，每个测点采集数据点数为 20000 个，采样时间为 60s。

DSM3400 电子压力扫描阀系统组成图详见第 2 章图 2.5。

5.2.3 大气边界层风场模拟

本研究模型风洞试验采用《建筑结构荷载规范》[7]中 B 类常规地貌。考虑到研究对象为大跨屋盖结构，结构原型高度最高为 60m，因此在风场模拟时对高于屋盖结构的风场可以适当不予精确考虑。在风洞实验室试验段内，用二元尖劈、粗糙元、挡板来模拟 B 类地貌的风剖面及湍流度分布，风速剖面及湍流度剖面如图 5.7 所示。

试验时取参考高度为 0.6m，试验风速为 10m/s。图 5.8 为风洞中 0.6m 高度处的顺风向脉动风速谱，从图中可以看出，风洞中的顺风向脉动风速谱与常用的理论谱（Kaman 谱、Kaimal 谱、Davenport 谱）基本一致。

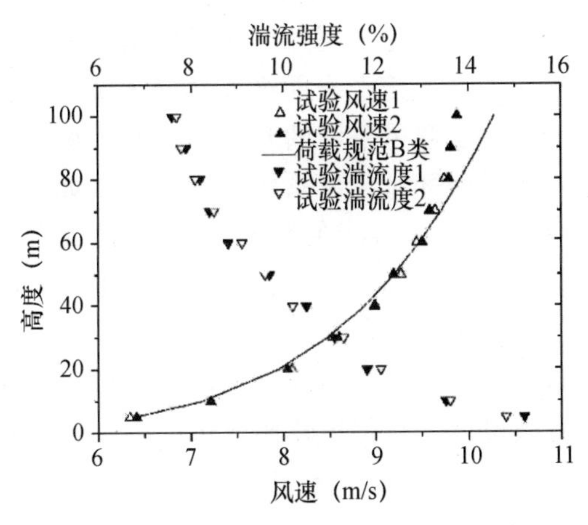

图 5.7　开孔结构风洞试验风剖面及湍流度剖面

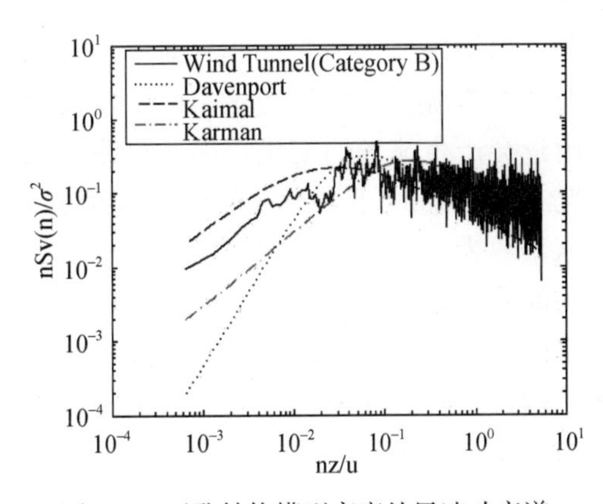

图 5.8　开孔结构模型高度处风速功率谱

5.3 风洞试验结果分析

本章风洞研究试验中，考虑到如四面幕墙不同开洞（孔）率、屋盖矢跨比、内部容积等诸多参数的变化，根据四面幕墙开洞率的不同组合，各模型选取具有较为典型代表意义的12个工况进行分析探讨。

5.3.1 立面幕墙开孔率对平屋盖风荷载的影响

国内外研究学者对开孔结构内部风效应的研究最初都是以平屋盖为研究对象的，余世策[86]对迎风面具有不同开孔面积、开孔数量、开孔位置和不同内部建筑容积的平屋盖进行了刚性模型风洞试验研究，但背风面只考虑了背景孔隙对内部风效应的影响，对背风面及侧风面是否有开孔（洞）并没有考虑。本节平屋盖开孔结构模型参数及试验工况详见表5.1～表5.3，对平屋盖来说，即矢跨比 $S/B=0$，对应于试验模型组中的模型一，风洞试验模型布置如图5.9所示。

(a) 纵墙部分开洞

(b) 横墙部分开洞

图5.9　平屋盖风洞试验模型

对于开孔结构的研究，一般以迎风面幕墙有孔洞时作为主控风向角来进行分析。图5.10为平屋盖结构（模型一）在主控风向角下（0°或180°）的综合风压系数分布图，从图中可以看出：(1) 随着迎风面幕墙开洞率的变化，屋盖风压呈现出明显的变化，但均以负压为主；(2) 对于单一的平屋盖而言，屋盖上表面绝大部分区域风压不会随着幕墙开洞率的变化而产生较大的变化；但由于迎风幕墙的开洞，在迎风屋檐处附近会产生流场的变化，如孔口流、涡流等，使得该区域风压系数发生变化，如在工况9、工况10下，迎风屋檐的最大负风压系数达到－1.6，在工况12下，最大负风压系数为－1.2，而在其他工况下，最大负风压系数在－1.4左右；(3) 对于开孔结构的幕墙，各工况下基本呈现出迎风面为正值、背风面为负值，但侧风面则根据开洞率的不同出现正负值交替甚至同一面幕墙同时有正也有负的情况，因此在幕墙等围护结构设计时，如果单一取某一恒定值进行风荷载设计，在强风作用下可能会引起结构的破坏。

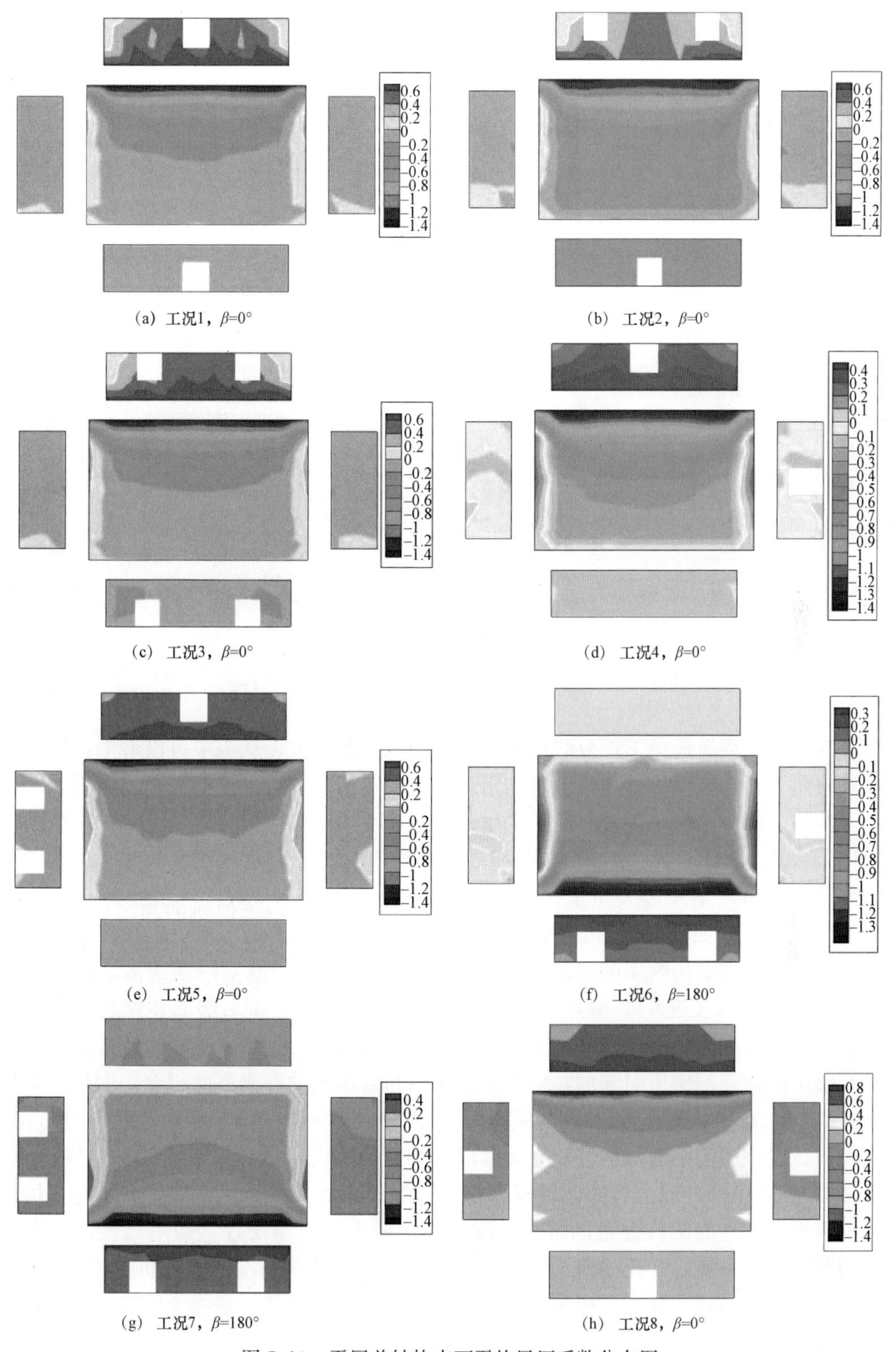

(a) 工况1，β=0°　(b) 工况2，β=0°

(c) 工况3，β=0°　(d) 工况4，β=0°

(e) 工况5，β=0°　(f) 工况6，β=180°

(g) 工况7，β=180°　(h) 工况8，β=0°

图 5.10　平屋盖结构表面平均风压系数分布图

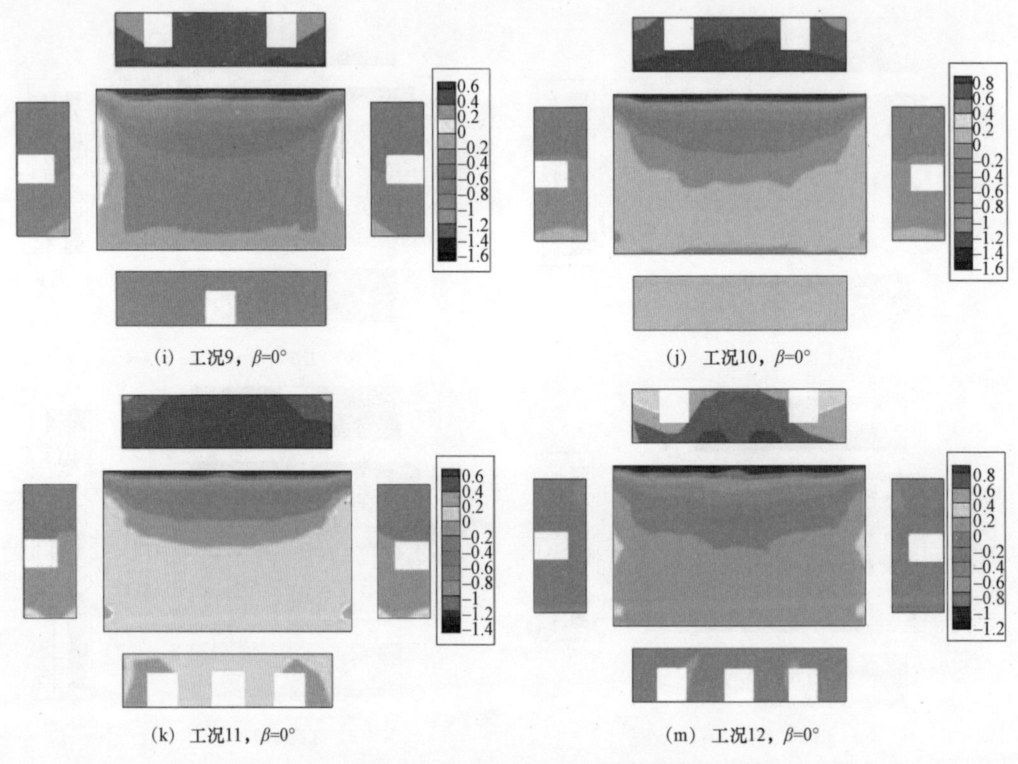

图 5.10 平屋盖结构表面平均风压系数分布图（续）

表 5.4 为典型风向角下部分测点的综合平均风压系数值，从表中可以看出：(1) 在典型风向角下，迎风屋檐处风压系数均出现较大的负值，随着来流的分离与再附，负值减小，甚至在部分区域出现较小的正风压；(2) 当风向角 $\beta=0°$时，考虑结构内压的测点（R7、R9、R13、R17、R19）在四面幕墙均封闭时，最大负风压系数为－0.34，但当有幕墙开洞时，出现最大负值－1.12（工况 2，测点 R17、R19）和最大正值 0.15（工况 11，测点 R9）；而无结构内压考虑的其他测点则在各工况下变化较小；(3) 风向角 $\beta=90°$时，考虑结构内压的屋盖综合风压系数最大负值为－0.59（工况 8，测点 R9），最大正值为 0.42（工况 11，测点 R13）；(4) 风向角 $\beta=180°$时，各考虑结构内压测点的综合风压系数均为负值，与风向角 $\beta=0°$相比，有较大的差异，显然，这是由于建筑立面幕墙不同的开洞率所引起的，特别是迎风面与背风面的开洞率的组合，而最大负值为－1.15（工况 11，测点 R17），与风向角 $\beta=0°$时大小相当；(5) 当风向角 $\beta=270°$时，根据风洞试验模型的平面对称性及立面幕墙开洞组合情况，风压系数值大小与风向角 $\beta=90°$颇为接近；(6) 综上可知，屋盖综合风压的分布规律及风压系数的大小与立面幕墙的开洞率及各立面洞口数量的组合关联较大，但很难总结出一些较有经验的变化趋势，因此针对某一实际开孔建筑，应根据其立面具体的开洞情况进行分析探讨，表 5.4 中得出的数据对类似实际工程屋盖结构的抗风设计具有一定的工程参考价值。

表 5.4　平屋盖开孔结构典型测点综合平均风压系数表

(a) C_{pmean}, $\beta=0°$

试验工况	R1	R3	R5	R7	R9	R11	R13	R15	R17	R19	R21	R23	R25
四面幕墙全封闭	-0.95	-1.02	-0.94	-0.16	-0.13	0.26	-0.2	0.27	-0.35	-0.34	0.02	0.04	0.03
1	-0.96	-1.13	-0.97	-0.62	-0.58	0.14	-0.66	0.13	-0.79	-0.79	0.03	0.01	0.03
2	-0.97	-1.07	-0.96	-0.87	-0.85	0.18	-0.92	0.18	-1.05	-1.06	0.04	0.02	0.04
3	-0.97	-1.07	-0.96	-0.65	-0.64	0.16	-0.71	0.17	-0.85	-0.82	0.02	-0.01	0.02
4	-1.01	-1.22	-1.00	-0.64	-0.60	0.09	-0.68	0.06	-0.84	-0.81	0.05	-0.03	0.04
5	-1.00	-1.03	-1.02	-0.94	-0.92	0.21	-0.96	0.20	-1.12	-1.12	0.03	-0.02	0.03
6	-1.05	-1.09	-1.04	-0.11	-0.07	0.11	-0.16	0.11	-0.29	-0.29	0.02	-0.03	0.02
7	-1.06	-1.07	-1.05	-0.67	-0.65	0.18	-0.71	0.19	-0.88	-0.85	0.02	-0.04	0.02
8	-0.99	-0.97	-0.98	-0.77	-0.75	0.22	-0.81	0.23	-0.97	-0.95	0.05	0.04	0.05
9	-1.05	-1.14	-1.07	-0.57	-0.55	0.15	-0.61	0.15	-0.77	-0.74	0.05	-0.01	0.06
10	-1.06	-1.17	-1.08	0.04	0.05	0.16	-0.02	0.15	-0.15	-0.17	0.02	-0.03	0.02
11	-0.95	-0.95	-0.97	0.09	0.15	0.13	0.07	0.12	-0.09	-0.09	0.06	0.03	0.06
12	-0.87	-0.83	-0.88	-0.37	-0.35	0.20	-0.42	0.20	-0.56	-0.57	0.07	0.05	0.07

(b) C_{pmean}, $\beta=90°$

试验工况	R1	R3	R5	R7	R9	R11	R13	R15	R17	R19	R21	R23	R25
四面幕墙全封闭	0.05	0.18	-0.5	-0.09	-0.2	0.06	0.13	-1.15	-0.1	-0.18	0.05	0.17	-0.47
1	0.03	0.16	-0.51	0.02	-0.08	0.05	0.25	-1.13	-0.01	0.08	0.04	0.17	-0.49
2	0.02	0.14	-0.51	0.06	-0.06	0.05	0.27	-1.07	-0.10	-0.18	0.03	0.15	-0.51
3	0.02	0.14	-0.52	0.12	0.02	0.06	0.35	-1.10	-0.01	0.08	0.03	0.18	-0.51
4	0.04	0.17	-0.54	-0.49	-0.59	0.05	-0.29	-1.26	-0.10	-0.18	0.02	0.19	-0.61
5	0.05	0.16	-0.53	0.03	-0.08	0.04	0.26	-1.08	-0.01	0.08	0.04	0.18	-0.51

续表

试验工况	R1	R3	R5	R7	R9	R11	R13	R15	R17	R19	R21	R23	R25
6	0.03	0.13	−0.57	−0.45	−0.57	0.06	−0.23	−1.18	−0.10	−0.18	0.03	0.16	−0.54
7	0.02	0.17	−0.56	0.19	0.06	0.04	0.39	−1.16	−0.01	0.08	0.02	0.11	−0.56
8	0.03	0.22	−0.48	−0.47	−0.59	0.06	−0.24	−1.23	−0.10	−0.18	0.03	0.13	−0.57
9	0.03	0.18	−0.54	0.17	0.07	0.04	0.39	−1.20	−0.01	0.08	0.04	0.16	−0.53
10	0.04	0.19	−0.58	0.18	0.06	0.05	0.39	−1.25	−0.10	−0.18	0.03	0.18	−0.55
11	0.03	0.18	−0.50	0.20	0.10	0.04	0.42	−1.21	−0.01	0.08	0.05	0.16	−0.55
12	0.05	0.19	−0.65	0.12	0.02	0.07	0.35	−1.17	−0.10	−0.18	0.07	0.15	−0.58

(c)C_{pmean}, $\beta=180°$

试验工况	R1	R3	R5	R7	R9	R11	R13	R15	R17	R19	R21	R23	R25
四面幕墙全封闭	0.03	0.03	0.02	−0.16	−0.14	0.23	−0.23	0.22	−0.41	−0.39	−0.87	−1.07	−0.85
1	0.02	0.06	0.02	−0.62	−0.59	0.16	−0.69	0.15	−0.85	−0.84	−0.88	−1.10	−0.89
2	0.05	−0.03	0.03	−0.51	−0.50	0.16	−0.59	0.17	−0.76	−0.73	−0.91	−1.11	−0.90
3	0.02	−0.01	0.01	−0.65	−0.65	0.15	−0.74	0.14	−0.91	−0.87	−0.93	−1.11	−0.93
4	0.03	−0.20	0.02	−0.01	0.02	0.22	−0.08	0.23	−0.26	−0.24	−0.93	−1.09	−0.92
5	0.03	−0.27	0.03	−0.03	−0.02	0.28	−0.11	0.29	−0.29	−0.26	−0.91	−1.08	−0.90
6	0.05	−0.18	0.03	−0.77	−0.76	0.27	−0.84	0.26	−1.03	−0.99	−0.90	−1.08	−0.89
7	0.04	−0.31	0.03	−0.67	−0.67	0.18	−0.75	0.15	−0.92	−0.91	−1.03	−1.14	−1.01
8	0.03	0.08	0.00	−0.47	−0.46	0.21	−0.55	0.07	−0.73	−0.71	−0.99	−1.14	−1.12
9	0.00	0.02	0.01	−0.37	−0.36	0.16	−0.44	0.11	−0.62	−0.59	−1.08	−1.23	−1.15
10	0.02	0.06	−0.02	−0.04	−0.03	0.19	−0.11	0.09	−0.30	−0.29	−1.02	−1.16	−1.14
11	0.04	0.01	−0.02	−0.89	−0.89	0.13	−0.96	0.08	−1.15	−1.11	−1.04	−1.18	−1.17
12	0.06	0.08	−0.11	−0.45	−0.42	0.26	−0.51	0.09	−0.68	−0.67	−0.97	−1.09	−1.12

(d) C_{pmean}, $\beta=270°$　　续表

试验工况	R1	R3	R5	R7	R9	R11	R13	R15	R17	R19	R21	R23	R25
四面幕墙全封闭	−0.58	0.09	−0.01	−0.2	−0.07	−1.13	−0.09	0.05	−0.22	−0.07	−0.53	0.11	−0.01
1	−0.49	0.11	−0.02	−0.09	0.05	−1.13	0.03	−0.01	−0.11	0.03	−0.51	0.13	0.00
2	−0.51	0.09	0.00	−0.05	0.07	−1.07	0.05	0.00	−0.09	0.08	−0.51	0.08	−0.01
3	−0.52	0.14	0.02	0.01	0.15	−1.10	0.13	−0.01	−0.01	0.15	−0.51	0.09	−0.01
4	−0.56	0.12	−0.01	0.01	0.15	−1.11	0.12	0.03	−0.02	0.15	−0.49	0.06	0.00
5	−0.59	0.11	−0.01	−0.62	−0.48	−1.09	−0.51	0.08	−0.64	−0.47	−0.48	0.04	0.00
6	−0.56	0.07	−0.03	0.03	0.15	−1.14	0.14	−0.02	0.01	0.15	−0.49	0.06	−0.02
7	−0.63	0.10	0.01	−0.58	−0.44	−1.17	−0.46	0.05	−0.60	−0.43	−0.47	0.09	0.02
8	−0.48	0.11	0.03	−0.51	−0.39	−1.23	−0.40	0.11	−0.54	−0.38	−0.57	0.08	0.04
9	−0.54	0.09	−0.01	0.06	0.20	−1.20	0.17	0.05	0.03	0.20	−0.53	0.05	−0.01
10	−0.58	0.14	0.00	0.07	0.19	−1.25	0.17	0.05	0.05	0.19	−0.55	0.11	0.03
11	−0.50	0.11	0.03	0.09	0.23	−1.21	0.20	0.03	0.07	0.24	−0.55	0.13	0.04
12	−0.65	0.11	0.05	0.01	0.15	−1.17	0.13	0.06	−0.01	0.13	−0.53	0.15	0.07

注：本表中 C_{pmean} 取测点的综合风压系数，即 $C_{pmean}=C_{pmean}^{up}-C_{pmean}^{down}$。

表5.5为典型风向角下平屋盖开孔结构风致内压系数表，从表中可以看出：(1) 在同一试验工况及风向角下，屋盖内部各测点的风压系数值大小相当、差异较小；(2) 各测点的内压系数随着模型不同、立面幕墙开洞率大小及风向角的变化而发生变化，在风向角$\beta=0°$时，最大正风压系数达到0.79，最大负风压系数为−0.28；风向角$\beta=90°$时，最大正风压系数为0.42，最大负风压系数为−0.31；风向角$\beta=180°$时，最大正风压系数为0.75，最大负风压系数为−0.12；风向角$\beta=270°$时，最大正风压系数为0.42，最大负风压系数为−0.31；(3) 从表中数据可以反映出，开孔结构在不同立面幕墙开洞下随着风向角的变化，内压呈现较大的变化差异，而内压的变化对开孔结构内部的装修吊顶、门窗等围护结构影响较大。在日常生活中，大型场馆在强风作用下由于立面幕墙或门窗破坏而引起风流入建筑内部使内部结构发生破坏的实例已见不少，因此在结构设计时，考虑根据当地常年累积的风荷载数据在风玫瑰主控风向角下进行结构开孔的研究很有现实意义。

表5.5　平屋盖开孔结构典型内部测点平均风压系数表

试验工况	$\beta=0°$					$\beta=90°$				
	R7	R9	R13	R17	R19	R7	R9	R13	R17	R19
1	0.46	0.45	0.46	0.44	0.45	−0.11	−0.12	−0.12	−0.11	−0.10
2	0.71	0.72	0.72	0.70	0.72	−0.15	−0.14	−0.14	−0.13	−0.15
3	0.49	0.51	0.51	0.50	0.48	−0.21	−0.22	−0.22	−0.21	−0.22
4	0.48	0.47	0.48	0.49	0.47	0.40	0.39	0.42	0.41	0.40
5	0.78	0.79	0.76	0.77	0.78	−0.12	−0.12	−0.13	−0.13	−0.12
6	−0.05	−0.06	−0.04	−0.06	−0.05	0.36	0.37	0.36	0.36	0.37
7	0.51	0.52	0.51	0.53	0.51	−0.28	−0.26	−0.26	−0.27	−0.28
8	0.61	0.62	0.61	0.62	0.61	0.38	0.39	0.37	0.39	0.37
9	0.41	0.42	0.41	0.42	0.40	−0.26	−0.27	−0.26	−0.25	−0.27
10	−0.20	−0.18	−0.18	−0.20	−0.17	−0.27	−0.26	−0.26	−0.27	−0.26
11	−0.25	−0.28	−0.27	−0.26	−0.25	−0.29	−0.30	−0.29	−0.29	−0.31
12	0.21	0.22	0.22	0.21	0.23	−0.21	−0.22	−0.22	−0.21	−0.20
试验工况	$\beta=180°$					$\beta=270°$				
	R7	R9	R13	R17	R19	R7	R9	R13	R17	R19
1	0.46	0.45	0.46	0.44	0.45	−0.11	−0.12	−0.12	−0.11	−0.10
2	0.35	0.36	0.36	0.35	0.34	−0.15	−0.14	−0.14	−0.13	−0.15
3	0.49	0.51	0.51	0.50	0.48	−0.21	−0.22	−0.22	−0.21	−0.22
4	−0.15	−0.16	−0.15	−0.15	−0.15	−0.21	−0.22	−0.21	−0.20	−0.22
5	−0.13	−0.12	−0.12	−0.12	−0.13	0.42	0.41	0.42	0.42	0.40
6	0.61	0.62	0.61	0.62	0.60	−0.23	−0.22	−0.23	−0.23	−0.22
7	0.51	0.53	0.52	0.51	0.52	0.38	0.37	0.37	0.38	0.36
8	0.31	0.32	0.32	0.32	0.32	0.31	0.32	0.31	0.32	0.31
9	0.21	0.22	0.21	0.21	0.20	−0.26	−0.27	−0.26	−0.25	−0.27
10	−0.12	−0.11	−0.12	−0.11	−0.10	−0.27	−0.26	−0.26	−0.27	−0.26
11	0.73	0.75	0.73	0.74	0.72	−0.29	−0.30	−0.29	−0.29	−0.31
12	0.29	0.28	0.28	0.27	0.28	−0.21	−0.22	−0.22	−0.21	−0.20

注：本表中C_{pmean}取结构内部测点的平均风压系数。

5.3.2　幕墙开孔的平屋盖结构脉动内压功率谱分析

对于结构工程的风荷载频谱特性分析，传统的方法是基于准定常假设，也即认为结构表面的风压脉动跟来流的脉动相一致，这样便可以近似采用来流风谱经过转换直接得到结构表面的风压谱，Sterling[138]通过转换得来的风谱与实测风谱有较大的差异，引起这差异的主要原因是忽略了特征湍流的作用所致。因此对于大跨屋盖结构而言，屋盖表面的风压脉动受到特征湍流的影响较大，因此不能采用传统的分析方法，应引入风压谱的模型。对于开孔结构内部风压脉动，其除了受到大气边界层特征湍流的影响外，孔口特性对其的影响更不容忽视，故对于开孔结构内部风压的分析，引入风压谱的模型更有意义。

风压功率谱密度是在频域内描述风压信号统计规律的重要特征参数，是用于描述随机信号功率在频域上的分布情况，它反映了单位频段上信号功率的大小。根据随机振动分析理论，脉动风压时程的自相关函数的傅立叶变换是风压时程功率谱密度函数（Spectral Density Function，PDF），也可简称为风压谱[99]。

$$S_{\mathrm{v}}(n)=2\int_{-\infty}^{\infty}\rho_{\mathrm{i}}(\tau)\mathrm{e}^{-i2\pi n\tau}\mathrm{d}\tau \tag{5.2}$$

风压谱函数的自变量频率通常结合某一高度及该处的平均风速形成无量纲形式，即折减频率 $n'=nz/U_z$；同时，风压谱值也用风压脉动值进行无量纲化，可表示成 $nS_{\mathrm{v}}(n)/\sigma^2$，其中 $\sigma^2=\int_0^{\infty}S_i(n)\mathrm{d}n$。

图 5.11～图 5.14 列出了平屋盖开孔结构内部 5 个典型测点（R7、R9、R13、R17、R19）在四个典型风向角下（β 为 0°、90°、180°、270°）的风压功率谱密度函数，从图中可以看出：

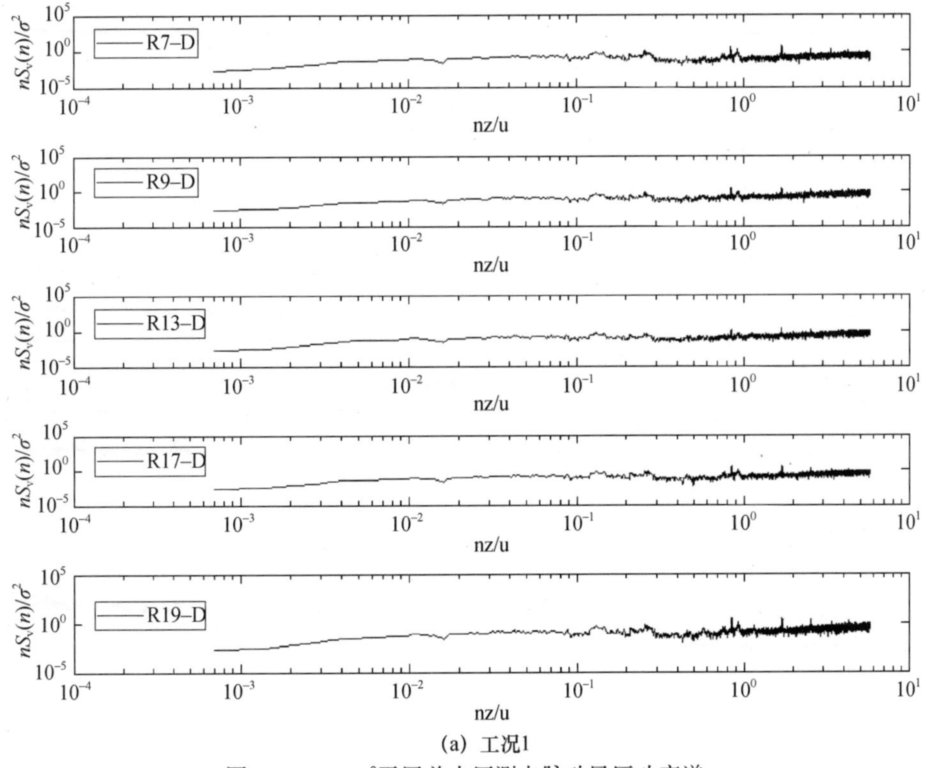

(a) 工况1

图 5.11　β=0°平屋盖内压测点脉动风压功率谱

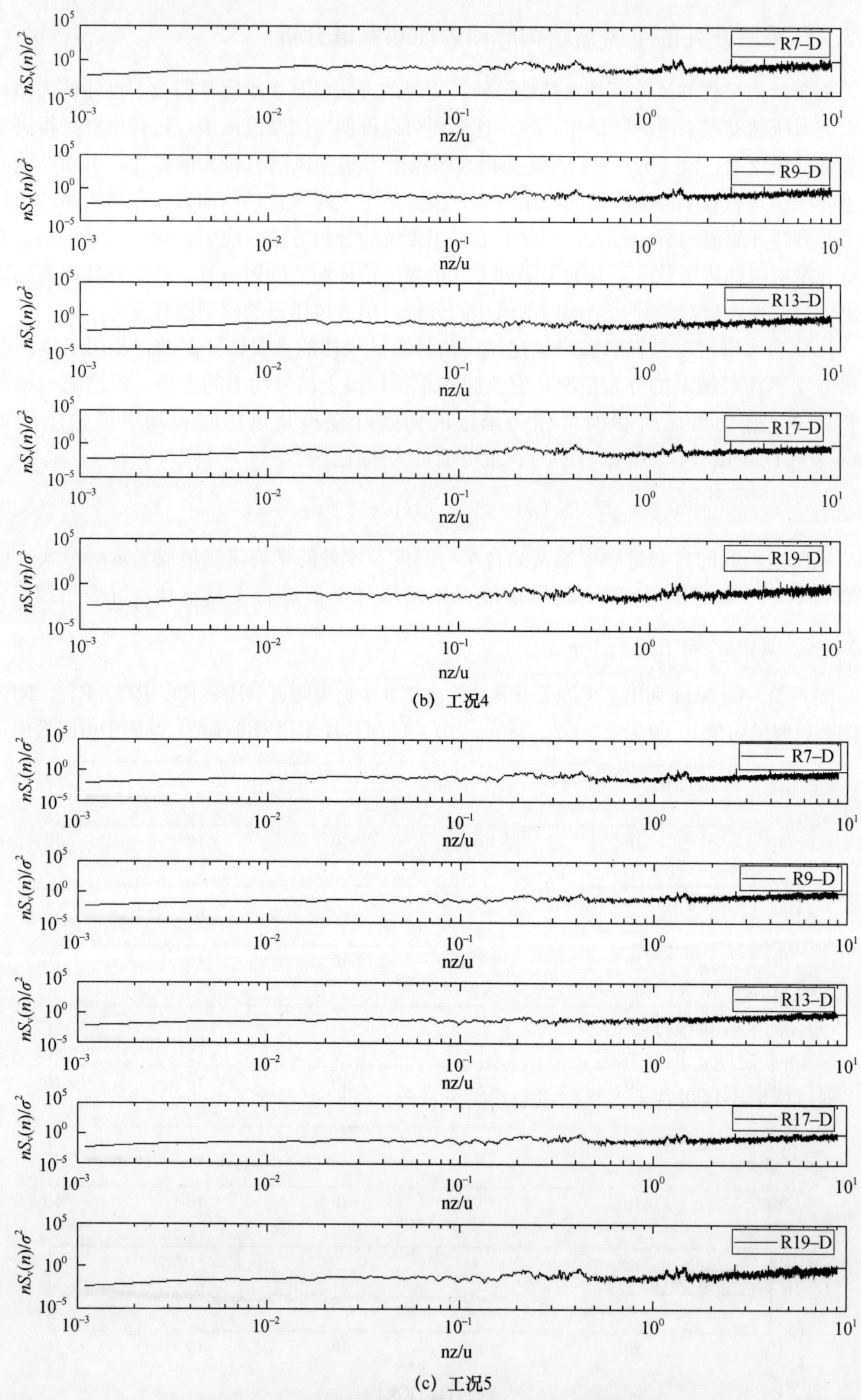

图 5.11 $\beta=0^{\circ}$平屋盖内压测点脉动风压功率谱（续）

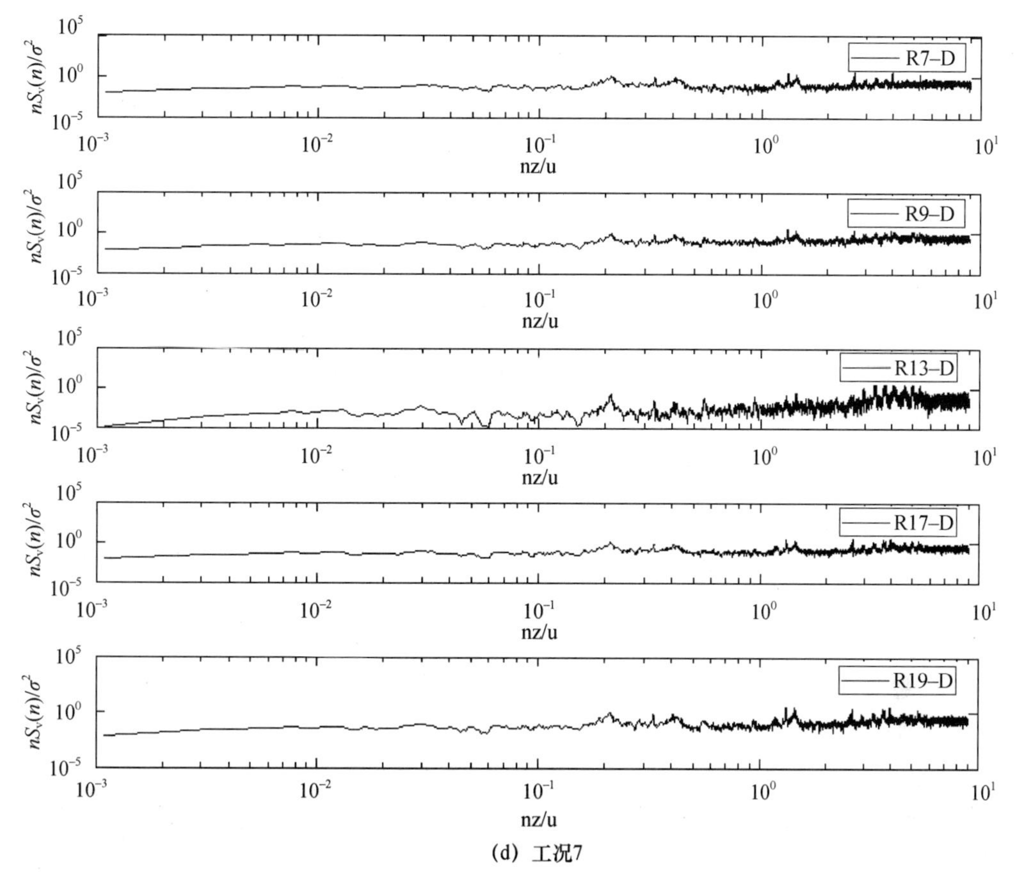

(d) 工况7

图 5.11 β=0°平屋盖内压测点脉动风压功率谱（续）

（1）同一工况下，开孔结构各内部测点的功率谱曲线基本一致，这体现了在开孔结构内部空间内，脉动能量受外界的干扰相对较小，各测点的压力波动程度差异较小；

（2）各工况下，内部测点的风压谱表现为明显的宽带特性，在较宽的频带上峰值不突出，能量在各频段上分布较为均匀；

（3）各测点的风压谱在高频段内出现多个略大的峰值，如在折减频率 0.4 附近及折减频率 1～2 之间，同时在高频段尾部区域内出现略微的上翘曲现象，这说明了开孔结构内部风压谱不仅包含了大气湍流中的能量成分，同时也包含了由于孔口特性引起的特征湍流的成分。

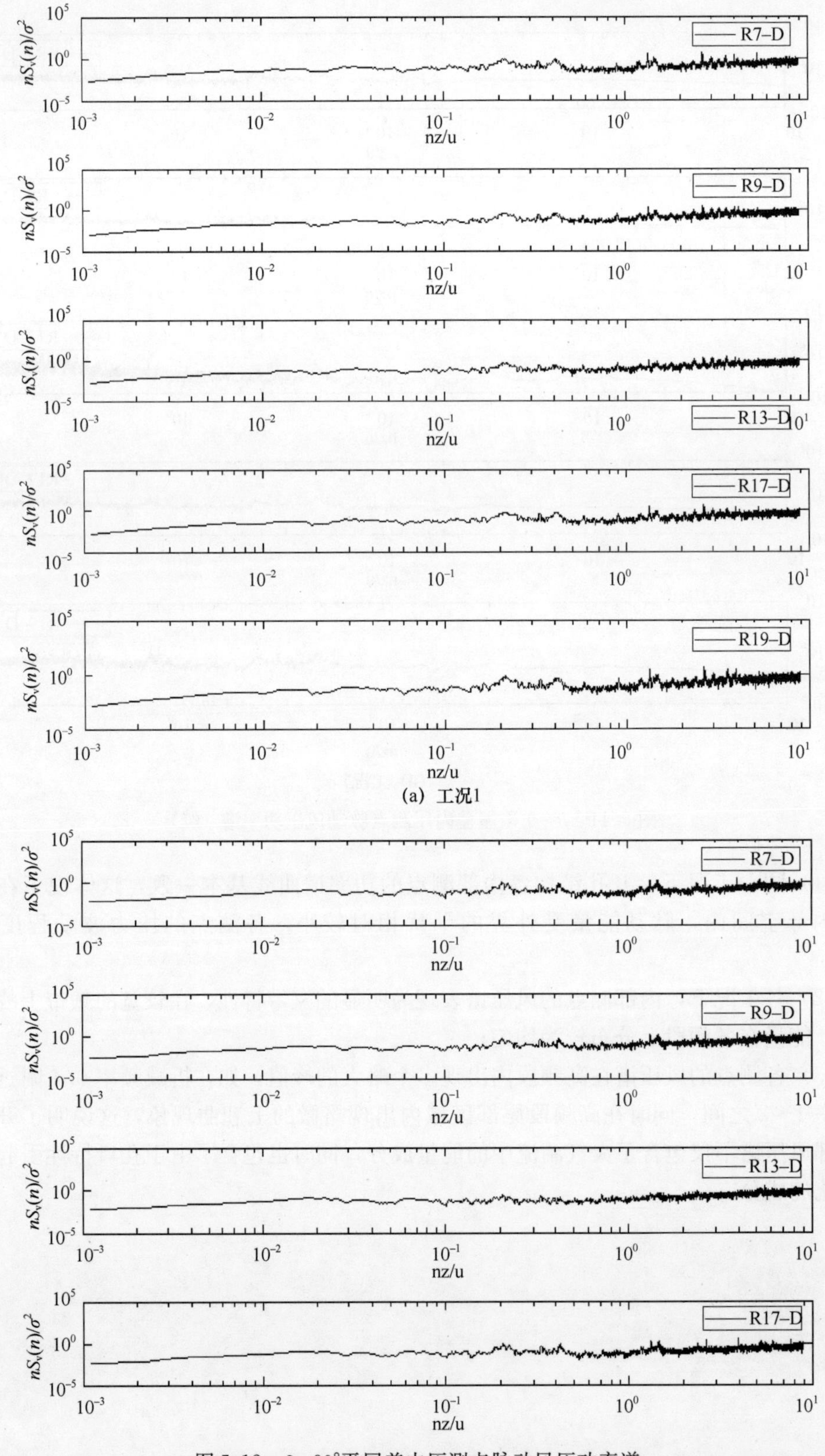

图 5.12　β=90°平屋盖内压测点脉动风压功率谱

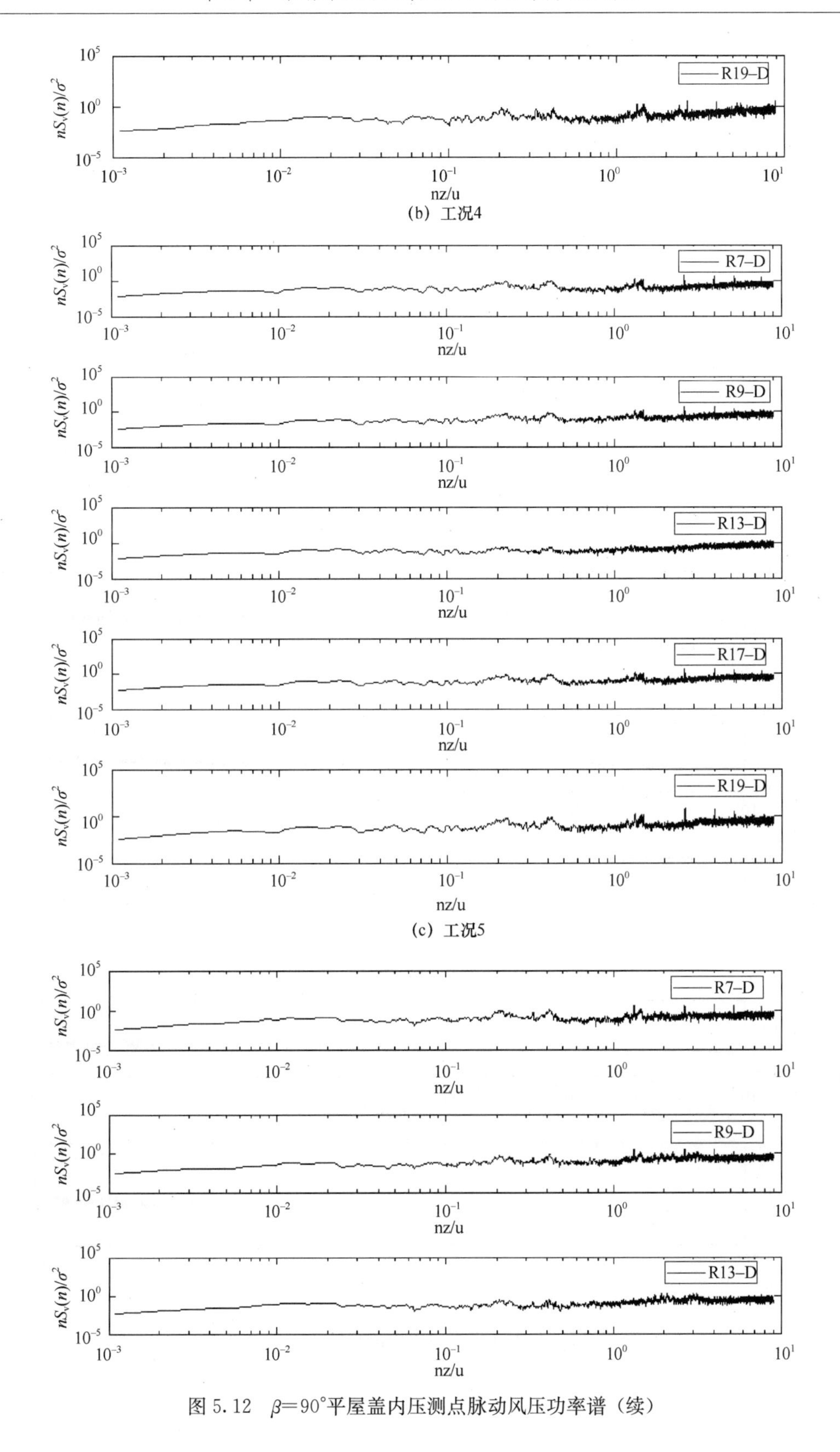

图 5.12　$\beta=90°$平屋盖内压测点脉动风压功率谱（续）

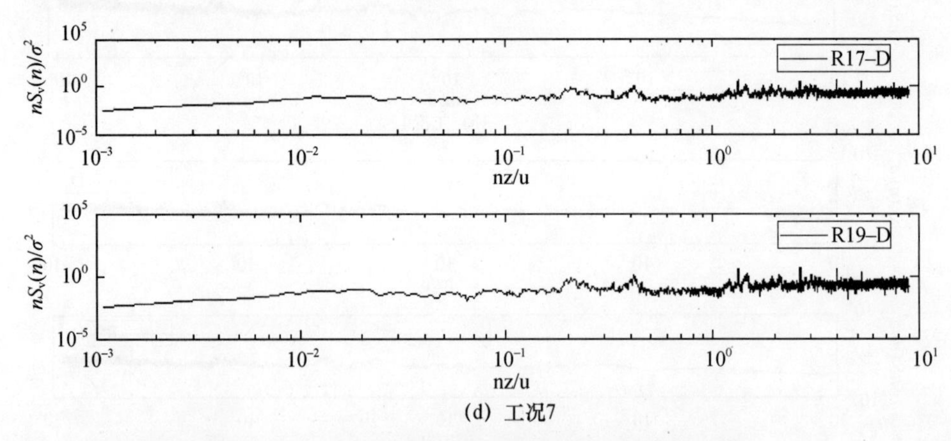

(d) 工况7

图 5.12　β=90°平屋盖内压测点脉动风压功率谱（续）

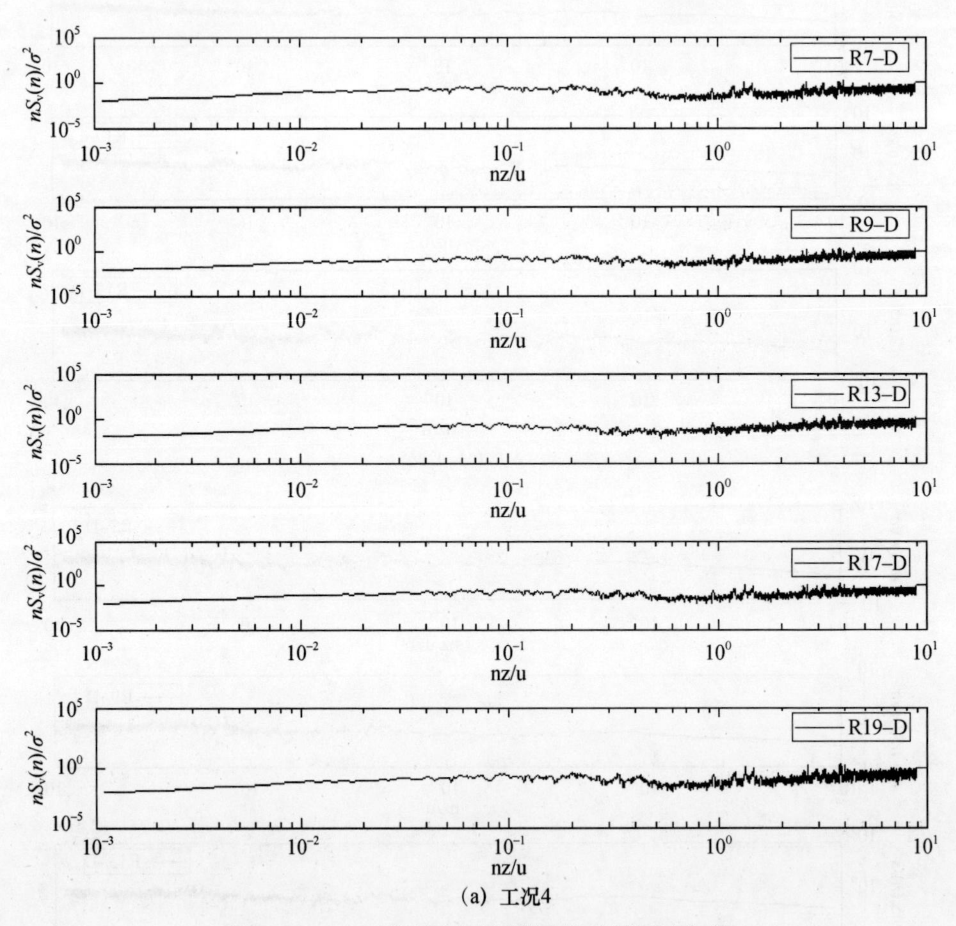

(a) 工况4

图 5.13　β=180°平屋盖内压测点脉动风压功率谱

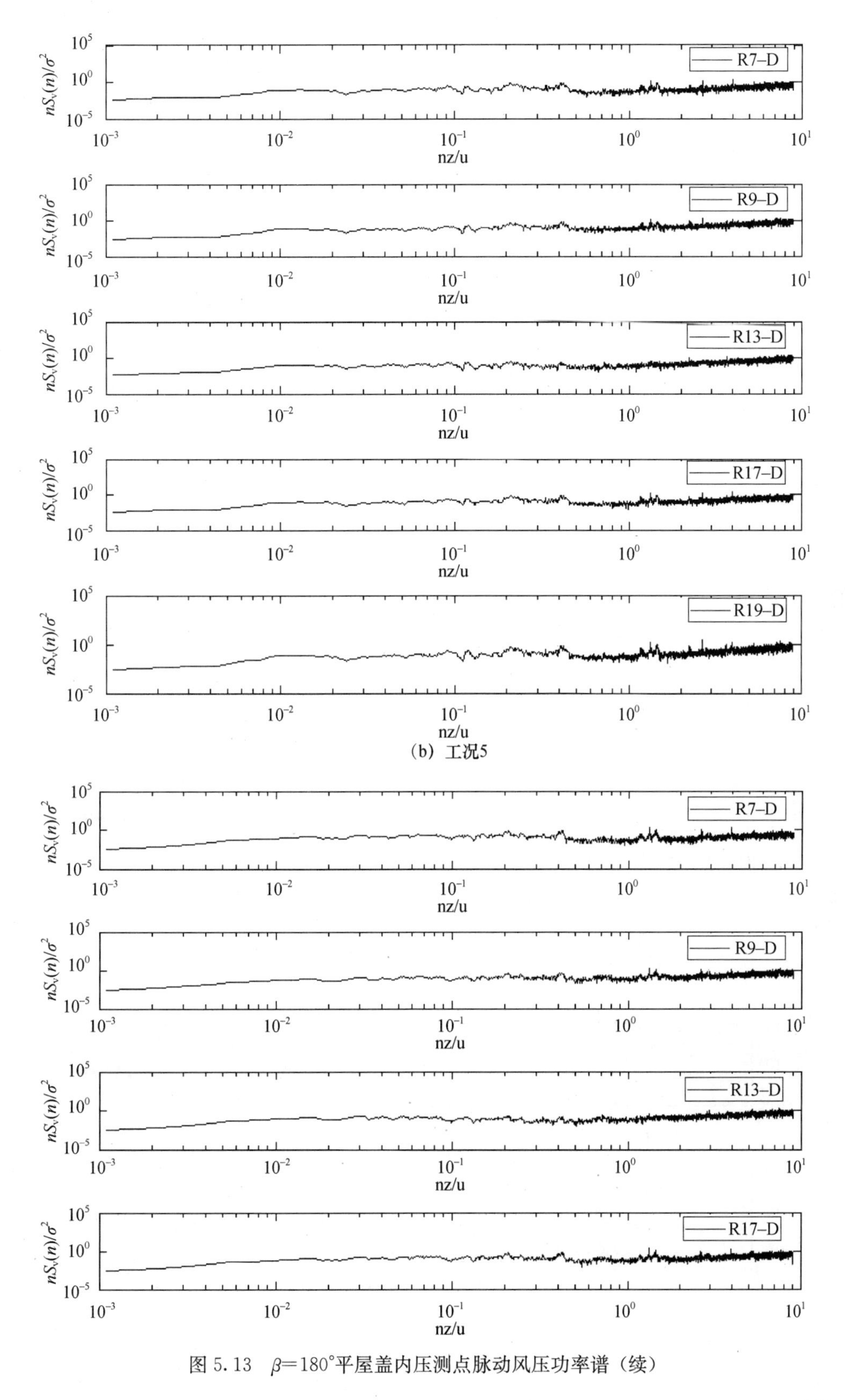

图 5.13　β=180°平屋盖内压测点脉动风压功率谱（续）

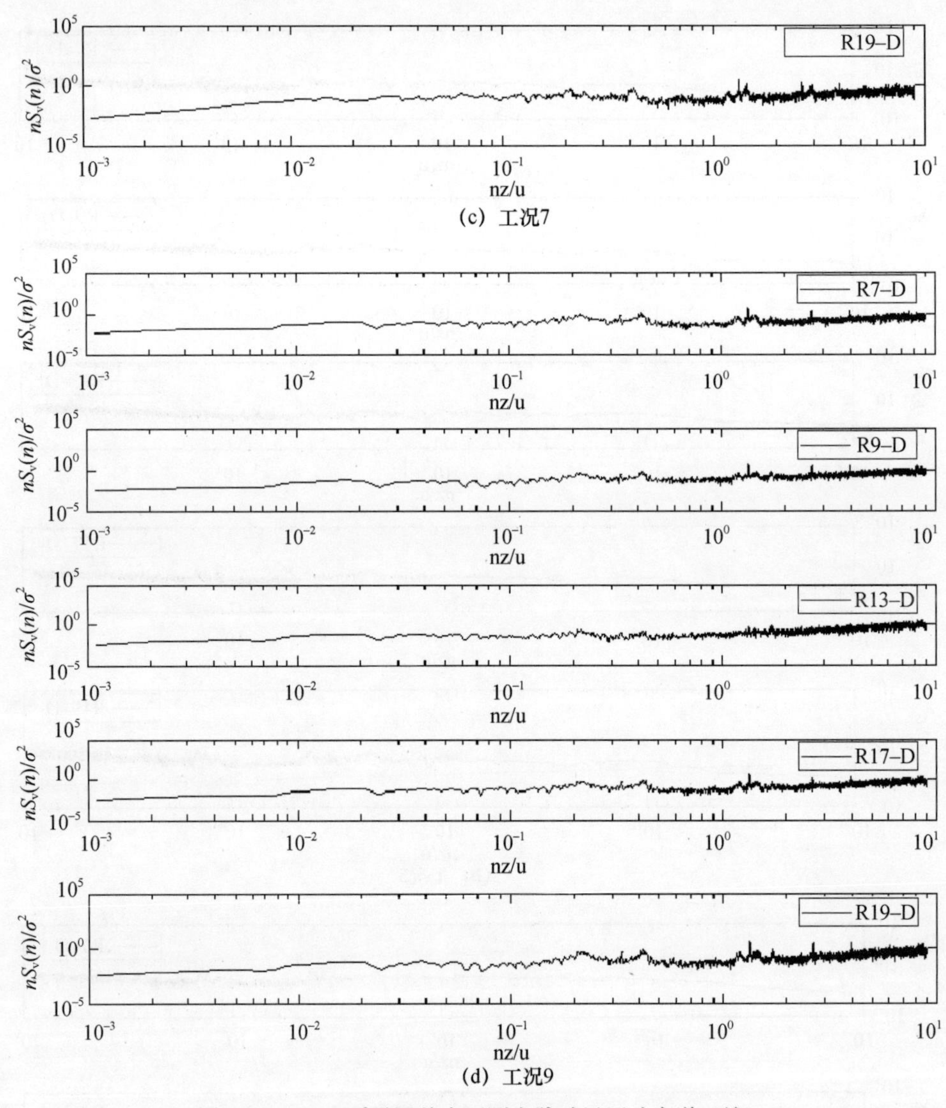

(c) 工况7

(d) 工况9

图 5.13 β=180°平屋盖内压测点脉动风压功率谱（续）

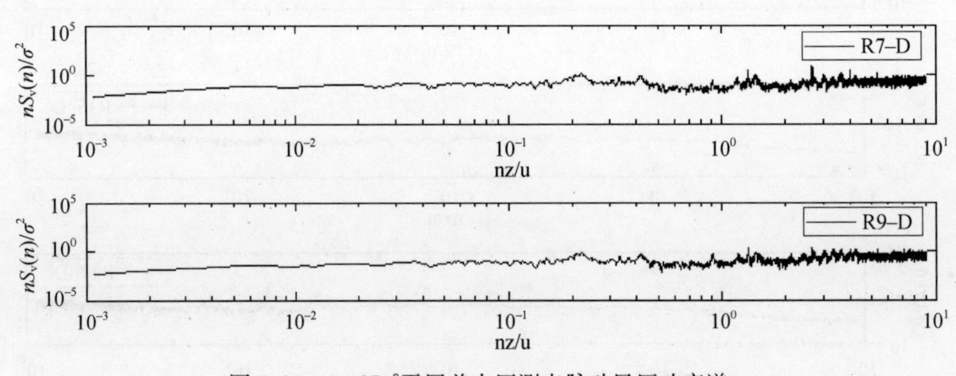

图 5.14 β=270°平屋盖内压测点脉动风压功率谱

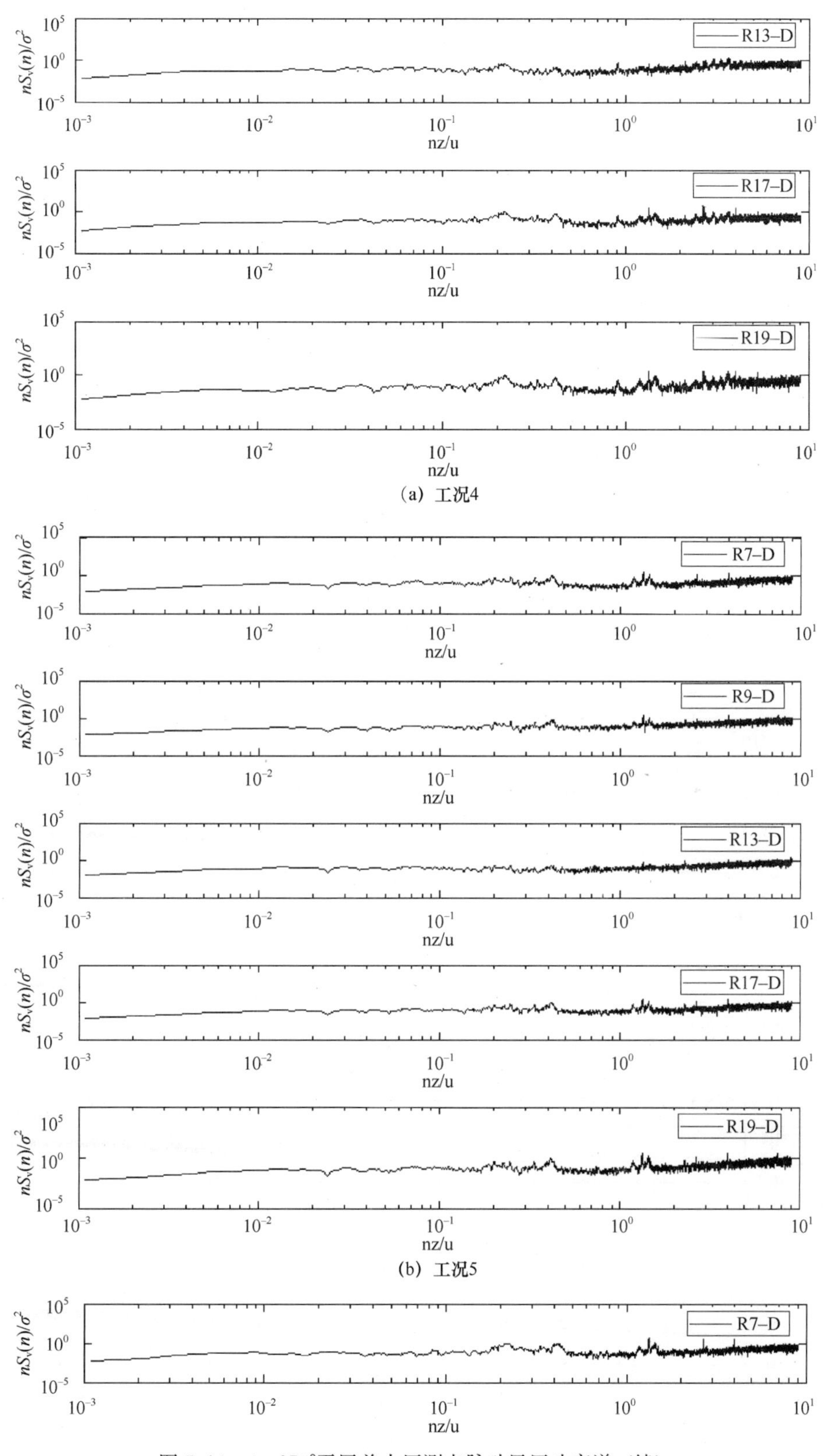

图 5.14　$\beta=270°$平屋盖内压测点脉动风压功率谱（续）

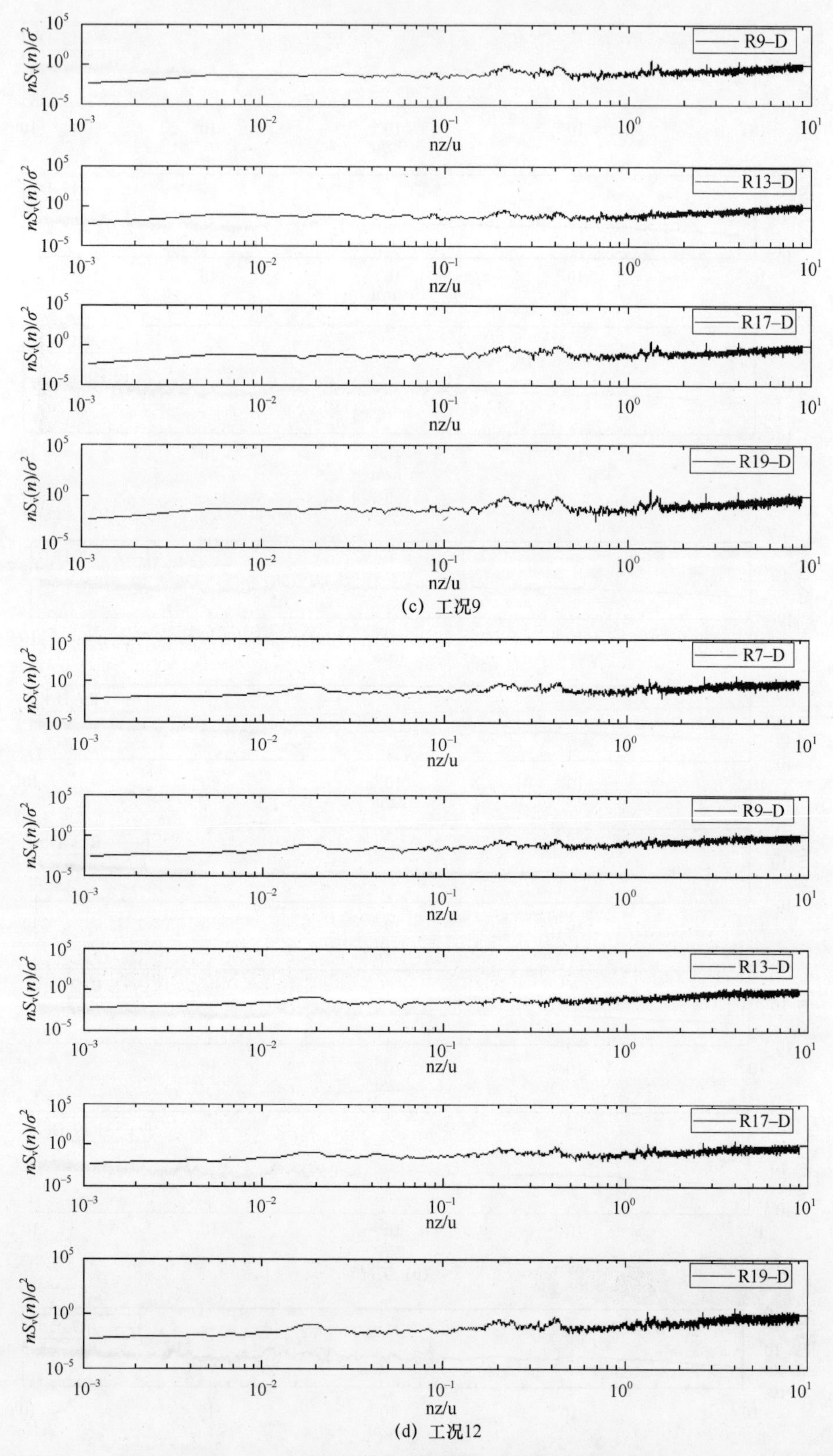

(d) 工况12

图 5.14　$\beta=270°$平屋盖内压测点脉动风压功率谱（续）

5.3.3　幕墙开孔率对拱形屋盖风致内压的影响

根据本章前文所述，选取 5 个不同矢跨比的拱形屋盖作为立面幕墙开孔结构的研究对象，模型及实际建筑尺寸详见表 5.1、表 5.2，各模型的风洞试验工况介绍见表 5.3，风洞试验模型如图 5.15 所示。

(a) 模型二

(b) 模型三

(c) 模型四

(d) 模型五

图 5.15　不同试验工况下拱形屋盖风洞试验模型

由文献［86］可知，开孔结构内部测点的内压响应在空间上的相关程度较高，基本上可以用某一个测点的风压时程来描述开孔结构内部的内压情况；同时在体积相对较小的容器里，空气压力的传递速度可以看成是音速，因此对开孔结构的风洞试验研究采用内部某一测点来分析内压的变化规律是可靠的。

在大气边界层B类地貌下，选取各模型不同工况下的内压系数进行分析。本节共选取50个典型工况，各工况下的内压系数值见表5.6。表中主要考虑四面幕墙的开洞(孔)率、开孔结构内部容积及屋盖矢跨比的变化对内压的影响，从表5.6可以看出：(1)各工况下开孔结构屋盖的内压系数基本上均为负值，内压系数主要分布在－0.30～－0.70之间；(2)由于所取工况中均考虑了两面或者多面(三面、四面)立面幕墙同时开洞，气流从迎风面或侧风面洞口流进结构内部后均能较为顺畅地从背立面或者侧立面流出，也即气流受到的阻扰较小，当开孔率较大时，这种阻扰甚至可以忽略，故各工况下屋盖内压系数较小；(3)当屋盖矢跨比为0.15(即试验模型四)、迎风面立面幕墙开洞率为0.0075、背风面立面幕墙开洞率为0.0008，出现屋盖内压系数的最大值为－0.74；(4)从表中数据也可以发现，在屋盖矢跨比与开孔结构内部容积较小的情况下，屋盖内压系数值相对较大，如当矢跨比为0.05，内部容积为7.02×10^5 m^3时(也即试验模型二)，各工况下的内压系数均值在－0.60左右；(5)结构设计时，对屋盖结构而言，需要考虑屋面上下表面风压的综合叠加值，根据《建筑结构荷载规范》[7]的相关条文规定，屋面风压的分布随着矢跨比的变化而变化，因此，结构设计时应予以重视；另外，对于围护结构，特别是建筑物内部的顶棚吊顶及立面门窗幕墙等，结构设计时考虑因建筑立面幕墙开孔引起建筑内部风致内压的变化很有实际工程意义。

表5.6　不同试验工况下拱形屋盖测点内压系数表

序号	立面幕墙开洞(孔)率			开孔结构内部容积(m^3)	屋盖矢跨比	内压系数
	迎风面	背风面	侧风面			
1	0.0021	0.0021	0	7.02×10^5	0.05	－0.60
2	0.0021	0.0021	0	7.02×10^5	0.05	－0.56
3	0.0082	0.0021	0	7.02×10^5	0.05	－0.36
4	0.0021	0.0082	0	7.02×10^5	0.05	－0.50
5	0.0082	0.0082	0	7.02×10^5	0.05	－0.50
6	0.0082	0.0082	0	7.02×10^5	0.05	－0.47
7	0.0021	0	0.0010	7.02×10^5	0.05	－0.50
8	0.0021	0	0.0041	7.02×10^5	0.05	－0.60
9	0.0082	0	0.0010	7.02×10^5	0.05	－0.60
10	0.0082	0	0.0041	7.02×10^5	0.05	－0.59
11	0.0021	0	0.0041	7.02×10^5	0.05	－0.63
12	0.0082	0.0021	0.0041	7.02×10^5	0.05	－0.66
13	0.0021	0.0082	0.0041	7.02×10^5	0.05	－0.63
14	0.0082	0.0185	0.0041	7.02×10^5	0.05	－0.53
15	0.0185	0.0082	0.0041	7.02×10^5	0.05	－0.51
16	0.0078	0.0020	0	7.55×10^5	0.10	－0.11
17	0.0020	0.0078	0	7.55×10^5	0.10	－0.50

续表

序号	立面幕墙开洞（孔）率			开孔结构内部容积（m^3）	屋盖矢跨比	内压系数
	迎风面	背风面	侧风面			
18	0.0078	0.0078	0	7.55×10^5	0.10	−0.44
19	0.0020	0	0.0009	7.55×10^5	0.10	−0.60
20	0.0020	0	0.0036	7.55×10^5	0.10	−0.59
21	0.0078	0	0.0009	7.55×10^5	0.10	−0.68
22	0.0078	0	0.0036	7.55×10^5	0.10	−0.63
23	0.0078	0.0020	0.0036	7.55×10^5	0.10	−0.38
24	0.0020	0.0078	0.0036	7.55×10^5	0.10	−0.57
25	0.0078	0.0176	0.0036	7.55×10^5	0.10	−0.60
26	0.0176	0.0078	0.0036	7.55×10^5	0.10	−0.35
27	0.0019	0.0019	0	8.09×10^5	0.15	−0.46
28	0.0075	0.0019	0	8.09×10^5	0.15	−0.21
29	0.0019	0.0075	0	8.09×10^5	0.15	−0.71
30	0.0075	0.0075	0	8.09×10^5	0.15	−0.49
31	0.0019	0	0.0008	8.09×10^5	0.15	−0.58
32	0.0019	0	0.0032	8.09×10^5	0.15	−0.48
33	0.0075	0	0.0008	8.09×10^5	0.15	−0.74
34	0.0075	0	0.0032	8.09×10^5	0.15	−0.63
35	0.0019	0	0.0032	8.09×10^5	0.15	−0.49
36	0.0075	0.0019	0.0032	8.09×10^5	0.15	−0.54
37	0.0019	0.0075	0.0032	8.09×10^5	0.15	−0.32
38	0.0075	0.0168	0.0032	8.09×10^5	0.15	−0.57
39	0.0168	0.0075	0.0032	8.09×10^5	0.15	−0.54
40	0.0018	0.0018	0	8.66×10^5	0.20	−0.29
41	0.0018	0.0018	0	8.66×10^5	0.20	−0.32
42	0.0071	0.0018	0	8.66×10^5	0.20	−0.24
43	0.0018	0.0071	0	8.66×10^5	0.20	−0.47
44	0.0071	0.0071	0	8.66×10^5	0.20	−0.35
45	0.0018	0	0.0007	8.66×10^5	0.20	−0.20
46	0.0018	0	0.0029	8.66×10^5	0.20	−0.45
47	0.0071	0	0.0007	8.66×10^5	0.20	−0.62
48	0.0071	0	0.0029	8.66×10^5	0.20	−0.57
49	0.0071	0.0160	0.0029	8.66×10^5	0.20	−0.48
50	0.0160	0.0071	0.0029	8.66×10^5	0.20	−0.27

5.3.4 幕墙开孔屋盖结构风致内压与荷载规范值的对比

《建筑结构荷载规范》（GB 50009—2012）[7]第 8.3.5 条对建筑物的风致内压的局部体型系数进行了一些规定，本文将其整理见表 5.7。

表 5.7 《建筑结构荷载规范》[7]对建筑物风致内压的相关规定

类别	局部体型系数取值	备注
封闭式建筑物	−0.2 或 0.2	按建筑物外表面风压的正负情况取值
一面墙有主导洞口的建筑物	$0.4\mu_{sl}$	当开洞率大于 0.02 且小于或等于 0.10
	$0.6\mu_{sl}$	当开洞率大于 0.10 且小于或等于 0.30
	$0.8\mu_{sl}$	当开洞率大于 0.30
其他情况	μ_{sl}	按开放式建筑物取值

值得注意的是，荷载规范中的主导洞口是指开孔面积较大且大风期间也不关闭的洞口；开洞率是指单个主导洞口面积与该墙面全部面积之比；μ_{sl}取值时应取主导洞口对应位置处的局部体型系数值。另外，荷载规范中提及的封闭式建筑并不是指完全密闭的建筑，而是考虑了建筑物实际存在个别孔口和缝隙以及机械通风等因素。

根据《建筑结构荷载规范》（GB 50009—2012）[7]中表 8.3.1 对局部体型系数 μ_{sl}的取值可知，迎风面幕墙局部体型系数 μ_{sl}取 0.8，背风面幕墙局部体型系数 μ_{sl}取−0.50。

经式（2.9）可转换成测点体型系数 μ_{si}与风压系数 C_{pi}之间的关系为：

$$C_{pi}=\mu_{si}\left(\frac{z_i}{z_r}\right)^{2\alpha} \tag{5.2}$$

式中，C_{pi}为测点风压系数；α 为地面粗糙度指数；Z_i 为测点高度；Z_r 为参考点高度。在本章风洞模型试验中，取洞口中心点的高度为测点高度 $Z_i=10$m，试验时参考点高度 $Z_r=40$m，B 类地貌 $\alpha=0.16$，代入式（5.2）可得：

$$C_{pi}=0.64\mu_{si} \tag{5.3}$$

为方便试验结果与荷载规范值进行对比，将局部体型系数 μ_{sl} 的取值与式（5.3）代入表 5.7，可得到转换后的内压系数规范规定值见表 5.8。

表 5.8 《建筑结构荷载规范》[7]对建筑物风致内压转换值 *

类别	内压系数取值	备注
封闭式建筑物	−0.128 或 0.128	按建筑物外表面风压的正负情况取值
一面墙有主导洞口的建筑物	0.205 或−0.128	当开洞率大于 0.02 且小于或等于 0.10
	0.307 或−0.192	当开洞率大于 0.10 且小于或等于 0.30
	0.410 或−0.256	当开洞率大于 0.30
其他情况	0.512 或−0.320	按开放式建筑物取值

注：*—局部体型系数 μ_{sl}取 0.8 或者−0.5。

综合荷载规范的相关规定，及表 5.1 与表 5.3 可知，本章风洞试验研究模型所选的工况中均属于荷载规范中的第三类“其他情况”，应按照开放式建筑物进行内压系数的取值，也即取 0.512 或者−0.320。对比表 5.6 可知，规范值对某些矢跨比下的开洞率来说，内压系数取值偏于保守；但对矢跨比不大的建筑，内压系数取值偏小，所选工况下的内压系数最大值要大于规范值近 41%。因此，对有主导洞口的大型土木工程建筑，从结构安全及工程经济造价等诸多方面考虑，进行大气边界层风洞试验研究很有必要。

5.3.5 拱形屋盖风压分布试验值与荷载规范值的对比

《建筑结构荷载规范》（GB 50009—2012）[7]表 8.31 对拱形屋盖表面体型系数进行了规定，如图 5.18 所示，并进行了相应的补充规定：（1）中间值按线性插值法计算；（2）μ_s 的绝对值不小于 0.1。本章模型二～五为拱形屋盖，其矢跨比依次为 0.05、0.10、0.15、0.20，屋盖区域分块体型系数由式（2.9）、式（2.10）可得，取 β=0°风向角下屋盖上表面区域体型系数列于表 5.9。

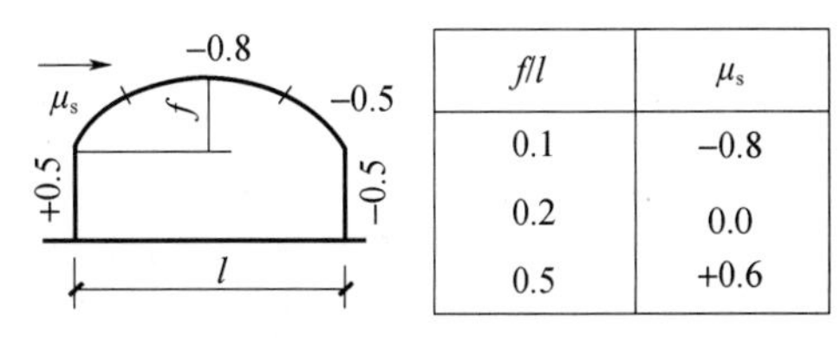

图 5.16　《建筑结构荷载规范》[7]对拱形屋盖体型系数的规定

由表 5.9 可以发现：（1）随着屋盖矢跨比的增大，屋盖区域体型系数的绝对值增大，也即屋盖风吸力随着矢跨比的增大而增大；（2）区域体型系数随迎风屋檐的距离而发生变化，迎风屋面较大，在屋盖顶部达到最大，背风屋面又逐渐减小；（3）屋盖体型系数沿顺风向方向，在屋盖中部的绝对值要大于两端的值，这是与荷载规范中规定的取同一值是不同的；（4）在矢跨比为 0.10 时，屋盖迎风面及屋盖顶部的试验值均要小于规范规定值，而在背风面略大于规范值；（5）值得注意的是当矢跨比为 0.20 时，迎风屋面的体型系数的均值达到－0.86，最大负值为－1.07，与规范规定值差异较大，同时在屋盖顶部区域的体型系数也大于规范规定值－0.80，本文认为引起这种较大差异的主要原因是风洞试验模型迎风面有悬挑屋檐，来流在该区域产生较大的流动分离，这种分离与再附使得屋盖的流场较为复杂，而荷载规范并未考虑悬挑屋檐对屋盖风荷载的影响；（6）综上可知，对大型场馆建筑，当实际建筑与规范规定的建筑体型差别较大时，从结构安全与工程造价经济上来言通过风洞试验予以验证是很有必要的。

表 5.9　拱形屋盖分块区域体型系数表 *

区域编号	矢跨比			
	0.05	0.10	0.15	0.20
Q1	－0.41	－0.59	－0.75	－0.81
Q2	－0.43	－0.61	－0.76	－0.81
Q3	－0.42	－0.60	－0.75	－0.80
Q4	－0.34	－0.58	－0.69	－0.76
Q5	－0.39	－0.71	－0.88	－1.07
Q6	－0.35	－0.60	－0.71	－0.76
Q7	－0.46	－0.64	－0.83	－0.91

续表

区域编号	矢跨比			
	0.05	0.10	0.15	0.20
Q8	−0.51	−0.67	−0.89	−1.11
Q9	−0.48	−0.63	−0.85	−0.93
Q10	−0.38	−0.51	−0.67	−0.71
Q11	−0.34	−0.63	−0.87	−0.92
Q12	−0.38	−0.53	−0.63	−0.59
Q13	−0.32	−0.42	−0.56	−0.62
Q14	−0.33	−0.42	−0.54	−0.58
Q15	−0.32	−0.43	−0.56	−0.60

注：*—表中数据只考虑了屋盖上表面的风压值，未考虑与下表面风压的综合叠加。

5.4 本章小结

本章通过刚性模型同步测压风洞试验对不同结构内部容积、幕墙开洞（孔）面积、开洞（孔）位置、屋盖矢跨比的大跨屋盖结构的风荷载进行了较为系统的分析研究，并研发了一种能控制试验模型门洞自动开启的装置，探讨了这些因素对屋盖等围护结构风荷载特性的影响，得出以下结论：

（1）随着迎风面幕墙开洞率的变化，屋盖风压呈现出明显的变化，但均以负压为主；当迎风幕墙存有孔洞时，气流在迎风屋檐处附近会产生流场的变化，如孔口流、涡流等，使得该区域风压系数发生变化；当侧风面幕墙存有孔洞时，随着开洞率的变化，侧风面幕墙风压呈现正负值交替甚至同一面幕墙同时有正也有负的情况，因此对开孔结构的幕墙等围护结构进行抗风设计时，如果单一取某一恒定值进行设计，在强风作用下可能会引起结构的破坏。

（2）屋盖综合风压的分布规律及风压系数的大小与立面幕墙的开洞率及各立面洞口数量的组合关联较大，但很难总结出一些较有经验的变化趋势，因此针对某一实际开孔建筑，应根据其立面具体的开洞情况进行分析探讨。

（3）开孔结构在不同立面幕墙开洞下随着风向角的变化，内压呈现较大的变化差异，因此建议在结构设计时，考虑根据当地常年累积的风荷载数据在风玫瑰主控风向角下进行结构开孔的研究具有较为现实的意义。

（4）通过对内压测点的脉动风压功率谱分析，发现在高频段内出现多个略大的峰值，如在折减频率 0.4 附近及折减频率 1～2 之间，同时在高频段尾部区域内出现略微的上翘曲现象，这说明开孔结构内部风压谱不仅包含了大气湍流中的能量成分，同时也包含了由于孔口特性引起的特征湍流的成分。

（5）将内压系数的试验值与荷载规范值进行对比，发现规范值对某些矢跨比下的开洞率来说，内压系数取值偏于保守；但对矢跨比不大的建筑，内压系数取值偏小，所选工况下的内压系数最大值要大于规范值近 41%。因此，对有主导洞口的大型土木工程建筑，从结构安全及工程经济造价等诸多方面考虑，进行大气边界层风洞试验研究很有必要。

（6）将不同矢跨比下屋盖体型系数的试验值与荷载规范值进行对比，发现在矢跨比为 0.10 时，屋盖迎风面及屋盖顶部的试验值均要小于规范规定值，而在背风面略大于规范值；但当矢跨比为 0.20 时，迎风屋面的体型系数的均值达到－0.86，最大负值为－1.07，与规范规定值差异较大，同时在屋盖顶部区域的体型系数也大于规范规定值－0.80，本文认为引起这种较大差异的主要原因是风洞试验模型迎风面有悬挑屋檐，来流在该区域产生较大的流动分离，这种分离与再附使得屋盖的流场较为复杂，而荷载规范的取值并未考虑悬挑屋檐对屋盖风荷载的影响。

第6章 幕墙开孔的大跨屋盖结构内部风效应及风致响应研究

本书第4章主要从理论上探讨了考虑多面幕墙开洞的屋盖结构的内压传递方程，第5章主要对比分析了不同屋盖矢跨比与建筑内部容积的幕墙开孔结构的屋盖内压分布，但仅仅考虑的是在孔口气流稳定后的结构内压分布情况，发现在孔口气流稳定后，结构内压各处基本上趋向于恒定值。而在实际生活中，大型公共建筑如机场候机楼、体育馆、会展中心、文化广场、火车站等会出现在强风作用下门窗或玻璃幕墙突然被吹开或者破坏的情况，风从孔洞处涌入建筑物内，导致内部脉动风压增大，使柔性屋盖、玻璃幕墙等由于受到内外压的共同作用而破坏，且其破坏程度要远大于孔口气流稳定后的情况。

建筑物在强风作用下因突然开孔所造成的结构内部压力增大一直是国内外研究的重点。结构在强风作用下突然开孔主要有两种形式，其一是屋盖围护结构部分被强风掀起，导致风从屋盖洞口涌入；其二是门、窗或者幕墙的破坏，导致孔洞处风的涌入。国外研究学者 Holmes[74] 和 Liu & Saathoff[75] 发现当建筑物突然开孔时，由于气流迅速涌入建筑内部，使得内部压力急剧增大，并出现比开孔附近外部风压大很多的瞬态峰值。但他们提出这一观点只限于层流中。Vickery 等人[77]、Stathopoulos & Luchian[79]、Yeatts 等人[139] 通过大气边界层风洞试验研究发现在紊流场中，任何初始的峰值在紊流引起的波动中都会消失。余世策[86] 在风洞中利用电子压力扫描阀成功地捕捉到了突然开孔结构内部风压的瞬态响应，并对具有背景孔隙的开孔结构的内压变化规律总结出了一些重要结论。本章通过刚性模型同步测压风洞试验，对不同立面幕墙开洞（孔）率、开洞（孔）位置的大跨度拱形屋盖结构在幕墙突然开洞的情况下对建筑内部风效应进行了对比分析，对平均内压理论估算公式进行了推导，同时对不同幕墙开洞（孔）率的屋盖结构的风振响应进行了较为详细的研究，得出了一些有意义的结论，对有幕墙开洞（孔）的屋盖结构的抗风设计具有一定的工程实际参考价值。

6.1 风洞试验介绍

本章在第5章研究的基础上对立面幕墙突然开洞的瞬态响应进行分析，取模型四为研究对象。试验模型对应的大跨屋盖结构的实际尺寸为192m×120m，屋顶高55m，屋盖矢跨比为0.15，屋檐长向悬挑15m，短向悬挑10m，结构形式为四边支撑的双层网壳结构。风洞试验模型比例为1∶300，模型壁厚为10mm，模型基本参数见表6.1，风洞试验工况见表6.2。

风洞试验、风洞试验模型立面门洞开启装置介绍及试验模型测点布置图详见第5章。

表 6.1　风洞试验模型基本参数

长（mm）	宽（mm）	高（mm）		屋檐悬挑长度（mm）		单洞开洞（孔）率	
		屋檐	屋脊	横墙	纵墙	横墙	纵墙
540	333	133	183	50	33	0.0019	0.0008

表 6.2　风洞试验工况表

试验工况	门洞开启编号	洞口开启顺序	立面幕墙开洞率		
			迎风面	背风面	侧风面
1	②⑧	②→⑧	0.0019	0.0019	0
2	①③⑧	①③→⑧	0.0075	0.0019	0
3	①③⑦⑨	①③→⑦⑨	0.0075	0.0075	0
4	②⑪	②→⑪	0.0019	0	0.0008
5	②④⑥	②→④⑥	0.0019	0	0.0032
6	⑦⑨⑪	⑦⑨→⑪	0	0.0075	0.0008
7	④⑥⑦⑨	⑦⑨→④⑥	0	0.0075	0.0032
8 *	⑤⑧⑪	⑧→⑤⑪	0	0.0019	0.0032
9 *	②⑤⑦⑨⑪	②→⑤⑪→⑦⑨	0.0019	0.0075	0.0032
10 *	①③⑤⑦⑨⑪	①③→⑤⑪→⑦⑨	0.0075	0.0075	0.0032
11 *	②⑤⑦⑧⑨⑪	⑦⑧⑨→⑤⑪→②	0.0019	0.0168	0.0032
12 *	①③⑤⑦⑧⑨⑪	⑦⑧⑨→⑤⑪→①③	0.0075	0.0168	0.0032

注：迎风面、背风面及侧风面是根据 0°风向角定义；* 表示两侧风面均有开洞。

6.2　Helmholtz 频率理论分析

第 4 章中对紊流场中开孔结构的风致内压理论研究进行了探讨，对于开孔深度很小的建筑物，可以不考虑孔口的实际深度，即 $L_e=C_I\sqrt{A_0}$，C_I 为惯性系数，与孔口边缘的形态有关。由声学关系式 $\gamma p_\alpha=\rho_\alpha a_s^2$，Helmholtz 频率便可以表达为以下形式：

$$f_H=\frac{1}{2\pi}\cdot\frac{a_s A_0^{1/4}}{\sqrt{(C_I/c)V_0}} \tag{6.1}$$

式中，a_s 为空气中声音传播的速度，可见 Helmholtz 频率除了与开孔面积及建筑内部容积有关外，实际上取决于一个参数 C_I/c。取 Holmes[140] 提出的 $C_I=\sqrt{\frac{\pi}{4}}=0.89$，Sharma[117] 提出当洞口深度较小且洞口的实际深度 L_0 与洞口有效半径 $r_{eff}=\sqrt{\frac{A_0}{\pi}}$ 之比<1.0 时取 $c=0.60$，故本章取 $C_I=0.886$、$c=0.60$，代入式（6.1），可得：

$$f_H=\frac{1}{2.43\pi}\cdot\frac{a_s A_0^{1/4}}{\sqrt{V_0}} \tag{6.2}$$

在本章研究中，因只涉及到一个试验模型，故而 V_0 为定值。取 $a_s=340\text{m/s}$，$V_0=0.03\text{m}^3$，各文献[73~86]中对开孔面积 A_0 一般是指迎风面开孔面积，故本书仍沿用此规定。显然，按照迎风面开洞面积进行理论分析时，Helmholtz 频率的大小与背风面及侧风面的开洞面积无关，下文将通过刚性模型风洞试验来验证本章研究的 Helmholtz 频率是否仅与迎风面开洞面积有关。各工况的 Helmholtz 频率理论计算值见表 6.3。

表 6.3　各工况 Helmholtz 频率理论计算值

试验工况	迎风面开孔面积 (m^2)	内部容积 (m^3)	Helmholtz 频率 (Hz)
1	0.0036	0.03	63
2	0.0072	0.03	75
3	0.0072	0.03	75
4	0.0036	0.03	63
5	0.0036	0.03	63
6 *	0.0072	0.03	75
7 *	0.0072	0.03	75
8 *	0.0036	0.03	63
9	0.0036	0.03	63
10	0.0072	0.03	75
11 *	0.0109	0.03	83
12 *	0.0109	0.03	83

注：＊—表示取该工况的 180°风向角。

6.3　幕墙突然开孔时屋盖瞬态风压时程

6.3.1　测点风压系数时程的平滑处理

风洞试验时通过数据采集得到的振动信号数据往往叠加有噪声信号。这些信号除了包含有 50Hz 的工频及其倍频等周期性的干扰信号外，还有不规则随机干扰信号。因为高频成分所占比例较大，且随机干扰信号（如噪声、白噪声等）的频带又较宽，从而使根据采集的离散数据所绘成的曲线很不光滑，呈现出较多的毛刺。为了使振动曲线的光滑度得到提高，削弱干扰信号的影响，通常需要对采样的数据信号进行平滑技术处理。另外，通过对数据的平滑处理还可以消除信号不规则的趋势项。在振动试验的测试中，由于测试仪器有时受到意外干扰，会造成个别数据测点的信号产生形状不规则又偏离基线很大的趋势项。一般通过采用滑动平均法对这个信号进行平滑处理后可得到一条光滑的趋势项曲线，用原始信号减去趋势项，即消除了信号的不规则趋势项。

在风洞试验的风压测试过程中，难免会出现因为设备故障、电磁干扰等偶然因素造成的数据误差，数据时程中出现粗大的误差点，因此需对采样信号数据进行平滑处理。目前，数据平滑处理的方法有平均法、五点三次平滑法等。其中五点三次平滑法是指运用最小二乘法原理对采集的离散数据进行三次最小二乘多项式平滑处理的方法，该法计算公式可表示为[141]：

$$
\left.\begin{aligned}
y_1&=\frac{1}{70}[69x_1+4(x_2+x_4)-6x_3-x_5]\\
y_2&=\frac{1}{35}[2(x_1+x_5)+27x_2+12x_3-8x_4]\\
&\vdots\\
y_i&=\frac{1}{35}[-3(x_{i-2}+x_{i+2})+12(x_{i-1}+x_{i+1})+17x_i]\\
&\vdots\\
y_{m-1}&=\frac{1}{35}[2(x_{m-4}+x_m)-8x_{m-3}+12x_{m-2}+27x_{m-1}]\\
y_m&=\frac{1}{70}[-x_{m-4}+4(x_{m-3}+x_{m-1})-6x_{m-2}+69x_m]
\end{aligned}\right\}(i=3,4,\cdots,m-2) \quad (6.3)
$$

五点三次平滑法通常可用作频域与时域内信号的处理。该处理方法对于频域内数据的主要作用是能使信号谱曲线变得光滑，从而使其在信号模态参数识别中的拟合效果较好，而对于时域内数据的主要作用则是能够大大减少混入采集信号中高频的随机噪声。在此，需要指出的是频域内数据经过五点三次平滑处理后会降低谱曲线中的峰值，使体形变宽，识别参数的误差可能会增大，因此平滑次数不宜过多。图 6.1 为风洞模型试验中某测点风压系数时程经过平滑处理前后的信号波形对比。

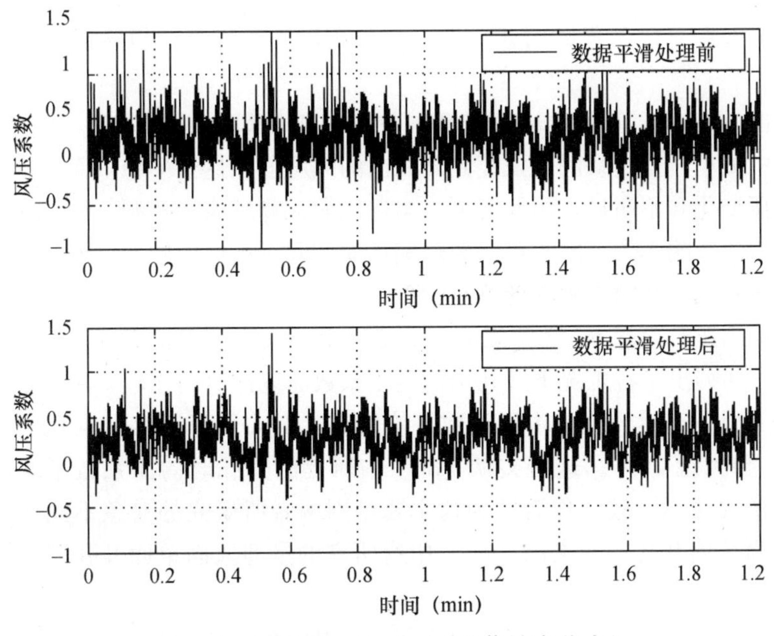

图 6.1　数据平滑处理前后时程信号波形对比

6.3.2　幕墙突然开孔时内压瞬态时程

由于大型公共建筑在使用过程中部分门窗会突然打开，同时也会遭遇幕墙在强风作用下突然破坏的现象，因此对此类建筑有必要对其屋盖结构在幕墙突然破坏时的风荷载特性进行分析。图 6.2 为风洞试验工况 1 下典型内部测点在突然开孔下的内压系数时程，从图中可以看出：

（1）各测点在幕墙开洞前后内压系数时程基本一致，基本可以用统一的压力系数时程来对结构的内压特性进行描述，这是由于在给定的边界层空间中，空气压力以音速的速度进行传播，使结构内部各处的压力在瞬间便能达到均等。

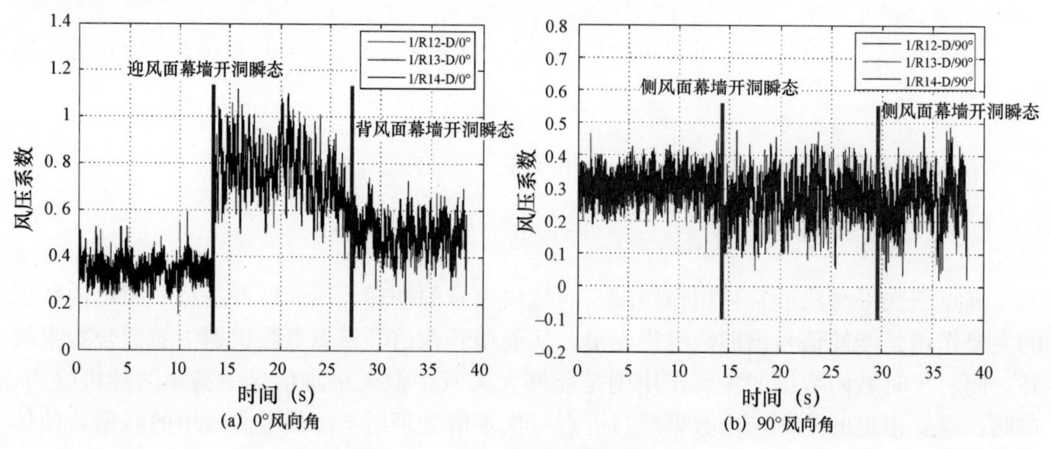

(a) 0°风向角　　(b) 90°风向角

图 6.2　工况 1 内压系数时程曲线

（2）从图 6.2（a）可以看出，在迎风面突然开孔时，内压系数从开孔前的 0.3 左右瞬间增大到 0.8 左右；在背风面开孔后，内压系数有所降低，但降低趋势的幅度较为缓慢。

（3）从图 6.2（b）可以看出，当开洞位置处于侧风向时，先开一侧孔洞的瞬间，内压有微弱的减小，但是瞬间便恢复到开洞前的风压值并达到平稳，而再次开启对应侧孔洞时，内压变化并不明显，由此可见，当迎风面、背风面无孔洞，侧风面开洞的先后顺序对建筑内压影响不大，基本可以忽略侧风面开洞对结构内压变化的影响。

由前述可知，开孔结构内部各测点的脉动内压在空间上的相关性相当高，同时各工况下各测点的内压时程基本一致，故可用建筑内部的某一测点代表开孔结构内部风效应的特性。表 6.4 列出了各工况下开孔结构内压系数的统计值的比较，从表中可以看出：

（1）各工况下突然开孔下内压系数平均值基本上大于幕墙存有洞孔的情况，其中工况 10 时，要大近 22%。这与文献［86］中所提的开孔时内压系数平均值要大于突然开孔下的值说法不一致，作者认为这主要是因两者所研究的对象不同所造成，本书研究的是多面幕墙开孔，而文献［86］中所研究的是迎风面单面开孔与背风面存有背景孔隙。

（2）各工况下突然开孔与存有孔洞情况下，内压系数均方根的大小变化不大，但突然开孔下的值略大于有孔洞的值，这与突然开孔下内压脉动的急剧增大关系较大。

（3）由于风压数据的采集是一个时程，某测点在该时程内峰值较大则会使得内压系数的最大值 C_{pmax} 值较大，从表 6.4 中可以发现，各工况下的 C_{pmax} 均要大于 C_{pmean}；而突然开孔时，由于气流在孔口处形成的孔口瞬态效应，使得 C_{pmax} 要远大于 C_{pmean}，这种峰值的突变，对屋盖主体结构来言，危害较大，因此在大型场馆使用中应尽量避免立面幕墙突然开孔，同时在结构设计时也应予以重视。

表 6.4　不同立面幕墙开孔率下内压系数统计值的对比

数据	开孔状况	工况 1	工况 2	工况 3	工况 4	工况 5	工况 6
平均值 C_{pmean}	存在开孔	0.46	0.71	0.49	0.58	0.49	0.75
	突然开孔	0.51	0.78	0.58	0.64	0.52	0.78
均方根 C_{pstd}	存在开孔	0.18	0.19	0.21	0.17	0.20	0.18
	突然开孔	0.22	0.24	0.22	0.22	0.21	0.20
最大值 C_{pmax}	存在开孔	0.68	0.81	0.59	0.71	0.61	0.81
	突然开孔	0.91	1.13	0.86	0.95	0.85	0.96
数据	开孔状况	工况 7	工况 8	工况 9	工况 10	工况 11	工况 12
平均值 C_{pmean}	存在开孔	0.64	0.49	0.39	0.40	0.62	0.53
	突然开孔	0.68	0.54	0.45	0.49	0.68	0.54
均方根 C_{pstd}	存在开孔	0.19	0.22	0.16	0.19	0.21	0.18
	突然开孔	0.23	0.21	0.22	0.21	0.22	0.23
最大值 C_{pmax}	存在开孔	0.75	0.69	0.54	0.58	0.79	0.68
	突然开孔	0.96	0.89	0.69	0.78	0.94	0.81

6.4　幕墙开孔屋盖结构的脉动内压功率谱分析

为了便于对试验结果进行对比分析，根据所选取的研究试验工况，对其进行了分类，其中第一类为仅考虑横墙开洞，但开洞顺序及开洞率不同；第二类为考虑横墙与一侧纵墙开洞；第三类为考虑横墙开洞后，一侧或者两侧纵墙再开洞；第四类为考虑四面墙均开洞，但各墙的开洞率及开洞顺序均有差异。同时，为增强试验结果的可比性，各工况均取横墙处于迎风面或背风面时的风向角数据，即取 0°或 180°风向角数据进行对比分析研究。图 6.3 为不同工况下屋盖内部测点 R13－D 内压系数自功率谱，从图中可以发现：

（1）所选取的研究工况中，在高频区存有较多的谱峰值，最大的谱峰值（共振峰）均出现在 30～40Hz 之间，这与前述的 Helmholtz 频率理论计算值有一定的差别，作者认为引起差异的主要原因：其一是本书研究的模型设计与文献中试验模型的设计不同；其二是本书研究同时考虑了迎风面、背风面、侧风面开洞率的影响，而理论计算公式仅考虑了迎风面幕墙的开洞率。

（2）迎风面开孔率越大，内压脉动能量越大。

（3）开洞瞬态过程的脉动能量在低频段衰减较为明显，高频段的共振现象没有开洞稳定后显著。

（4）当背风面无开洞时，内压系数低频段的能量随着侧风面开孔率的增加而减小，内压脉动能量也随之有明显的减小。

（5）并不是结构开孔数量越多，内压脉动就表现越剧烈，也即开孔数量对内压脉动的影响规律并不明显，这与文献［86］所论述的相一致。

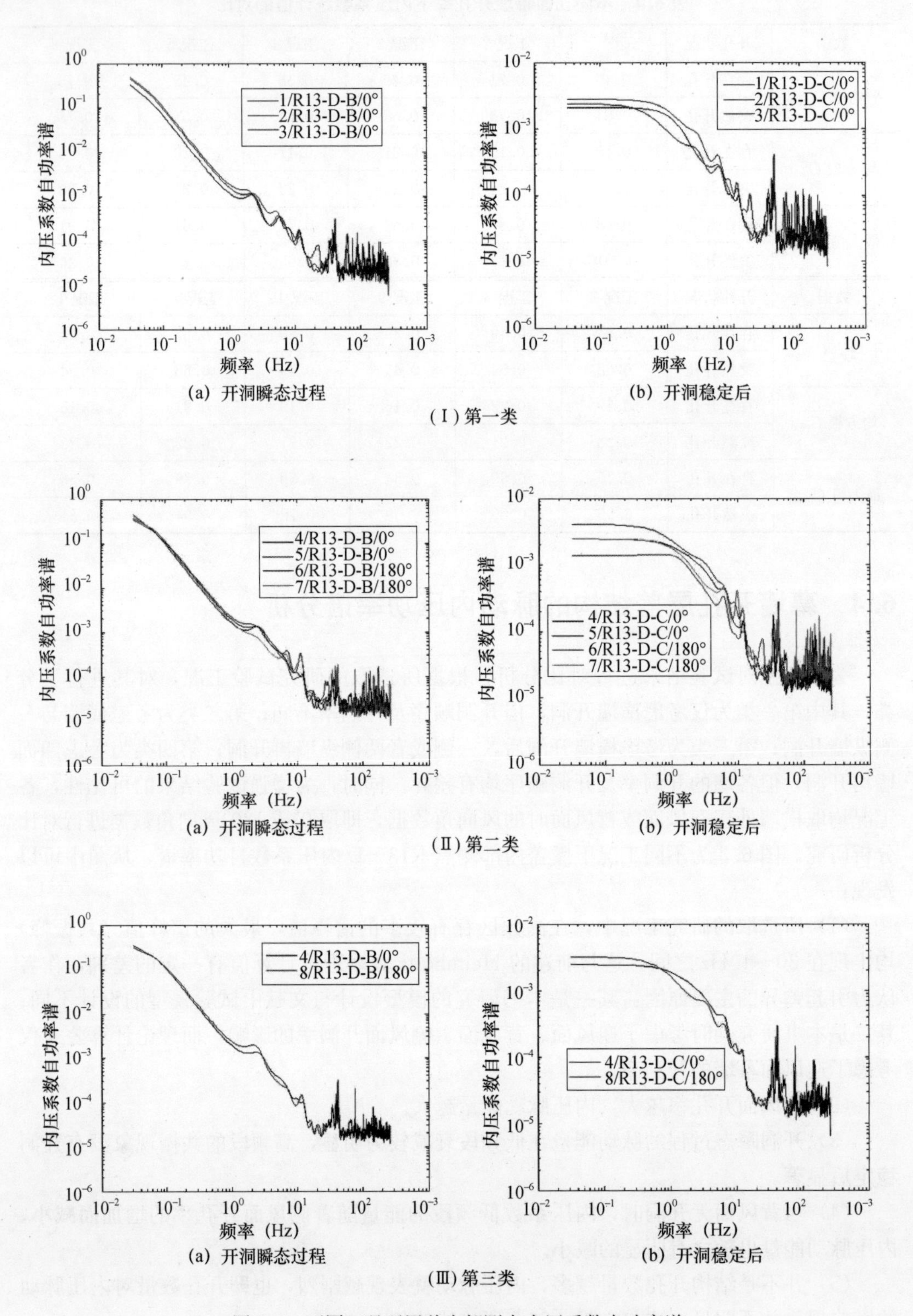

(a) 开洞瞬态过程　(b) 开洞稳定后

(Ⅰ)第一类

(a) 开洞瞬态过程　(b) 开洞稳定后

(Ⅱ)第二类

(a) 开洞瞬态过程　(b) 开洞稳定后

(Ⅲ)第三类

图 6.3　不同工况下屋盖内部测点内压系数自功率谱

(图中，a 表示开洞瞬态过程，b 表示开洞稳定后状态，以下类同)

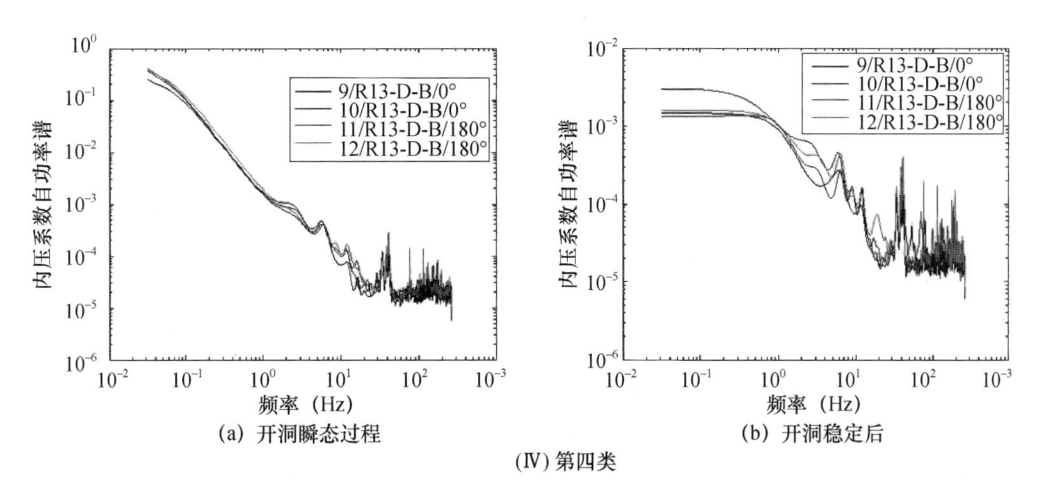

(a) 开洞瞬态过程　　(b) 开洞稳定后

(Ⅳ) 第四类

图 6.3　不同工况下屋盖内部测点内压系数自功率谱（续）

（图中，a 表示开洞瞬态过程，b 表示开洞稳定后状态，以下类同）

为了更好地了解内部测点脉动风压功率谱的变化，选取屋盖内部测点 R13-D 为研究对象，对 0°、180°风向角进行分析，其脉动风压归一化功率谱如图 6.4 所示。从图中可以发现：(1) 无论是开洞瞬态过程还是在开洞稳定后状态，各工况在高频段均出现明显的向上翘曲，这说明测点在各工况下的高频成分占有较大比重；(2) 在折减频率为 3 附近时均出现明显的谱峰值，但最大的峰值均出现在高频段区域；(3) 各工况下，测点在开洞瞬态过程与开洞稳定后脉动风压归一化功率谱的变化趋势较为接近，这说明幕墙开洞数量及开洞位置的变化对内压脉动能量的影响较小。

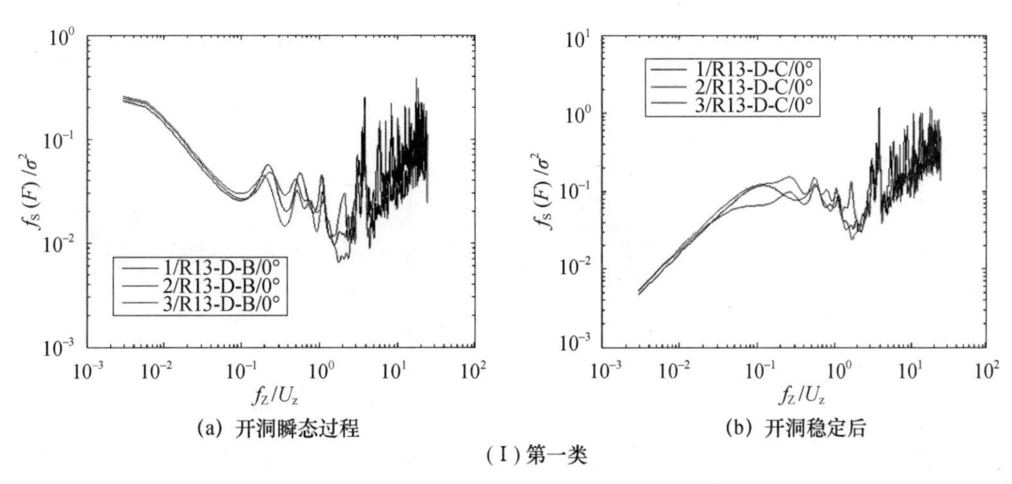

(a) 开洞瞬态过程　　(b) 开洞稳定后

(Ⅰ) 第一类

图 6.4　屋盖内部测点内压系数归一化功率谱

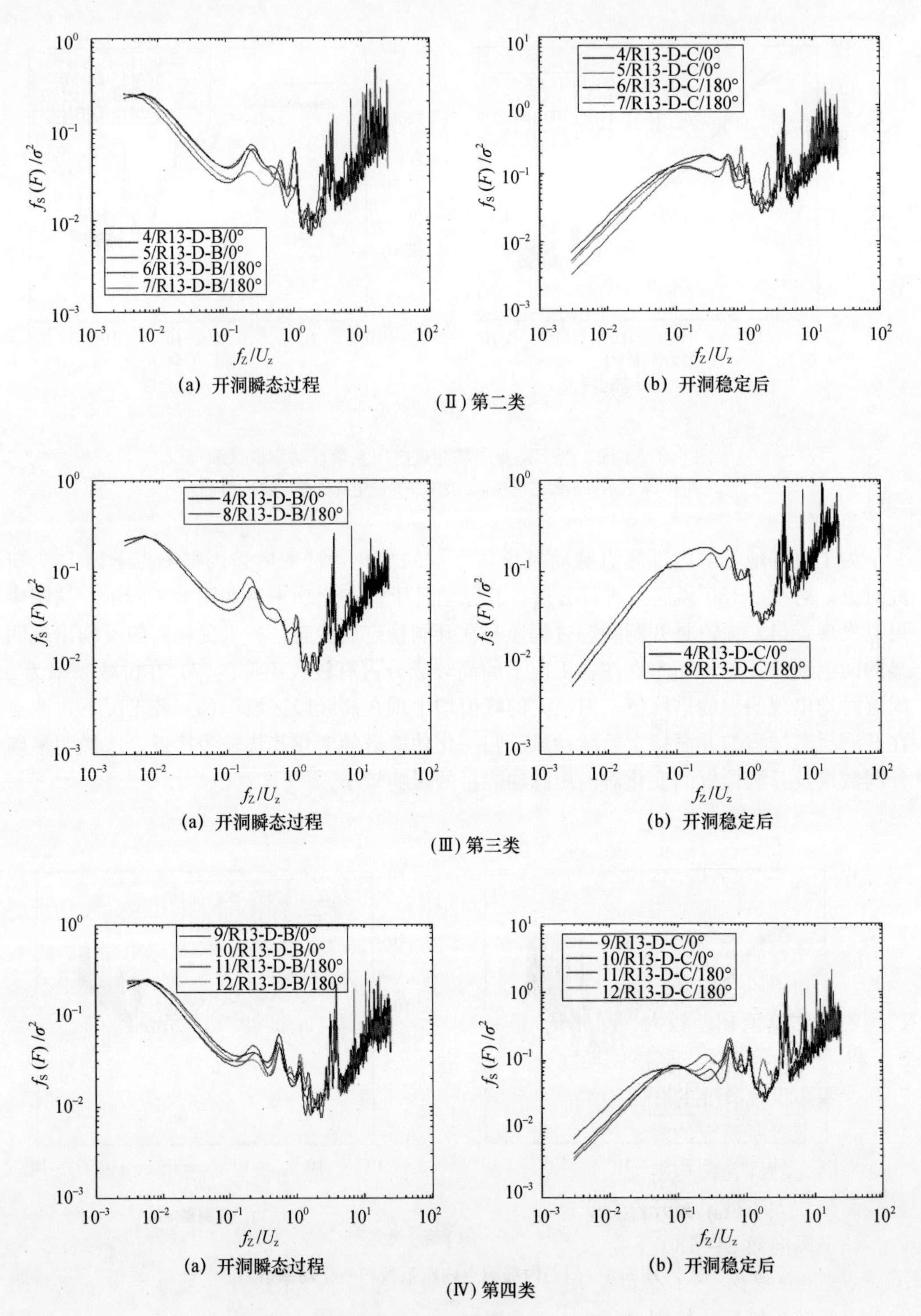

图 6.4　屋盖内部测点内压系数归一化功率谱（续）

6.5　风致平均内压理论估算方法

6.5.1　考虑双面幕墙开孔的内压理论估算方法

由 Stathopoulos 等人[142]提出的空气动力学理论和试验研究成果可知，开孔结构孔口两侧的压差与流经该孔口的气流量的关系可表达成如下形式：

$$Q=KA\,(\Delta P)^{n} \tag{6.4}$$

式中，Q 为空气体积流量；K 为空气的流动系数；A 为开孔结构的孔口面积；ΔP 开孔结构孔口两侧的气压差；n 为空气的流动指数，Stathopoulos 等人通过研究表明 n 的取值通常介于 0.5～0.8 之间。

若开孔结构的立面有 N 个孔口且忽略各孔口特性参数的差异，则第 i 个孔口两侧的气体流量可表示为：

$$Q_{\mathrm{i}}=KA_{i}U_{\mathrm{r}}^{n}\,(C_{p_{\mathrm{e,i}}}-C_{p_{\mathrm{i}}})^{n-1}\,|\,C_{p_{\mathrm{e,i}}}-C_{p_{\mathrm{i}}}\,| \tag{6.5}$$

式中，U_{r} 为参考风速；$C_{p_{\mathrm{e,i}}}$ 为第 i 个孔口处的风压系数；$C_{p_{\mathrm{i}}}$ 为开孔结构的内压系数。假定此过程中空气的不可压缩性，即空气进出孔口的流量相等，可得平均内压系数与各孔口平均风压系数的关系式：

$$\sum_{i=1}^{N}A_{i}U_{r}^{n}\,(C_{p_{\mathrm{e,i}}}-C_{p_{\mathrm{i}}})^{n-1}\,|\,C_{p_{\mathrm{e,i}}}-C_{p_{\mathrm{i}}}\,|=0 \tag{6.6}$$

假如各孔口的平均风压系数已知，则可通过数值计算方法求得平均内压系数；如果开孔结构的迎风面与背风面各孔口处的风压比较接近，那就可以用其中一个风压系数代替迎风面和背风面的平均风压系数，则式（6.6）可以表示成如下形式：

$$\overline{C}_{p_{\mathrm{i}}}=\frac{\overline{C}_{\mathrm{pe}}}{1+(A_{\mathrm{l}}/A_{\mathrm{e}})^{1/n}}+\frac{\overline{C}_{\mathrm{pl}}}{1+(A_{\mathrm{e}}/A_{\mathrm{l}})^{1/n}} \tag{6.7}$$

式中，A_{e}、A_{l} 分别指开孔结构迎风面、背风面的开孔面积之和；$\overline{C}_{\mathrm{pe}}$、$\overline{C}_{\mathrm{pl}}$分别为开孔结构迎风面、背风面的平均风压系数。将工况 1～工况 3 在风向角 0°与 180°下的平均内压系数与估算方法式（6.7）得到的内压系数估算值列入表 6.5，从表中可以看出：

（1）除了风向角 β=180°下工况 2 的试验值与估算值比较接近外，其他几个工况的试验值与估算值相差较大。对比 Stathopoulos 等人[142]与余世策[86]研究成果可以发现，Stathopoulos 等人[142]研究的开孔结构仅有迎风面开孔，且开孔数量不同，而背风面无开孔，而余世策研究的开孔结构为迎风面有开孔而背风面为开孔面积较小的背景孔隙，也即两位学者所研究的对象均为迎风面开孔面积较大而背风面开孔面积较小或无孔洞，而本书研究的开孔结构则为迎风面、背风面开孔面积均较大，甚至有的工况出现背风面开孔面积要大于迎风面开孔面积。

（2）风向角 β= 180°下的工况 2，为迎风面开孔面积大于背风面开孔面积，这与 Stathopoulos 等人[142]、余世策[86]研究对象颇为相似，且从表 6.5 中可以发现，试验值与估算值较为接近，特别当气体流动指数 n=0.80 时，两者差异甚小。

（3）综合 Stathopoulos 等人[142]与余世策[86]及本书的研究结果，可以判定公式（6.7）对内压系数的试验估算计算的适用条件为迎风面开孔面积较大而背风面开孔面积较少或者背风面无开孔的开孔建筑。

表 6.5　双面幕墙开孔结构平均内压系数试验值与估算值的对比

试验工况	$\beta=0°$				$\beta=180°$			
	试验值	估算值			试验值	估算值		
		$n=0.50$	$n=0.65$	$n=0.80$		$n=0.50$	$n=0.65$	$n=0.80$
1	0.46	0.15	0.15	0.15	0.45	0.15	0.15	0.15
2	−0.71	−0.24	−0.17	−0.12	0.41	0.54	0.47	0.42
3	0.49	0.15	0.15	0.15	0.47	0.15	0.15	0.15

6.5.2　考虑多面幕墙开孔的内压理论估算方法

综合目前国内外结构风工程研究学者对开孔结构的研究，在理论分析与风洞试验研究中均很少涉及到同时考虑多（三面或者四面）立面幕墙开孔的情况，因而这方面的参考文献及相关资料甚少，因此如要考虑对多面幕墙开孔情况下的结构内压进行探讨分析，只能先参考现有研究学者对单面、双面或者有背景孔隙的研究成果，然后再在此基础上进行理论分析的拓展。而在现实生活中，大型公共建筑物在使用过程中遭遇这种机会的可能性较大，因此开展多面幕墙开孔的理论探讨与风洞试验研究有一定的工程实际指导意义。

由空气动力学的基本理论及 Stathopoulos 等人[142]所提出的研究成果，平均内压系数与开孔结构孔口的平均风压系数仍满足式（6.6）的关系。但式（6.7）仅考虑到了迎风面、背风面幕墙开孔的情况，因此如有侧风面开孔的情况时，应同时考虑侧风面开孔对开孔结构内压系数的影响，在此，设多面幕墙开孔的情况下满足如下估算关系式：

$$\overline{C}_{p_{\mathrm{i}}}=\frac{\overline{C}_{\mathrm{pe}}}{1+(A_{\mathrm{l}}/A_{\mathrm{e}})^{1/n}}+\frac{\overline{C}_{\mathrm{pl}}}{1+(A_{\mathrm{e}}/A_{\mathrm{l}})^{1/n}}+\sum_{j=1}^{N}\frac{\overline{C}_{\mathrm{psj}}}{1+(A_{\mathrm{s}}/A_{\mathrm{l}})^{1/n}}(A_{\mathrm{s}}/A_{\mathrm{l}})^{n}+\sum_{j=1}^{N}\frac{\overline{C}_{\mathrm{psj}}}{1+(A_{\mathrm{s}}/A_{\mathrm{e}})^{1/n}}(A_{\mathrm{s}}/A_{\mathrm{e}})^{n} \tag{6.8}$$

式中，A_{e}、A_{l}、A_{s} 分别指开孔结构迎风面、背风面与侧立面的开孔面积之和；$\overline{C}_{\mathrm{pe}}$、$\overline{C}_{\mathrm{pl}}$ 分别为开孔结构迎风面、背风面的平均风压系数；$\overline{C}_{\mathrm{psj}}$ 为第 j 侧风面处的平均风压系数；N 为建筑侧立面数。本章仅研究四面幕墙开孔，即 $N=2$；n 为空气流动指数，取值与式（6.4）相同。当侧立面无开孔时，即 $A_{\mathrm{s}}=0$，此时式（6.8）与式（6.7）相一致。

为了评估所提出的式（6.8）的合理性，将开孔结构风洞试验工况 4～工况 12 的试验值与经由式（6.8）得出的估算值进行对比，以此来判定其合理性。风洞试验值与理论估算值的对比见表 6.6。

表 6.6　多面幕墙开孔结构平均内压系数理论值与估算值的对比

试验工况	$\beta=0°$				$\beta=180°$			
	试验值	估算值			试验值	估算值		
		$n=0.50$	$n=0.65$	$n=0.80$		$n=0.50$	$n=0.65$	$n=0.80$
4	0.58	0.60	0.63	0.65	−0.81	−0.78	−0.67	−0.65
5	0.49	0.54	0.53	0.52	−0.52	−0.56	−0.57	−0.58

续表

试验工况	β=0°				β=180°			
	试验值	估算值			试验值	估算值		
		n=0.50	n=0.65	n=0.80		n=0.50	n=0.65	n=0.80
6	-0.75	-0.77	-0.74	-0.71	0.63	0.63	0.66	0.69
7	-0.64	-0.70	-0.67	-0.65	0.54	0.55	0.57	0.59
8	-0.49	-0.66	-0.67	-0.68	0.65	0.64	0.63	0.62
9	-0.39	-0.60	-0.51	-0.44	0.31	0.18	0.12	0.09
10	-0.40	-0.40	-0.42	-0.36	-0.41	-0.20	-0.12	-0.06
11	-0.62	-0.72	-0.62	-0.54	0.35	0.33	0.27	0.23
12	-0.53	-0.50	-0.37	-0.29	0.25	0.21	0.22	0.24

在实际工程应用中，如果试验值与理论估算值的误差在±5%之内，则认为可以接受。从表 6.6 可以看出，依据 Stathopoulos 等人的研究结果，取空气流动指数 n=0.50～0.80 之间，由式（6.8）理论估算计算的内压系数值与风洞试验值的误差除个别工况外基本满足在±5%之内（表中带下划线的数字表示估算值与试验值满足误差±5%的要求），也即式（6.8）基本上可以用于估算实际开孔结构的内压系数。但在此必须指出的是，式（6.8）中的侧立面开洞面积之和 A_s 包括开孔结构所有侧立面的洞口面积，而没有考虑侧立面的洞口布置位置。

6.6　幕墙开孔屋盖结构风致响应分析

大跨屋盖结构属于风敏感结构，由风引起的吸力及脉动风荷载在屋盖结构上所引起的振动通常是屋盖遭受破坏的主要原因。现行《建筑结构荷载规范》（GB 50009—2012）[7]第 8.4.2 条规定："对于风敏感的或跨度大于 36m 的柔性屋盖结构，应考虑风压脉动对结构产生风振的影响。屋盖结构的风振响应，宜依据风洞试验结果按随机振动理论计算确定。"另外，由于门窗的突然开启，会使屋盖内外压共同作用，由此产生的风致破坏也是一个重要原因，因此，有必要对大跨度开孔屋盖结构的风致响应进行详细的分析研究。

沈国辉[98]对大跨度屋盖结构的表面风压、风致响应和等效风荷载进行研究，并建立了空间整体屋盖体系的物理模型（图 6.5）。

大跨屋盖的结构类型一般分为两种：其中一种为主次梁屋盖体系，另一种为空间整体屋盖体系[99]。主次梁屋盖结构体系的受力特点通常是屋面板上的均布荷载和次梁上的荷载传递到屋盖主梁上，整个结构均由主梁来承受荷载。空间整体屋盖体系的受力特点是屋盖整体承受荷载，也即结构两个方向上所受的力大小相当，因此该结构体系的受力特性与双面板的受力特性颇为相似，如空间网架结构即为此类结构体系。

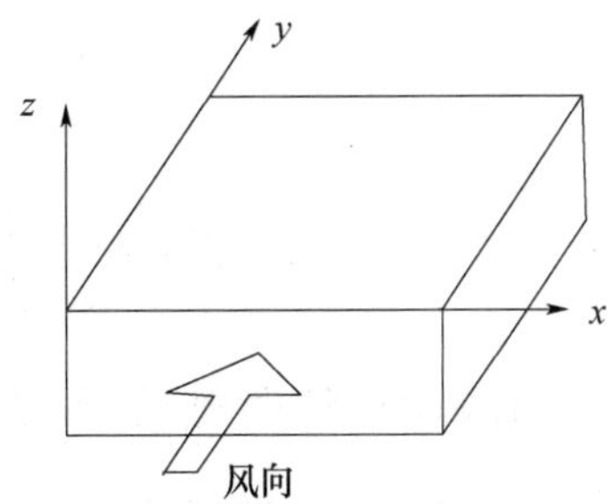

图 6.5　空间整体屋盖体系的物理模型[98]

对于结构的风致振动研究，目前分析的方法较多，但主要分为频域法和时域法。频域分析法由通用风速谱，或由风洞试验测得的风压时程通过傅立叶变化直接转化为风压谱，通过频域传递函数得到结构的动力反应谱，再由随机振动理论通过反应谱积分得到结构的动力响应。频域分析法的应用较为广泛，Nakayama[55]提出根据应变能的大小来判断结构各阶模态对结构响应的贡献，Ginger 等人[140]运用 POD 法和 LRC 法对低矮房屋的屋盖风致响应及风压分布进行了计算，Holmes[144]将等效静风荷载表示成平均荷载、背景荷载及一个或多个共振荷载分量的组合。时域分析法是指直接运用风洞试验的风压时程或计算机模拟得到的风压时程作用于结构的有限单元模型上，来计算结构的动力响应。该方法能够得到自然风及其所产生的结构动力响应与时间的关系，同时还能考虑到结构的非线性影响；此外当结构形式较为复杂时，该方法能提供更为精确的计算结果。目前的计算条件已经完全可以支持结构复杂模型的时域计算，且计算结果精度较高。

在时域内对屋盖结构的风振响应进行分析时，首先须对作用在屋盖结构上的脉动风时程进行确定。目前常用的方法主要有两种，一种方法是在大气边界层风洞实验室中进行同步测压，来获得脉动风速时程。这种方法对大气的湍流与涡致湍流均予以考虑，因而被认为是风荷载时程获得的最为适宜的方法，但它对风洞试验设备的要求较高。另一种是进行风荷载时程的人工模拟，一般通过线性滤波器法或谐波合成法将脉动风速谱模拟成脉动风速时程，然后根据准定常假设将风速时程转换成风荷载时程。但这种方法只能模拟大气湍流的部分，而对涡致湍流的部分则无法考虑。得到建筑物风压的时程后，则可直接作用于结构相应的单元构件或者节点上，对其可以进行时域内的瞬态响应分析，便可得到结构风致动力响应的时程解。上述时域分析的理论对于一般的高层、大跨屋盖结构均可适用，相比高层建筑而言，时域分析方法在大跨屋盖结构中的应用较为广泛，风振响应分析的时程分析方法的基本思路如图 6.6 所示。

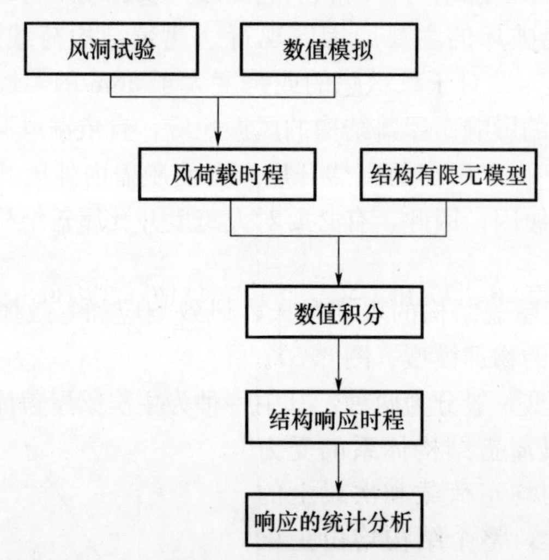

图 6.6　风振响应时程分析方法的基本思路

6.6.1　风致响应的时域分析方法

对于多自由度的大跨屋盖结构，其在风荷载作用下的运动方程可表示为：

$$[M]\{\ddot{u}\}+[C]\{\dot{u}\}+[K]\{u\}=\{F(t)\} \tag{6.9}$$

式中，$[M]$、$[C]$、$[K]$ 分别为屋盖结构的质量、阻尼、刚度矩阵；$\{\ddot{u}\}$、$\{\dot{u}\}$、$\{u\}$ 分别为结构加速度、速度与位移矩阵；$\{F(t)\}$ 为脉动风荷载时程。对求解运动方程的方法较多，目前主要有 Newmark-β 法[145]、Runge-kutta 法[146]、Wilson-θ 法[147]，以及中心差分法、Houbolt 法等，本书采用 Newmark-β 法来求解风荷载作用下的运动方程。

1959 年提出的 Newmark 法[145]是一种隐式逐步积分法。一般认为 Newmark 法是对时间步距内加速度反应的分布做出适当的假定，然后通过积分获得速度反应、位移反应的表达式，在此基础上进而求得步距末点的反应值。Newmark 法利用有限差分法公式对结构的状态向量进行递推，在 t 时刻与 $t+\Delta t$ 时刻之间建立一种平衡关系，可以看作是线性加速度法的一种推广。

$$[M]\{\ddot{u}(t+\Delta t)\}+[C]\{\dot{u}(t+\Delta t)\}+[K]\{u(t+\Delta t)\}=\{F(t+\Delta t)\} \tag{6.10}$$

t 与 $t+\Delta t$ 时刻的速度、加速度以及位移之间的关系则可通过泰勒级数形式进行推导而得：

$$u(t+\Delta t)=u(t)+\Delta t\dot{u}(t)+\frac{1}{2}\Delta t^2\ddot{u}(t)+\frac{1}{6}\Delta t^3\ \dddot{u}(t)\cdots \tag{6.11a}$$

$$\dot{u}(t+\Delta t)=\dot{u}(t)+\Delta t\ddot{u}(t)+\frac{1}{2}\Delta t^2\dddot{u}(t)\cdots \tag{6.11b}$$

略去上式中的高阶项，可得到：

$$u(t+\Delta t)=u(t)+\Delta t\dot{u}(t)+\frac{1}{2}\Delta t^2\ddot{u}(t)+\beta\Delta t^3\ddot{u}(t+\Delta t) \tag{6.12a}$$

$$\dot{u}(t+\Delta t)=\dot{u}(t)+\Delta t\ddot{u}(t)+\gamma\Delta t\ddot{u}(t+\Delta t) \tag{6.12b}$$

当在时间 t 至 Δt 之间考虑采用线性加速度时，则式（6.12）可以表达成如下形式：

$$u(t+\Delta t)=u(t)+\Delta t\dot{u}(t)+\left(\frac{1}{2}-\beta\right)\Delta t^2\ddot{u}(t)+\beta\Delta t^2\ddot{u}(t+\Delta t) \tag{6.13a}$$

$$\dot{u}(t+\Delta t)=\dot{u}(t)+(1-\gamma)\Delta t\ddot{u}(t)+\gamma\Delta t^2\ddot{u}(t+\Delta t) \tag{6.13b}$$

Wilson[147]引入结构阻尼比、质量与刚度等参数，采用矩阵的形式对 Newmark 法予以表达，在每个时间步长内求解方程，迭代从而得以避免。

$$\{\dot{u}_{n+1}\}=\{\dot{u}_n\}+[(1-\gamma)\{\ddot{u}_n\}+\gamma\{\ddot{u}_{n+1}\}]\Delta t \tag{6.14a}$$

$$\{u_{n+1}\}=\{u_n\}+\{\dot{u}_n\}\Delta t+\left[\left(\frac{1}{2}-\beta\right)\{\ddot{u}_n\}+\beta\{\ddot{u}_{n+1}\}\right]\Delta t^2 \tag{6.14b}$$

式中，β、γ 为积分参数；Δt 为时间间隔；$\{\ddot{u}_n\}$、$\{\dot{u}_n\}$、$\{u_n\}$ 和 $\{\ddot{u}_{n+1}\}$、$\{\dot{u}_{n+1}\}$、$\{u_{n+1}\}$分别代表 t_n 和 t_{n+1}时刻结构的加速度、速度及位移矩阵。

选用不同的β、γ 积分参数则得到的计算精度均不同，而积分参数 γ 的取值只有在临界值即 1/2 时才能避免产生算法阻尼：当取 $\gamma=1/2$、$\beta=0$ 时，为显式 Newmark 法；取 $\gamma=1/2$、$\beta=1/6$ 时，则为线性加速度法；取 $\gamma=1/2$、$\beta=1/4$，为平均加速度法。公式（6.14a）又可以表示为如下形式：

$$\{\dot{u}_{n+1}\}=\{\dot{u}_n\}+\frac{1}{2}[\{\ddot{u}_n\}+\{\ddot{u}_{n+1}\}]\Delta t \tag{6.15}$$

t_{n+1}时刻的速度、加速度可通过 t_{n+1}时刻的位移以及 t_n 时刻的速度与加速度进行表示：

$$\{\ddot{u}_{n+1}\}=\frac{1}{\beta\Delta t^2}(\{u_{n+1}\}-\{u_n\})-\frac{1}{\beta\Delta t}\{\dot{u}_n\}-\left(\frac{1}{2\beta}-1\right)\{\ddot{u}_n\} \tag{6.16a}$$

$$\{\dot{u}_{n+1}\}=\frac{\gamma}{\beta\Delta t}(\{u_{n+1}\}-\{u_n\})+\left(1-\frac{\gamma}{\beta}\right)\{\dot{u}_n\}+\left(1-\frac{\gamma}{2\beta}\right)\Delta t\{\ddot{u}_n\} \tag{6.16b}$$

上式可写成参数表达形式如下：

$$\{\ddot{u}_{n+1}\}=a_1(\{u_{n+1}\}-\{u_n\})+a_2\{\dot{u}_n\}+a_3\{\ddot{u}_n\} \tag{6.17a}$$

$$\{\dot{u}_{n+1}\}=a_4(\{u_{n+1}\}-\{u_n\})+a_5\{\dot{u}_n\}+a_6\{\ddot{u}_n\} \tag{6.17b}$$

式中，$a_1=\frac{1}{\beta\Delta t^2}$，$a_2=\frac{1}{\beta\Delta t}$，$a_3=\left(\frac{1}{2\beta}-1\right)$，$a_4=\frac{\gamma}{\beta\Delta t}$，$a_5=\frac{\gamma}{\beta}-1$，$a_6=\left(\frac{\gamma}{2\beta}-1\right)\Delta t$。

则 t_{n+1}时刻的运动方程可重新表示为：

$$(a_1[M]+a_4[C]+[K])\{u_{n+1}\}=\{F_{n+1}\}+[M](a_1\{u_n\}+a_2\{\dot{u}_n\}+a_3\{\ddot{u}_n\}) +[C](a_4\{u_n\}+a_5\{\dot{u}_n\}+a_6\{\ddot{u}_n\}) \tag{6.18}$$

求解式（6.18），则可得到 t_{n+1}时刻位移；再代入式（6.17），可计算出 t_{n+1}时刻的速度与加速度。

图 6.7 为 Newmark 法计算动力响应的流程图。

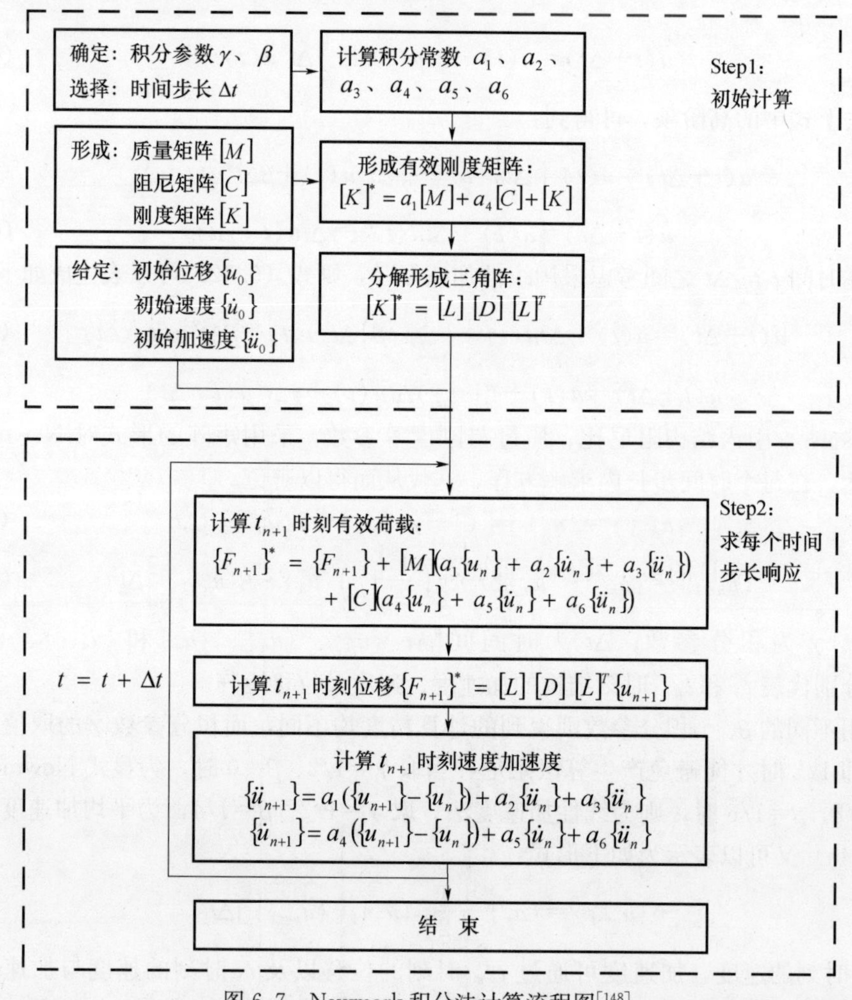

图 6.7 Newmark 积分法计算流程图[148]

时间步长一般被认为是控制 Newmark 积分精度的一个重要因素之一，计算时为了尽量不影响结构计算的精度，避免算法阻尼造成振幅的衰减，反映出高阶模态的影响，Δt 应足够小。结构的自振特性对计算时间步长的选取有一定的关联，选取所研究的最高模态周期的 1/20 一般比较合适。

计算时采用黏滞性的瑞利（Rayleigh）结构阻尼矩阵，其表达形式如下：

$$[C]=\alpha\cdot[M]+\beta\cdot[K] \tag{6.19}$$

式中，α、β 可以取不同阶角频率和阻尼比进行计算，可表示为：

$$\alpha=\frac{2\omega_i\omega_j(\zeta_i\omega_j-\zeta_j\omega_i)}{\omega_j^2-\omega_i^2} \tag{6.20}$$

$$\beta=\frac{2(\zeta_j\omega_j-\zeta_i\omega_i)}{\omega_j^2-\omega_i^2} \tag{6.21}$$

式中，ω_i、ω_j 分别为第 i 和 j 阶模态所对应的圆频率；ζ_i、ζ_j 分别代表第 i 和 j 阶模态的阻尼。

6.6.2　风洞试验风压时程

通过模型风洞试验所测得的数据结果是测点处的风压时程，因而在进行原型结构风致响应计算前，需要先将其转化为原型结构的风压时程。设从风洞试验中得到的第 i 个测点的风压系数 C_{pi}，由大气边界层风场中实际测点高度处的风速可确定该点的平均风压 $p_{\mathrm{i}}=1/2\rho V_{\mathrm{i}}^2C_{\mathrm{pi}}$。运用流动的相似性定理[9]，可推导出原型结构风压时程。

$$\frac{n_{\mathrm{m}}B_{\mathrm{m}}}{V_{\mathrm{m}}}=\frac{n_{\mathrm{s}}B_{\mathrm{s}}}{V_{\mathrm{s}}} \tag{6.22}$$

式中，下标 m 表示模型；下称 s 表示实际结构；B 为几何尺度；V 为风洞试验时参考高度处的平均风速；n 为频率。本章风洞试验中的速度缩尺比 λ_{V}、几何缩尺比 λ_{L} 及频率缩尺比 λ_{n} 分别满足如下关系式：

$$\lambda_{\mathrm{V}}=\frac{V_{\mathrm{m}}}{V_{\mathrm{s}}}=\frac{10}{30},\ \lambda_{\mathrm{L}}=\frac{B_{\mathrm{m}}}{B_{\mathrm{s}}}=\frac{1}{300},\ \lambda_{\mathrm{n}}=\frac{\lambda_{\mathrm{V}}}{\lambda_{\mathrm{L}}}=100$$

风洞试验中电子压力扫描阀的采样频率 521Hz，转换为全尺寸的风荷载频率 5.21Hz，风洞中 38.4s 转化为实际时间长度 3840s。另外，需要说明的是本章假定原型屋盖结构 50 年重现期的基本风压为 $w_0=0.55\mathrm{kPa}$。图 6.8 为风向角 $\beta=0°$时，工况 1 下测点 R13-U、R13-D 的实际风压时程曲线。

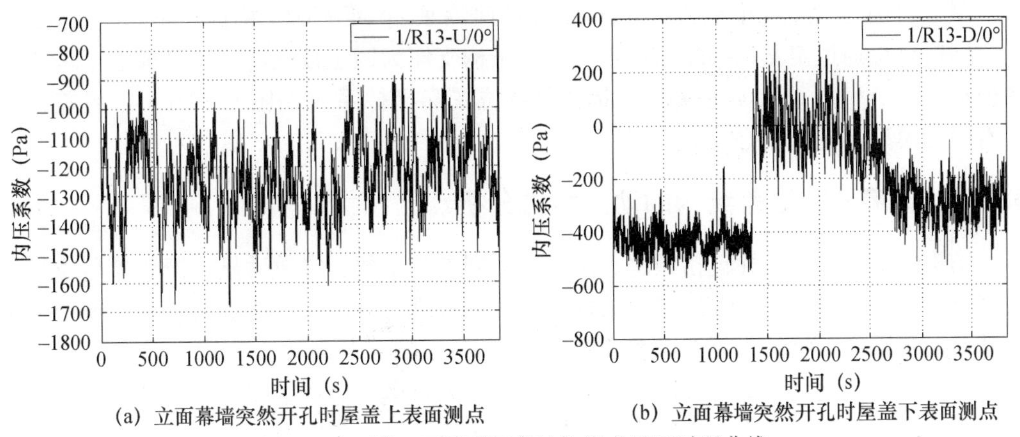

(a) 立面幕墙突然开孔时屋盖上表面测点　　(b) 立面幕墙突然开孔时屋盖下表面测点

图 6.8　工况 1 下原型屋盖结构测点风压时程曲线

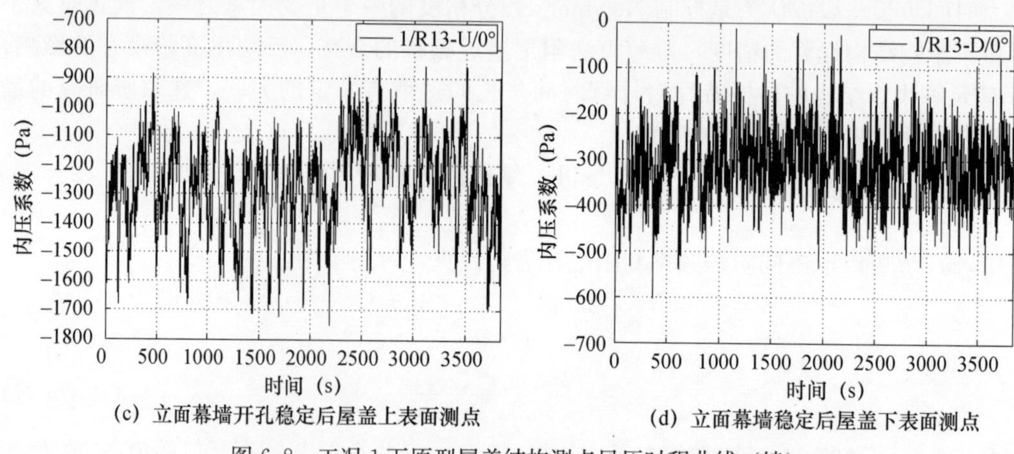

（c）立面幕墙开孔稳定后屋盖上表面测点　　（d）立面幕墙稳定后屋盖下表面测点

图 6.8　工况 1 下原型屋盖结构测点风压时程曲线（续）

6.6.3　幕墙开孔屋盖结构的有限元模型

开孔结构的原型尺寸及结构类型本章前述已做了介绍。屋盖结构支座边界条件为周边三向固定铰接支座，钢管的弹性模量 $E=2.06\times10^8\text{kN/m}^2$。根据《空间网格结构技术规程》（JGJ 7—2010）[149]的相关规定："对于周边落地的空间网格结构，阻尼比可取 0.02；对设有混凝土结构支承体系的空间网格结构，阻尼比可取 0.03"。故取屋盖结构的阻尼比 $\xi=0.03$。结构荷载取值为：上弦恒载取 0.45kN/m^2，活载取 0.50kN/m^2。结构采用 SAP2000 结构设计软件[150]进行设计，各杆件根据荷载组合选择合适的截面，然后根据设计计算结果在 ANSYS 有限元分析软件[151]中建立三维有限元模型进行屋盖结构时程响应分析。

屋盖网壳结构由若干空间杆件连接而成，一般认为，采用空间梁系有限元进行模拟属精确计算模型。在结构风致响应分析中，采用的基本假定如下：

（1）网壳杆件处于线弹性工作状态，且质量分布均匀；

（2）除网壳结构杆件自重外的附加静力荷载等效为集中荷载，作用于结构的各节点上；

（3）屋盖结构的阻尼符合瑞利（Rayleigh）结构阻尼假设。

屋盖结构的空间三维有限元模型网壳杆件均采用 BEAM44 构成，材料为 Q345-B 钢，结构自重通过定义钢材的密度来实现，结构支座为固定铰支座，计算模型中采用刚性模拟。BEAM44 梁单元的几何形状、节点位置和坐标系统如图 6.9 所示，屋盖结构的有限元模型如图 6.10 所示。

6.6.4　幕墙开孔屋盖结构的动力特性分析

结构的主要动力特性包括频率、振型、振型参与系数、有效质量、振型参与质量等诸多方面。对多自由度的大跨屋盖结构的动力响应进行分析时，所选用的总的振型数量与其对结构反应贡献的最终分析结果有着直接的影响。对高耸、高层这类悬臂结构来讲，主要由第 1 阶振型决定其结构响应，而对于大跨屋盖这类空间结构，高阶模态则有可能对结构的风致响应起着决定作用。结构反应情况以及各个振型贡献的大小对动力特性分析时所需振型数量的选取有着很大的关系。为了研究高阶模态的影响情况，本章用 ANSYS 有限元分析软件对该屋盖结构进行了自振特性分析，列出了屋盖结构前 30 阶自振频率及振型参与系数，详见表 6.7。

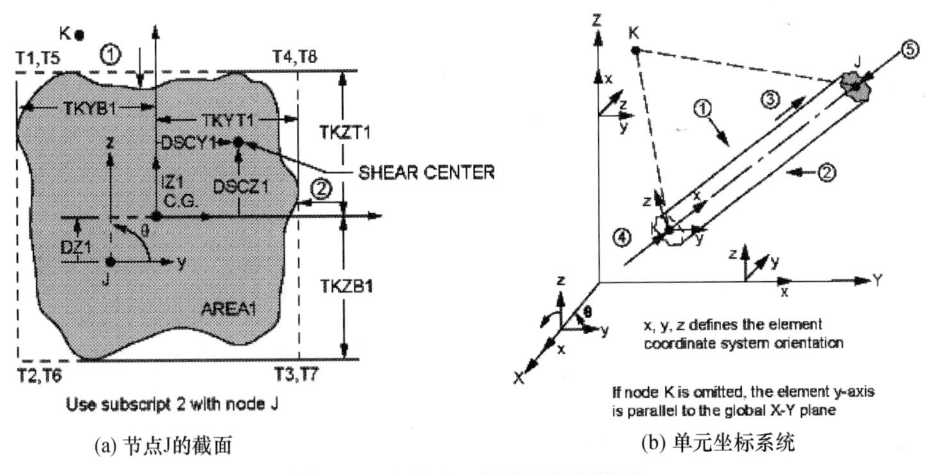

(a) 节点J的截面　　(b) 单元坐标系统

图 6.9　BEAM44 梁单元几何模型

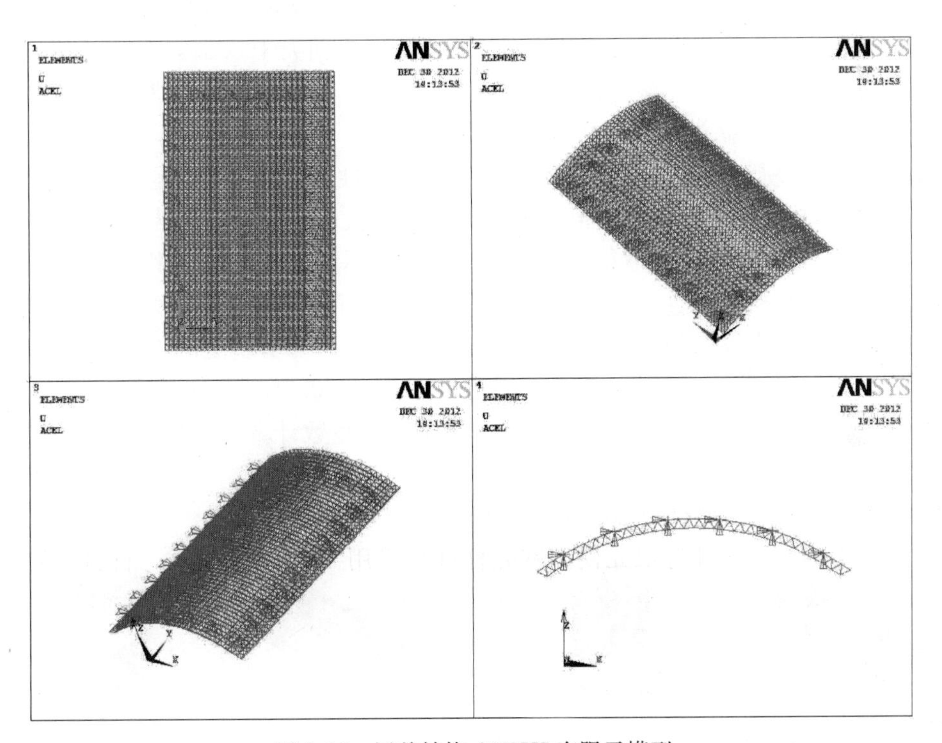

图 6.10　屋盖结构 ANSYS 有限元模型

由表 6.7 可以看出，屋盖结构整体的基频较大，这可能与结构四边的支撑有关，同时由于结构的对称性，出现多个频率相同或较为接近的情况，这也可以说明结构本身的整体刚度较好。其中与高层建筑自振不同的是，第 4 阶与第 24 阶在自振中振型参与系数分别为 1.000 与 0.465，可能在结构的振动中起主导作用，而高层建筑一般均出现在前几阶振型。图 6.11 为自振中振型参与系数最大的正阶振型图。由图 6.11 可见，屋盖结构的振型包括了水平向、竖向、扭转和局部振动，但各振型主要以竖向振动为主，因此本章重点考虑的是屋盖结构的竖向风振响应。

表 6.7　幕墙开孔屋盖结构的自振频率与振型参与系数　　Hz

模态	频率	振型参与系数	模态	频率	振型参与系数	模态	频率	振型参与系数
1	3.05	0.000	11	5.80	0.299	21	6.70	0.003
2	3.22	0.000	12	5.95	0.001	22	6.95	0.002
3	3.68	0.001	13	6.21	0.002	23	6.98	0.012
4	4.15	1.000	14	6.22	0.126	24	7.13	0.465
5	4.21	0.035	15	6.33	0.186	25	7.46	0.185
6	4.44	0.009	16	6.35	0.016	26	7.65	0.003
7	4.55	0.196	17	6.38	0.036	27	7.71	0.002
8	4.87	0.003	18	6.46	0.002	28	8.25	0.019
9	5.37	0.001	19	6.54	0.006	29	8.42	0.004
10	5.53	0.002	20	6.59	0.076	30	8.93	0.124

《空间网格结构技术规程》（JGJ 7—2010）[149]指出：大跨屋盖结构的风振问题非常复杂，对于大型空间网格结构，特别当结构基本自振周期大于 0.25s 时，宜进行基于随机振动的风振响应计算或风振时程分析。综上可知，本章对屋盖结构进行风振响应研究具有一定的工程实际意义。

对工程结构进行数值计算时必须考虑精度、稳定性及计算量等问题。显然，当时间间隔 Δt 取值越短，精度就越高，但计算工作量要增大。此外，稳定性同时也必须要考虑，如果计算时间的间隔 Δt 取得过大，则会有计算不稳定现象的出现，因此，选择合适的 Δt 非常重要。在这里，“不稳定”通常是指解数值的大小随着幅值的不断增加而发生波动变化，呈现出发散的现象。但在此所体现的只是计算分析上的不稳定，而对于物理系统，则仍是稳定的。相对于 Newmark-β 法，当 $\beta \geqslant 0.5$ 且 $\alpha \geqslant 0.25(\beta+0.5)^2$ 时则表现为无条件稳定，参见文献［152］。本章用于阻尼系数计算的频率为第 4 与第 24 阶振动圆频率，取结构模态阻尼比 $\xi=0.03$，根据式（6.20）、式（6.21）即可计算得到 $\alpha=3.10485$、$\beta=0.0002681$。

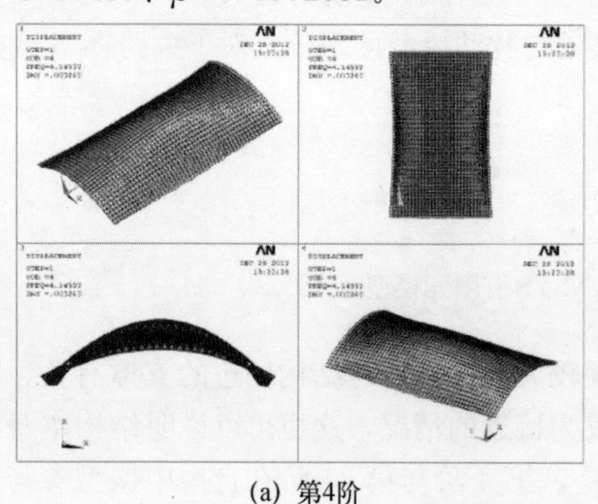

(a) 第4阶　　(b) 第7阶

图 6.11　自振中振型参与系数最大的正阶振型示意图

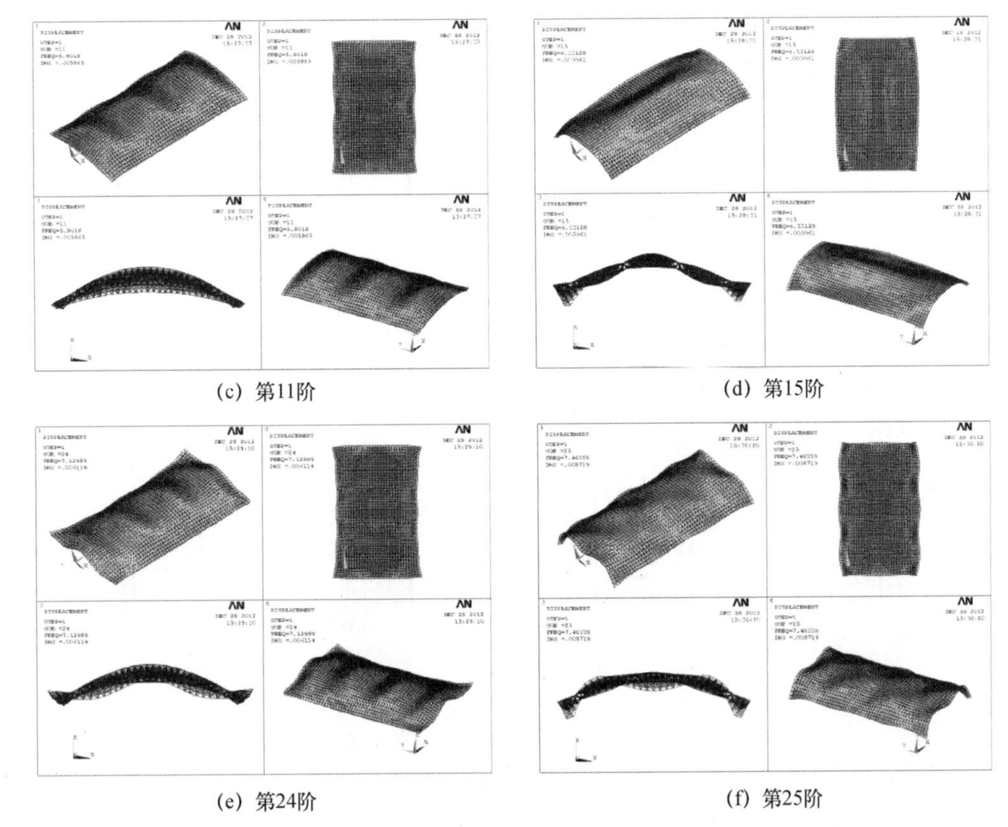

(c) 第11阶　　(d) 第15阶

(e) 第24阶　　(f) 第25阶

图 6.11　自振中振型参与系数最大的正阶振型示意图（续）

6.6.5　幕墙开孔屋盖结构的风振系数分析

在工程设计中，习惯于用等效静力风荷载来考虑风对结构的动力效应。对大跨屋盖结构进行风振响应特性研究的目的是为了获取作用在屋面上的等效静力风荷载，而等效静力风荷载一般可以用静力风荷载与风振系数的乘积表示，因此对风振系数的研究显得尤为重要。

现行荷载规范中，对结构风振系数的定义为：总风载概率统计值与静风载概率统计值的比值。这里所指的总风载一般包括平均风载与脉动风载两部分。对于大跨屋盖这类结构，由于其自振频率分布密集，且结构的不同位置、不同构件之间的风振系数一般存在较大的离散性，因此对整个结构的风振响应特性很难用统一的风振系数来进行描述，这是由于该风载风振系数主要针对像高耸结构这类以第一振动模态为主的结构所提出的。

风振系数通常有荷载风振系数和位移风振系数两种。其中荷载风振系数定义为节点静动力风荷载的总和与静力风荷载的比值；位移风振系数则为节点静动力位移的总和与静位移的比值。屋盖结构 ANSYS 有限元模型上下弦典型节点位置如图 6.12 所示，典型节点编号对应见表 6.8。

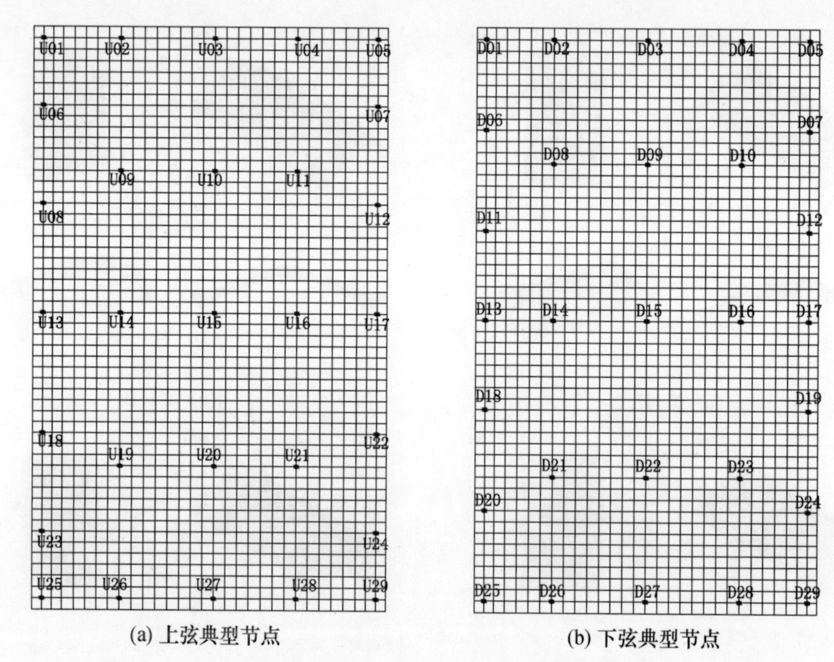

(a) 上弦典型节点　　(b) 下弦典型节点

图 6.12　屋盖结构 ANSYS 有限元模型上下弦典型节点位置示意图

表 6.8　ANSYS 有限元分析模型典型节点编号对应表

典型节点	ANSYS 模型	典型节点	ANSYS 模型	典型节点	ANSYS 模型	典型节点	ANSYS 模型
U01	1494	U16	91	D01	1556	D16	1735
U02	1508	U17	98	D02	1562	D17	1741
U03	1524	U18	2370	D03	1570	D18	2213
U04	1540	U19	2564	D04	1578	D19	2241
U05	1549	U20	2572	D05	1584	D20	2778
U06	1273	U21	2579	D06	1118	D21	2595
U07	1301	U22	2398	D07	1146	D22	2603
U08	710	U23	2933	D08	935	D23	2611
U09	904	U24	2961	D09	943	D24	2806
U10	912	U25	3154	D10	951	D25	3216
U11	919	U26	3168	D11	553	D26	3222
U12	738	U27	3184	D12	581	D27	3230
U13	113	U28	3200	D13	1713	D28	3238
U14	106	U29	3209	D14	1719	D29	3244
U15	84			D15	1727		

6.6.5.1　目标概率法计算峰值因子

大跨屋盖结构表面的风压并不总是服从高斯分布，由上下表面风压的叠加使得计算结果趋于复杂。另外，各测点风压在给定峰值因子下所计算的保证率并不一致，大跨屋盖结构由于其使用要求，需要的保证率比较高，一般选取 99%以上，如果按照选定峰值因子来计算各测点的峰值风压，就会造成为了保证屋盖结构各区域的计算结果能达到这种要求，而对屋盖部分区域保证率的选取显得“过度”，从而产生浪费。本章将运用目标概率法（Target Probability Method）来解决这一问题。

目标概率法，其基本原理是：以工程中所需的保证率作为目标，给定计算的初始峰值因子，通过将峰值因子的不断修正与迭代计算，从而使修正后的计算结果与目标保证率逐渐逼近，当目标保证率与计算结果间的误差足够小时，即得到满足该保证率下的计算峰值因子。

设某节点 i 位移峰值因子用 μ_i 表示，其最大位移 U_i 不超过峰值位移的概率可用式（6.23）计算，其中 P_{obj} 为目标保证率。

$$P\left\{\frac{|U_i-\overline{U}_i|}{\sigma_i}\leqslant\mu_i\right\}=P_{obj} \tag{6.23}$$

如果确定屋盖节点位移满足高斯分布，则计算峰值因子 μ_i 可通过该式直接计算求得，而对于节点位移分布并不明确的情况则无法通过该式直接求得，但却可以使用迭代方法对其进行求解。计算时，取初始峰值因子为 μ_0，而后按 δ 进行递增，δ 取值应足够小，可根据计算峰值因子的计算精度进行取值。

$$P\left\{\frac{|U_i-\overline{U}_i|}{\sigma_i}\leqslant\mu_0+k\delta\right\}=P_k \tag{6.24}$$

当 $|P_k-P_{obj}|\leqslant\varepsilon$（$\varepsilon$ 为某一极小值，可取10^{-5}）时，停止迭代，得到计算峰值因子 $\mu_i=\mu_0+k\delta$。图 6.13 为目标概率法相关计算流程图。

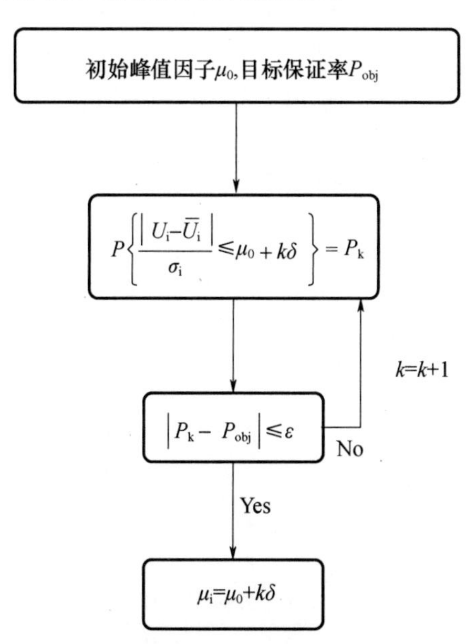

图 6.13　目标概率法计算峰值因子流程图

6.6.5.2　开孔屋盖结构风振节点位移响应

位移响应是指由脉动风压与平均风压产生响应的总合，一般是通过将位移响应的根方差乘以一个峰值因子来实现对脉动风所引起的响应来满足一定的保证率。位移峰值可通过下式进行计算：

$$U_{i,max}=\overline{U}_i\pm\mu\sigma_i \tag{6.25}$$

式中，$U_{i,max}$为节点 i 的位移最大峰值；$\overline{U}_i$ 为节点 i 的位移均值；σ_i 为该点的位移响应根方差，μ 为位移峰值因子，正负号的取值与平均风压值相一致。我国荷载规范对于高层结构的荷载峰值因子一般取为 2.5，对于大跨结构还需相应提高，一些已有的风洞试验结果表明，对于大跨屋盖结构的峰值因子常常会达到 3.0～5.0。

表 6.9、表 6.10 列出了不同工况下屋盖上下表面节点保证率为 99.5%时的计算峰值因子，测点布置图参见图 6.12。计算中，在保证率为 98%时按照我国荷载规范中所给定的初始峰值因子取 2.5。可以看出：（1）屋盖受脉动风影响较大的地方计算峰值因子也比较大，如屋盖四角、迎风屋檐区域的测点，受来流的分离与再附以及漩涡脱落等影响，脉动成分居多，脉动响应较大；（2）整体上屋盖各节点的计算峰值因子均较大，其中屋盖上表面测点的最大计算峰值因子为 3.69，下表面测点的最大计算峰值因子为 3.56。

表 6.9　不同工况下屋盖上表面各节点计算峰值因子

试验工况	计算峰值因子														
	U01	U02	U03	U04	U05	U06	U07	U08	U09	U10	U11	U12	U13	U14	U15
1—0°	3.15	3.11	3.10	2.97	2.93	2.94	3.34	2.64	2.91	2.97	3.21	3.07	2.64	2.80	2.89
2—0°	3.19	3.10	2.91	2.96	3.10	3.01	3.24	2.71	3.11	3.03	3.10	3.10	2.81	3.08	3.11
2—180°	3.18	3.51	3.07	3.19	3.03	3.19	2.99	2.93	2.87	2.70	2.95	2.91	2.95	3.07	3.00
3—0°	3.05	3.19	3.00	3.15	3.23	3.30	3.69	2.79	3.01	2.96	3.22	3.21	2.64	3.00	2.84
8—180°	3.02	3.08	3.01	3.39	3.00	3.05	3.02	3.13	3.02	3.16	3.05	2.90	3.12	3.10	3.14
9—0°	3.05	2.97	2.93	3.16	3.22	3.05	3.20	2.88	2.92	3.01	3.00	3.00	2.89	3.14	3.13
9—180°	2.92	3.31	3.16	3.01	2.97	3.28	3.21	3.07	3.11	3.22	3.15	2.89	3.35	3.42	3.37
10—0°	2.98	2.97	2.92	3.05	3.02	2.87	3.33	2.77	3.10	3.07	2.95	2.90	2.67	2.91	2.82
11—0°	2.92	2.94	2.91	3.08	2.80	3.07	3.28	2.85	2.87	2.84	2.82	2.92	2.89	2.84	2.76
11—180°	3.15	3.58	3.06	3.53	3.12	2.96	3.10	2.92	2.92	2.94	2.94	2.64	3.00	2.99	3.00
12—0°	3.16	3.44	3.16	3.36	3.21	3.20	3.09	2.92	2.88	2.93	2.99	2.76	2.97	3.13	3.16
12—180°	3.05	3.17	3.13	3.05	3.18	3.32	2.96	2.80	2.72	2.80	2.93	2.77	2.82	3.14	3.20

试验工况	计算峰值因子													
	U16	U17	U18	U19	U20	U21	U22	U23	U24	U25	U26	U27	U28	U29
1—0°	3.00	2.96	2.87	2.94	2.71	2.93	2.99	3.00	3.12	2.88	3.08	2.93	2.89	2.98
2—0°	2.91	2.86	2.77	2.98	2.92	2.99	3.01	3.17	3.14	3.06	3.06	3.27	3.36	3.26
2—180°	2.94	2.88	2.86	2.77	3.01	2.96	2.67	3.18	2.88	2.89	3.01	3.20	2.79	2.91
3—0°	2.72	2.92	2.87	3.08	2.99	2.92	2.95	2.91	2.92	3.13	3.06	3.05	3.34	3.21
8—180°	3.08	3.05	3.07	3.02	3.07	3.12	3.18	3.34	3.07	3.08	3.31	2.94	3.07	2.85
9—0°	3.02	3.15	2.92	3.08	3.00	3.05	3.07	2.97	2.98	2.97	3.21	3.03	2.97	2.77
9—180°	3.31	3.11	3.24	3.01	3.02	3.05	2.89	3.15	2.98	3.19	3.23	3.02	2.98	3.03
10—0°	2.84	2.94	2.72	2.82	2.82	2.91	3.01	2.91	2.80	3.20	2.82	2.85	2.79	2.80
11—0°	2.75	2.97	3.18	2.84	2.84	2.92	2.99	2.79	2.66	2.97	3.27	3.02	3.07	3.09
11—180°	2.81	2.94	3.19	3.01	2.86	2.93	2.97	3.37	3.13	2.97	2.82	2.85	2.93	3.00
12—0°	2.86	2.89	3.12	3.10	3.02	2.96	2.90	3.29	3.17	2.95	2.95	3.16	3.11	3.08
12—180°	2.80	2.72	2.93	3.07	3.06	2.88	2.72	3.09	3.09	2.82	2.96	3.35	3.17	3.03

表 6.10　不同工况下屋盖下表面各节点计算峰值因子

试验工况	计算峰值因子														
	D01	D02	D03	D04	D05	D06	D07	D08	D09	D10	D11	D12	D13	D14	D15
1—0°	3.15	3.12	3.05	2.93	2.94	2.77	3.01	2.90	3.01	3.20	2.66	2.97	2.77	2.81	2.88
2—0°	3.21	3.11	2.87	2.93	3.03	2.90	3.07	3.08	3.03	3.07	2.79	3.09	2.82	3.07	3.10
2—180°	3.18	3.51	3.07	3.21	3.01	2.90	2.90	2.87	2.69	2.94	2.86	2.88	2.93	3.05	3.02
3—0°	3.00	3.20	3.00	3.12	3.32	3.00	3.28	3.01	2.94	3.21	2.85	3.11	2.65	3.01	2.85
8—180°	2.93	3.10	3.01	3.39	3.13	3.05	2.92	3.02	3.15	3.05	3.16	2.96	3.06	3.09	3.18
9—0°	3.02	2.97	2.92	3.13	3.17	3.00	3.13	2.93	3.05	2.99	2.91	3.02	2.82	3.11	3.16
9—180°	2.91	3.30	3.16	3.07	2.97	3.19	3.14	3.13	3.24	3.13	3.05	3.02	3.27	3.43	3.40
10—0°	2.98	2.96	2.91	3.05	3.12	2.86	3.02	3.09	3.09	2.97	2.77	2.86	2.64	2.90	2.84
11—0°	2.94	2.95	2.86	3.09	2.92	2.80	2.94	2.85	2.85	2.85	2.95	2.94	2.79	2.84	2.75
11—180°	3.27	3.56	3.00	3.47	3.35	2.96	2.96	2.91	2.90	2.93	2.92	2.65	2.90	3.00	3.00
12—0°	3.18	3.42	3.13	3.33	3.36	3.03	2.93	2.87	2.89	2.99	2.88	2.76	2.98	3.14	3.16
12—180°	2.96	3.15	3.14	3.05	3.24	2.99	2.78	2.72	2.77	2.93	2.72	2.76	2.94	3.15	3.20

试验工况	计算峰值因子													
	D16	D17	D18	D19	D20	D21	D22	D23	D24	D25	D26	D27	D28	D29
1—0°	2.99	3.14	2.96	2.95	2.86	2.94	2.72	2.94	3.02	2.93	3.08	2.94	2.88	3.00
2—0°	2.91	3.01	2.81	2.94	2.94	2.97	2.92	2.99	3.10	3.01	3.07	3.17	3.30	3.36
2—180°	2.94	2.95	2.88	2.78	2.85	2.77	2.97	2.92	2.86	2.88	3.01	3.17	2.78	2.89
3—0°	2.73	3.07	2.93	2.80	2.70	3.08	2.96	2.95	3.06	3.17	3.09	3.00	3.35	3.35
8—180°	3.09	3.05	3.02	3.17	3.07	3.01	3.08	3.12	3.12	3.06	3.28	2.93	3.09	2.79
9—0°	3.03	3.17	2.93	3.02	2.92	3.06	3.03	3.05	3.16	3.02	3.26	3.01	3.01	2.80
9—180°	3.29	2.94	3.18	2.90	3.18	3.02	3.05	3.07	3.07	3.14	3.26	3.02	2.99	3.01
10—0°	2.82	3.09	2.67	2.98	2.84	2.82	2.82	2.92	3.02	3.13	2.81	2.82	2.81	2.84
11—0°	2.75	3.01	3.07	2.89	2.89	2.84	2.85	2.92	2.95	2.97	3.27	3.07	3.09	3.06
11—180°	2.81	2.99	3.10	3.06	3.01	3.02	2.87	2.93	2.88	2.92	2.81	2.91	2.99	2.96
12—0°	2.86	2.98	3.07	2.93	3.01	3.10	3.03	2.97	2.92	2.93	2.94	3.19	3.15	3.05
12—180°	2.79	2.85	2.91	2.69	2.90	3.06	3.07	2.90	2.85	2.82	2.95	3.35	3.18	3.02

得到节点的计算峰值因子后，根据式（6.25）即可计算各节点的计算峰值位移。表 6.11～表 6.13 列出了 12 种不同幕墙开洞率下屋盖上下弦杆节点利用传统方法（即峰值因子取 2.5）与本章修正方法的峰值位移。从表中可以发现：（1）由于屋盖结构的振动主要为竖向振动，各工况下节点风致作用的竖向位移值均要大于水平向的位移值；（2）节点风致位移不仅与结构的刚度有关，同时作用于节点上风荷载的脉动值也对其有着较大的影响，故屋盖的最大峰值位置一般出现在屋盖的角部、悬挑屋檐以及屋盖的中间区域；（3）修正后的各工况下的节点的峰值位移基本上都大于传统方法计算得到的结果，尤其是在屋盖受脉动风影响较大的地方，但也不排除个别节点出现异常的情况，如在工况 11—180°、12—180°下节点 U01、D01 水平向（X 向）位移修正后的计算位移峰值要略小于传统方法的计算值。综上可知，采用改进后的修正方法能够提高结构风致响应计算的精度，对于大跨屋盖结构的风致响应分析研究是很有必要的。

表 6.11　不同工况下屋盖各节点 X 向位移峰值

(a) 上表面节点

mm

试验工况	U01		U03		U05		U13		U15		U17		U25		U27		U29	
	Ⅰ	Ⅱ	Ⅰ	Ⅱ	Ⅰ	Ⅱ	Ⅰ	Ⅱ	Ⅰ	Ⅱ	Ⅰ	Ⅱ	Ⅰ	Ⅱ	Ⅰ	Ⅱ	Ⅰ	Ⅱ
1—0°	4.88	4.90	1.82	1.82	14.10	14.13	11.33	11.35	2.16	2.16	−7.78	−7.76	3.19	3.21	1.22	1.22	13.54	13.57
2—0°	5.83	7.33	1.66	2.00	12.50	13.88	9.98	12.58	1.90	3.75	−3.18	0.62	4.09	5.94	1.16	1.42	12.27	13.89
2—180°	−0.14	−0.08	1.77	1.77	8.51	8.52	10.45	10.46	3.78	3.79	−9.45	−9.44	2.39	2.42	1.51	1.53	6.34	6.36
3—0°	5.19	5.21	1.64	1.65	13.64	13.84	11.33	11.35	1.90	1.90	−6.40	−6.38	3.10	3.11	1.07	1.07	12.11	12.25
8—180°	0.84	0.86	1.89	1.89	10.26	10.28	13.37	13.39	5.16	5.18	−5.44	−5.40	2.44	2.47	1.67	1.67	7.65	7.68
9—0°	7.74	7.77	1.79	1.79	15.85	16.06	12.56	12.58	3.63	3.64	−1.27	−1.23	5.75	5.77	1.22	1.22	12.78	12.81
9—180°	1.39	1.41	1.98	1.99	9.83	9.85	13.01	13.40	4.75	4.98	−4.08	−4.05	2.48	2.59	1.68	1.69	7.98	8.00
10—0°	5.99	6.01	1.52	1.52	14.54	14.57	12.64	12.66	2.24	2.25	−6.01	−5.99	4.06	4.17	1.03	1.04	13.06	13.08
11—0°	5.68	5.71	1.67	1.67	15.13	15.16	13.21	13.22	1.90	1.91	−7.14	−7.11	3.85	3.88	1.11	1.11	13.77	13.79
11—180°	−0.38	−0.36	1.59	1.59	9.77	9.80	11.06	11.07	2.88	2.88	−5.75	−5.73	1.77	1.79	1.31	1.31	6.79	6.81
12—0°	−0.93	−0.91	1.68	1.68	9.31	9.35	11.00	11.01	3.34	3.35	−7.80	−7.78	1.41	1.44	1.31	1.34	6.39	6.41
12—180°	−1.44	−1.43	1.70	1.70	8.48	8.53	10.51	10.52	3.66	3.69	−9.54	−9.52	1.00	1.03	1.25	1.31	5.74	5.76

注：Ⅰ为保证率为 98%；Ⅱ为保证率为 99.5%。

(b)下表面节点

试验工况	D01		D03		D05		D13		D15		D17		D25		D27		D29	
	Ⅰ	Ⅱ	Ⅰ	Ⅱ	Ⅰ	Ⅱ	Ⅰ	Ⅱ	Ⅰ	Ⅱ	Ⅰ	Ⅱ	Ⅰ	Ⅱ	Ⅰ	Ⅱ	Ⅰ	Ⅱ
1—0°	5.33	5.35	4.59	4.59	13.98	14.00	11.74	11.75	2.90	2.92	−8.61	−8.59	4.10	4.12	2.64	2.65	13.91	13.93
2—0°	6.38	8.02	4.16	4.68	12.46	14.00	10.31	13.07	2.59	5.94	−2.73	2.19	4.98	6.96	2.49	2.89	12.62	14.50
2—180°	−0.26	−0.20	4.42	4.43	8.01	8.03	10.58	10.59	6.35	6.37	−10.81	−10.79	2.61	2.64	3.16	3.18	6.01	6.03
3—0°	5.67	5.69	4.16	4.17	13.60	14.01	11.73	11.74	2.42	2.43	−6.90	−6.87	3.98	4.02	2.29	2.30	12.44	12.89
8—180°	1.02	1.04	4.29	4.30	10.00	10.02	13.80	13.82	8.71	8.77	−5.66	−5.62	2.80	2.84	3.28	3.29	7.48	7.50

续表

试验工况	D01		D03		D05		D13		D15		D17		D25		D27		D29	
	Ⅰ	Ⅱ	Ⅰ	Ⅱ	Ⅰ	Ⅱ	Ⅰ	Ⅱ	Ⅰ	Ⅱ	Ⅰ	Ⅱ	Ⅰ	Ⅱ	Ⅰ	Ⅱ	Ⅰ	Ⅱ
9—0°	8.48	8.51	4.35	4.36	16.41	16.47	13.10	13.12	5.66	5.68	−0.30	−0.22	6.71	6.74	2.54	2.55	13.36	13.39
9—180°	1.47	1.50	4.59	4.60	9.60	9.63	13.39	13.63	7.91	8.41	−3.91	−3.86	2.87	2.90	3.28	3.29	7.98	8.01
10—0°	6.60	6.62	3.93	3.94	14.59	14.62	13.04	13.06	3.02	3.03	−6.66	−6.63	4.95	4.97	2.28	2.29	13.42	13.44
11—0°	6.21	6.23	4.28	4.29	15.11	15.14	13.61	13.62	2.34	2.35	−8.07	−8.04	4.73	4.75	2.47	2.47	14.07	14.10
11—180°	−0.51	−0.28	3.84	3.84	9.40	9.84	11.20	11.21	4.67	4.68	−6.02	−5.99	2.07	2.10	2.55	2.56	6.45	6.47
12—0°	−1.12	−0.99	4.07	4.07	8.87	9.18	11.13	11.14	5.50	5.54	−8.67	−8.64	1.69	1.72	2.57	2.64	6.08	6.10
12—180°	−1.69	−1.67	4.14	4.15	8.00	8.16	10.63	10.64	6.12	6.19	−10.98	−10.96	1.25	1.28	2.49	2.62	5.48	5.50

注：Ⅰ为保证率为98%；Ⅱ为保证率为99.5%。

表6.12　不同工况下屋盖各节点Y向位移峰值

（a）上表面节点

mm

试验工况	U01		U03		U05		U13		U15		U17		U25		U27		U29	
	Ⅰ	Ⅱ	Ⅰ	Ⅱ	Ⅰ	Ⅱ	Ⅰ	Ⅱ	Ⅰ	Ⅱ	Ⅰ	Ⅱ	Ⅰ	Ⅱ	Ⅰ	Ⅱ	Ⅰ	Ⅱ
1—0°	10.57	10.58	14.65	14.67	15.66	15.68	1.74	1.74	1.84	1.85	2.26	2.26	10.21	10.23	15.25	15.27	15.32	15.34
2—0°	11.18	11.20	15.54	15.56	16.17	16.26	1.64	2.29	1.92	3.85	2.17	2.74	8.26	10.80	15.26	16.79	12.58	15.16
2—180°	13.28	13.30	15.96	15.98	12.23	12.24	1.63	1.63	2.98	2.99	1.96	1.97	15.30	15.32	16.22	16.31	9.39	9.41
3—0°	10.16	10.18	14.15	14.17	14.43	14.67	1.64	1.65	1.68	1.69	2.22	2.23	9.76	9.78	14.48	14.50	13.73	13.85
8—180°	14.62	14.78	16.86	17.22	13.52	13.54	2.08	2.08	3.94	3.95	2.52	2.53	17.54	17.57	16.26	16.28	11.77	11.79
9—0°	10.45	10.51	14.16	14.27	14.80	14.83	2.11	2.12	3.46	3.47	2.60	2.60	10.44	10.47	13.85	13.86	15.15	15.18
9—180°	14.20	14.32	16.48	16.66	13.42	13.45	1.91	2.04	4.01	4.31	2.44	2.45	16.93	17.05	16.07	16.09	11.86	11.88
10—0°	10.94	10.99	13.88	13.90	15.30	15.32	1.73	1.73	2.48	2.49	2.36	2.37	11.86	11.96	14.07	14.09	15.72	15.75
11—0°	11.54	11.63	14.10	14.29	16.27	16.29	1.90	1.90	2.28	2.29	2.19	2.20	13.06	13.08	14.48	14.50	17.01	17.04

续表

试验工况	U01		U03		U05		U13		U15		U17		U25		U27		U29	
	Ⅰ	Ⅱ	Ⅰ	Ⅱ	Ⅰ	Ⅱ	Ⅰ	Ⅱ	Ⅰ	Ⅱ	Ⅰ	Ⅱ	Ⅰ	Ⅱ	Ⅰ	Ⅱ	Ⅰ	Ⅱ
11—180°	13.47	13.49	15.89	15.91	12.34	12.36	1.58	1.58	2.93	2.94	2.04	2.04	15.81	15.84	15.33	15.35	12.67	12.69
12—0°	13.71	13.73	16.33	16.35	12.04	12.06	1.55	1.56	2.79	2.83	1.93	1.94	15.94	15.97	15.34	15.50	12.42	12.44
12—180°	13.42	13.44	16.12	16.14	11.26	11.29	1.46	1.47	2.55	2.60	1.75	1.76	15.45	15.47	14.75	15.04	11.69	11.70

注：Ⅰ为保证率为98%；Ⅱ为保证率为99.5%。

(b)下表面节点

试验工况	D01		D03		D05		D13		D15		D17		D25		D27		D29	
	Ⅰ	Ⅱ	Ⅰ	Ⅱ	Ⅰ	Ⅱ	Ⅰ	Ⅱ	Ⅰ	Ⅱ	Ⅰ	Ⅱ	Ⅰ	Ⅱ	Ⅰ	Ⅱ	Ⅰ	Ⅱ
1—0°	8.28	8.30	4.91	4.93	24.97	25.00	6.00	6.06	4.86	4.86	2.22	2.22	7.91	7.94	4.02	4.04	21.97	22.01
2—0°	8.38	9.80	7.62	11.03	24.28	25.86	5.58	6.66	6.30	17.88	2.28	4.08	9.60	12.50	6.51	10.29	22.77	25.34
2—180°	15.07	15.14	5.58	5.59	21.30	21.33	2.64	2.64	6.30	6.36	6.12	6.18	12.39	12.44	6.99	7.34	21.33	21.51
3—0°	7.91	7.94	4.49	4.50	23.05	23.55	5.52	5.52	5.22	5.22	2.52	2.58	7.44	7.46	3.65	3.69	20.17	20.21
8—180°	16.29	16.32	8.15	8.18	21.53	21.56	4.02	4.02	15.00	15.18	7.50	7.50	14.67	14.70	9.96	9.99	21.55	22.35
9—0°	5.91	5.94	5.97	5.99	23.92	24.00	7.32	7.32	13.98	14.04	4.02	4.02	7.13	7.16	5.51	5.54	20.35	20.39
9—180°	16.69	16.72	8.41	8.43	21.71	21.75	3.84	4.02	16.02	17.64	6.12	6.18	15.06	15.09	10.44	10.66	22.31	22.34
10—0°	6.48	6.50	4.26	4.28	22.85	22.88	5.58	5.58	9.12	9.18	2.70	2.70	6.44	6.47	3.57	3.59	18.79	18.83
11—0°	6.82	6.84	5.28	5.30	24.13	24.17	5.94	6.00	9.36	9.42	2.64	2.70	7.26	7.29	4.21	4.23	20.31	20.35
11—180°	16.96	17.24	8.38	8.41	22.38	22.97	2.40	2.40	8.40	8.46	6.30	6.30	15.21	15.39	10.24	10.71	22.11	23.07
12—0°	15.95	16.10	6.71	6.73	22.10	22.53	2.26	2.30	7.19	7.31	6.33	6.33	14.61	14.72	8.50	8.75	21.98	22.49
12—180°	14.31	14.33	4.77	4.78	20.95	21.20	2.04	2.10	5.70	5.88	6.12	6.12	13.44	13.47	6.42	6.44	20.99	21.02

注：Ⅰ为保证率为98%；Ⅱ为保证率为99.5%。

表 6.13　不同工况下屋盖各节点 Z 向位移峰值

(a) 上表面节点

mm

试验工况	U01		U03		U05		U13		U15		U17		U25		U27		U29	
	Ⅰ	Ⅱ	Ⅰ	Ⅱ	Ⅰ	Ⅱ	Ⅰ	Ⅱ	Ⅰ	Ⅱ	Ⅰ	Ⅱ	Ⅰ	Ⅱ	Ⅰ	Ⅱ	Ⅰ	Ⅱ
1—0°	12.99	14.65	12.92	13.88	19.02	19.81	15.00	15.12	37.96	38.74	21.68	22.30	13.55	14.05	13.63	14.20	18.53	19.42
2—0°	11.63	14.92	14.63	17.60	17.87	20.10	23.82	40.80	33.49	42.58	17.95	23.14	12.80	15.30	14.66	16.79	17.87	20.36
2—180°	21.19	22.87	11.82	12.49	14.69	15.56	9.18	11.46	37.08	38.21	21.86	22.22	19.01	19.73	14.44	15.53	12.39	12.95
3—0°	12.62	13.96	11.93	12.65	18.03	19.51	13.50	13.62	37.35	38.03	21.29	22.22	12.85	13.81	13.02	13.73	17.16	18.47
8—180°	23.00	24.35	12.92	13.82	15.53	16.48	21.42	27.78	42.65	45.17	25.70	27.23	20.75	22.15	14.13	14.76	12.98	13.53
9—0°	9.38	10.81	10.60	11.32	19.19	21.05	27.00	31.08	38.69	41.15	22.09	23.58	11.50	12.32	11.63	12.37	16.62	17.01
9—180°	22.72	23.75	13.52	14.75	15.19	16.06	23.28	32.40	41.99	45.78	24.45	25.87	20.21	21.89	14.00	14.79	13.03	14.06
10—0°	10.61	11.75	10.42	11.03	18.52	19.59	12.00	12.48	40.84	41.69	24.12	24.64	13.04	14.38	11.70	12.10	17.56	18.01
11—0°	11.81	12.76	11.74	12.37	19.44	19.94	11.82	15.06	42.62	43.19	25.34	25.89	13.67	14.47	12.08	12.83	18.26	19.45
11—180°	22.75	24.32	13.15	13.98	15.79	16.99	13.62	16.62	37.89	39.38	21.40	22.56	20.47	21.46	14.05	14.44	12.88	13.82
12—0°	22.21	23.56	12.24	13.03	15.43	16.60	12.70	14.96	38.47	40.11	21.92	23.06	20.61	21.39	13.83	14.60	12.35	13.21
12—180°	20.80	21.88	10.85	11.57	14.46	15.55	11.28	12.72	37.55	39.27	21.58	22.65	19.94	20.48	13.06	14.19	11.33	12.08

注：Ⅰ为保证率为 98%；Ⅱ为保证率为 99.5%。

(b)下表面节点

试验工况	D01		D03		D05		D13		D15		D17		D25		D27		D29	
	Ⅰ	Ⅱ	Ⅰ	Ⅱ	Ⅰ	Ⅱ	Ⅰ	Ⅱ	Ⅰ	Ⅱ	Ⅰ	Ⅱ	Ⅰ	Ⅱ	Ⅰ	Ⅱ	Ⅰ	Ⅱ
1—0°	8.92	10.07	11.66	12.46	14.69	15.32	11.31	11.79	38.08	38.82	9.11	10.33	10.59	11.05	11.41	11.89	13.84	14.54
2—0°	8.26	10.30	13.50	16.58	13.91	15.31	11.73	15.24	33.61	42.77	11.51	17.47	10.17	11.95	12.29	13.96	13.57	15.36
2—180°	15.01	16.23	10.78	11.42	11.79	12.43	7.29	7.74	37.05	38.25	7.98	9.45	14.11	14.61	12.05	12.92	9.95	10.34
3—0°	8.63	9.47	10.81	11.47	13.81	15.08	10.23	10.29	37.49	38.21	9.11	10.08	10.07	10.84	10.93	11.47	12.86	14.06
8—180°	16.21	16.93	12.17	13.06	12.16	13.10	10.14	11.34	42.77	45.53	10.71	13.06	15.37	16.34	11.82	12.33	10.22	10.51

续表

试验工况	D01		D03		D05		D13		D15		D17		D25		D27		D29	
	Ⅰ	Ⅱ	Ⅰ	Ⅱ	Ⅰ	Ⅱ	Ⅰ	Ⅱ	Ⅰ	Ⅱ	Ⅰ	Ⅱ	Ⅰ	Ⅱ	Ⅰ	Ⅱ	Ⅰ	Ⅱ
9—0°	6.19	7.11	9.61	10.29	14.20	15.43	12.09	12.84	38.93	41.53	12.60	14.70	8.90	9.59	9.76	10.34	12.25	12.60
9—180°	16.09	16.79	12.72	13.93	11.98	12.62	10.23	11.94	42.10	46.09	11.72	13.57	14.93	16.03	11.70	12.37	10.15	10.83
10—0°	7.23	8.01	9.43	9.98	14.03	15.03	10.08	10.11	41.00	41.89	7.60	8.69	10.03	10.88	9.80	10.10	13.05	13.44
11—0°	7.91	8.62	10.67	11.15	14.76	15.38	10.77	11.34	42.88	43.40	7.77	8.69	10.46	11.05	10.08	10.78	13.55	14.37
11—180°	16.34	17.71	12.34	13.06	12.49	13.82	8.34	8.82	38.09	39.60	11.17	12.85	15.19	15.79	11.71	12.12	10.31	10.92
12—0°	15.82	16.83	11.35	12.08	12.30	13.47	8.25	8.74	38.60	40.27	9.16	10.52	15.29	15.80	11.54	12.23	9.88	10.47
12—180°	14.67	15.29	9.92	10.63	11.63	12.59	7.83	8.31	37.60	39.36	6.80	7.77	14.80	15.19	10.91	11.86	9.07	9.61

注：Ⅰ为保证率为98%；Ⅱ为保证率为99.5%。

《空间网格结构技术规程》（JGJ 7—2010）[149]对空间网格结构的最大挠度值进行了规定，见表 6.14。显然，本章选取分析的各工况下屋盖节点竖向风致峰值位移均满足规范限定值的要求。

表 6.14　空间网格结构的容许挠度值

结构体系	屋盖结构（短向跨度）	楼盖结构（短向跨度）	悬挑结构（悬挑跨度）
网架	1/250	1/300	1/125
单层网壳	1/400	—	1/200
双层网壳立体桁架	1/250	—	1/125

6.6.5.3　开孔屋盖结构节点位移响应谱分析

对屋盖结构节点位移进行频谱分析可以更深层地揭示结构动力反应机理。选取几种典型工况下的屋盖节点风振位移响应谱进行分析，如图 6.14 所示。此处给出的位移响应谱为 Z 向的位移响应谱。

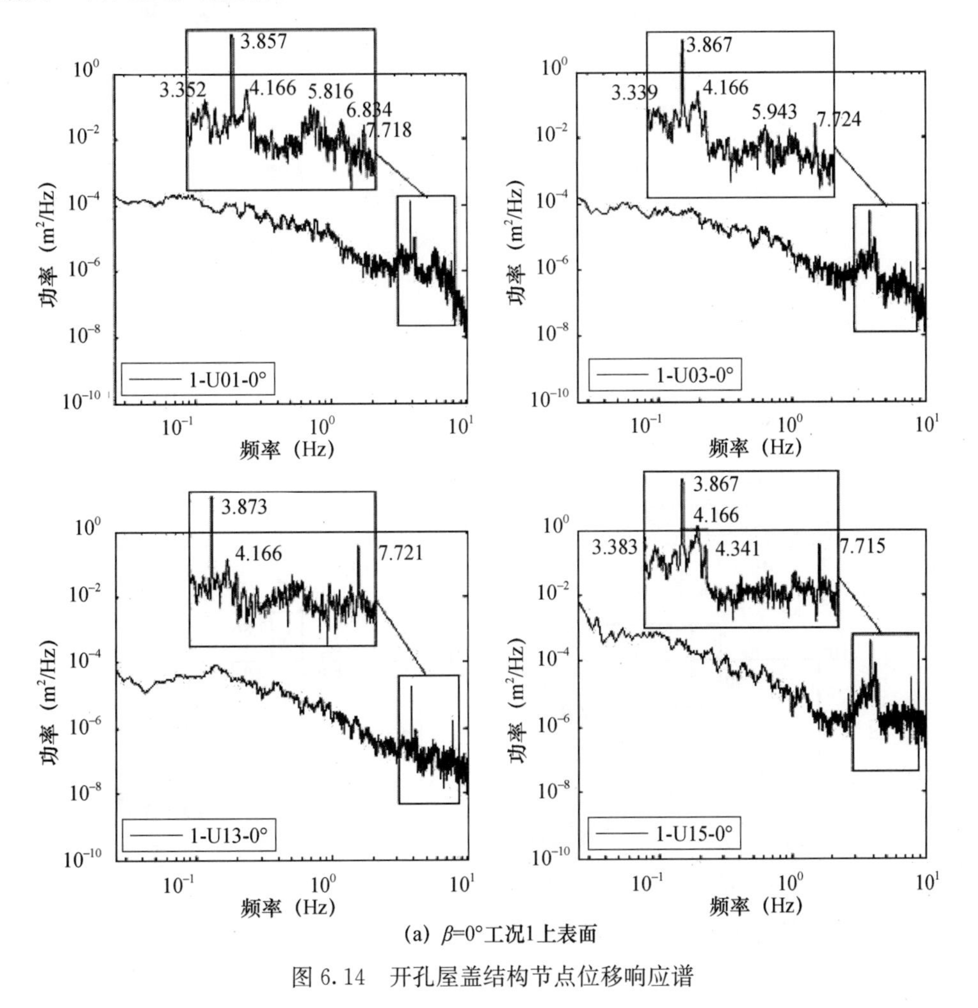

图 6.14　开孔屋盖结构节点位移响应谱

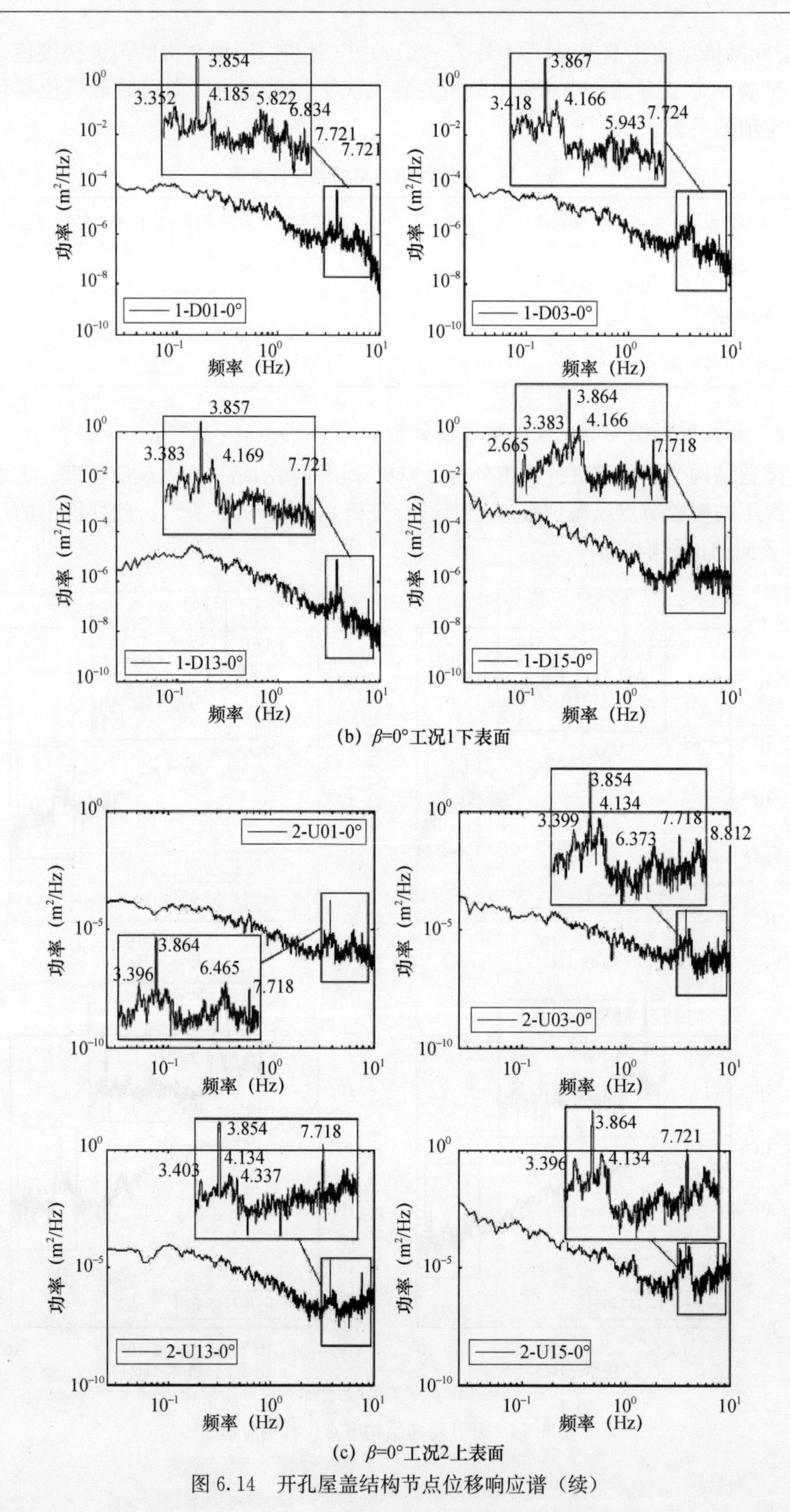

(b) β=0°工况1下表面

(c) β=0°工况2上表面

图 6.14　开孔屋盖结构节点位移响应谱（续）

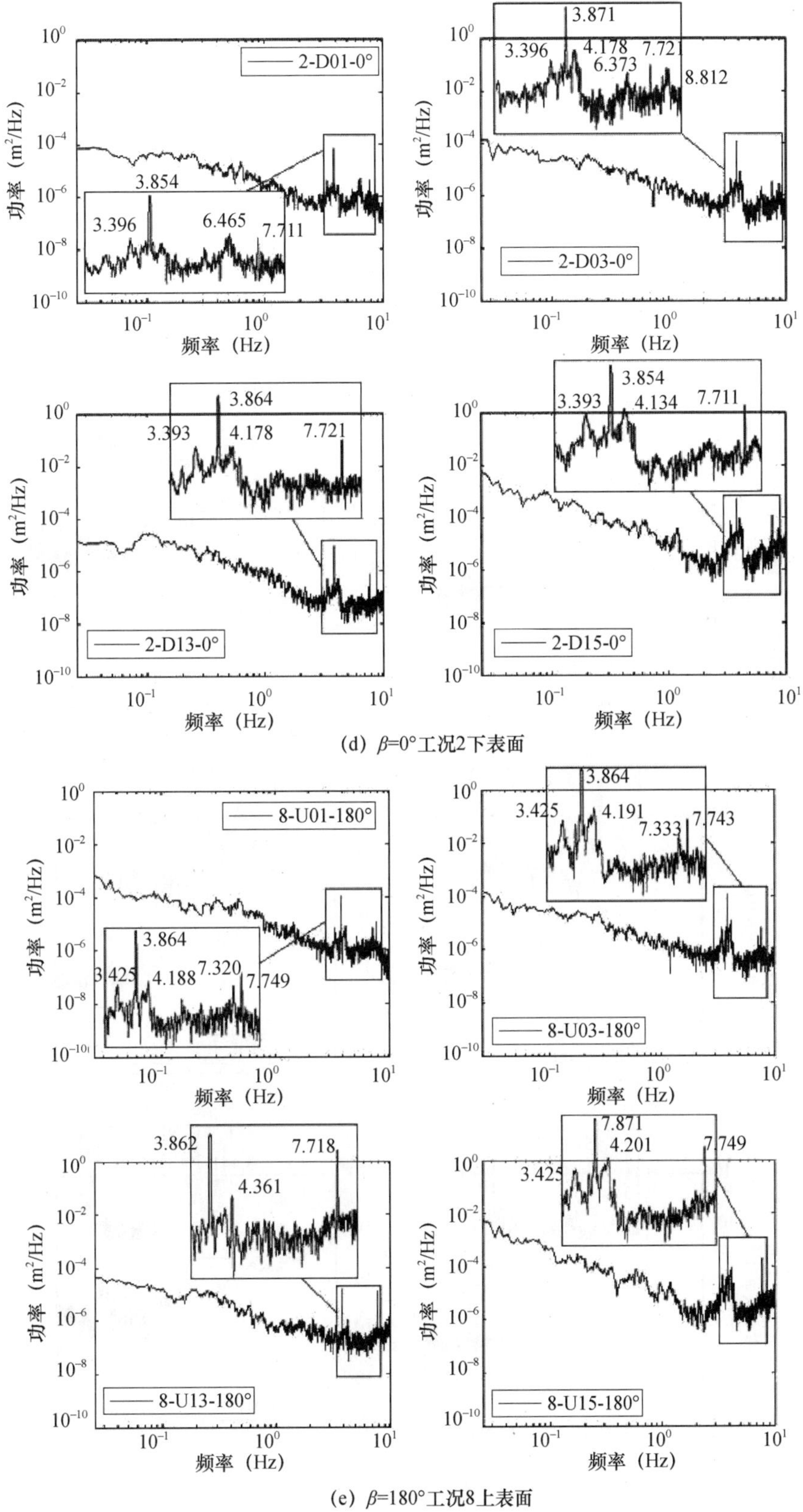

(d) β=0°工况2下表面

(e) β=180°工况8上表面

图6.14　开孔屋盖结构节点位移响应谱（续）

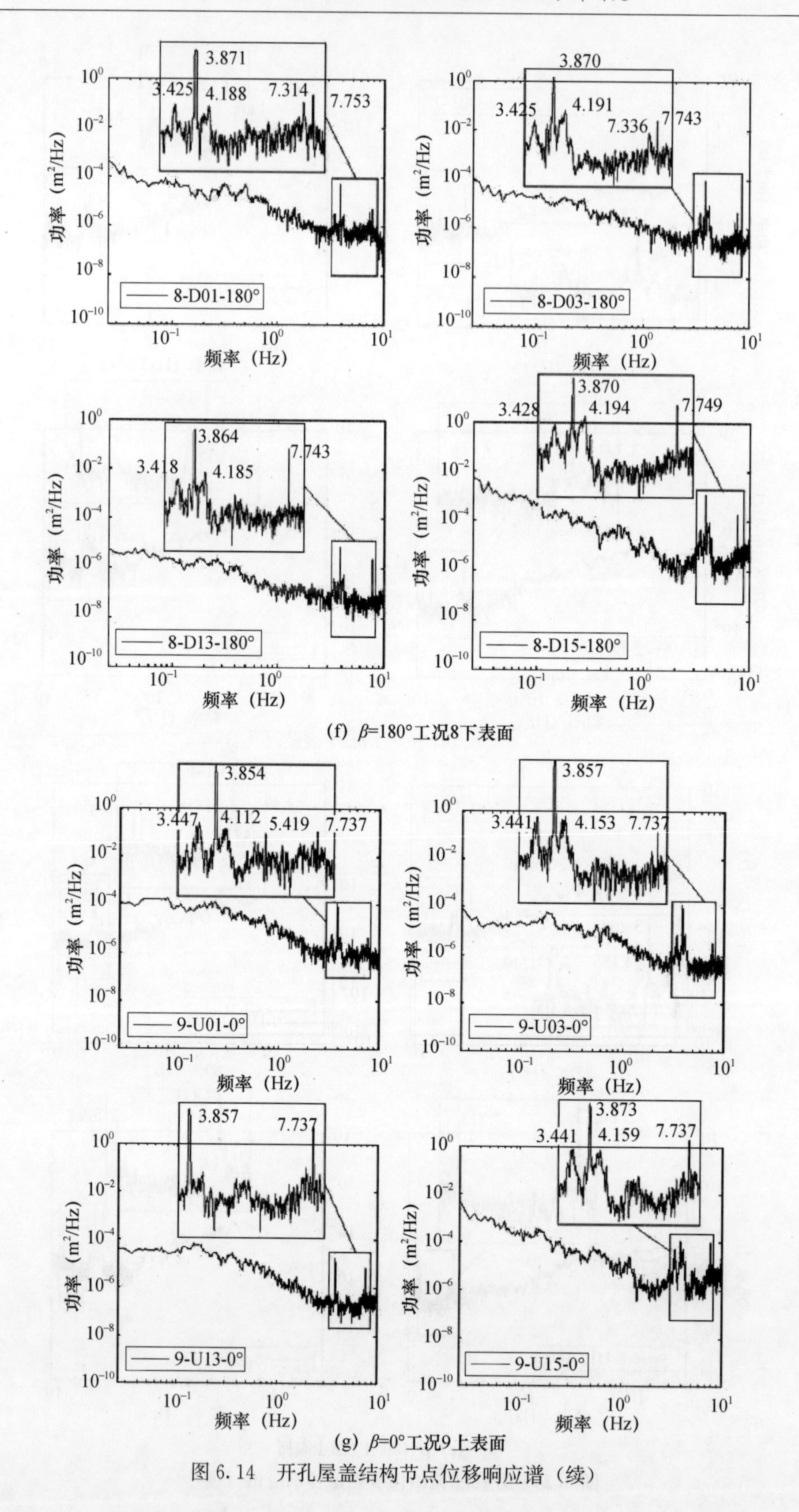

(f) β=180°工况8下表面

(g) β=0°工况9上表面

图 6.14　开孔屋盖结构节点位移响应谱（续）

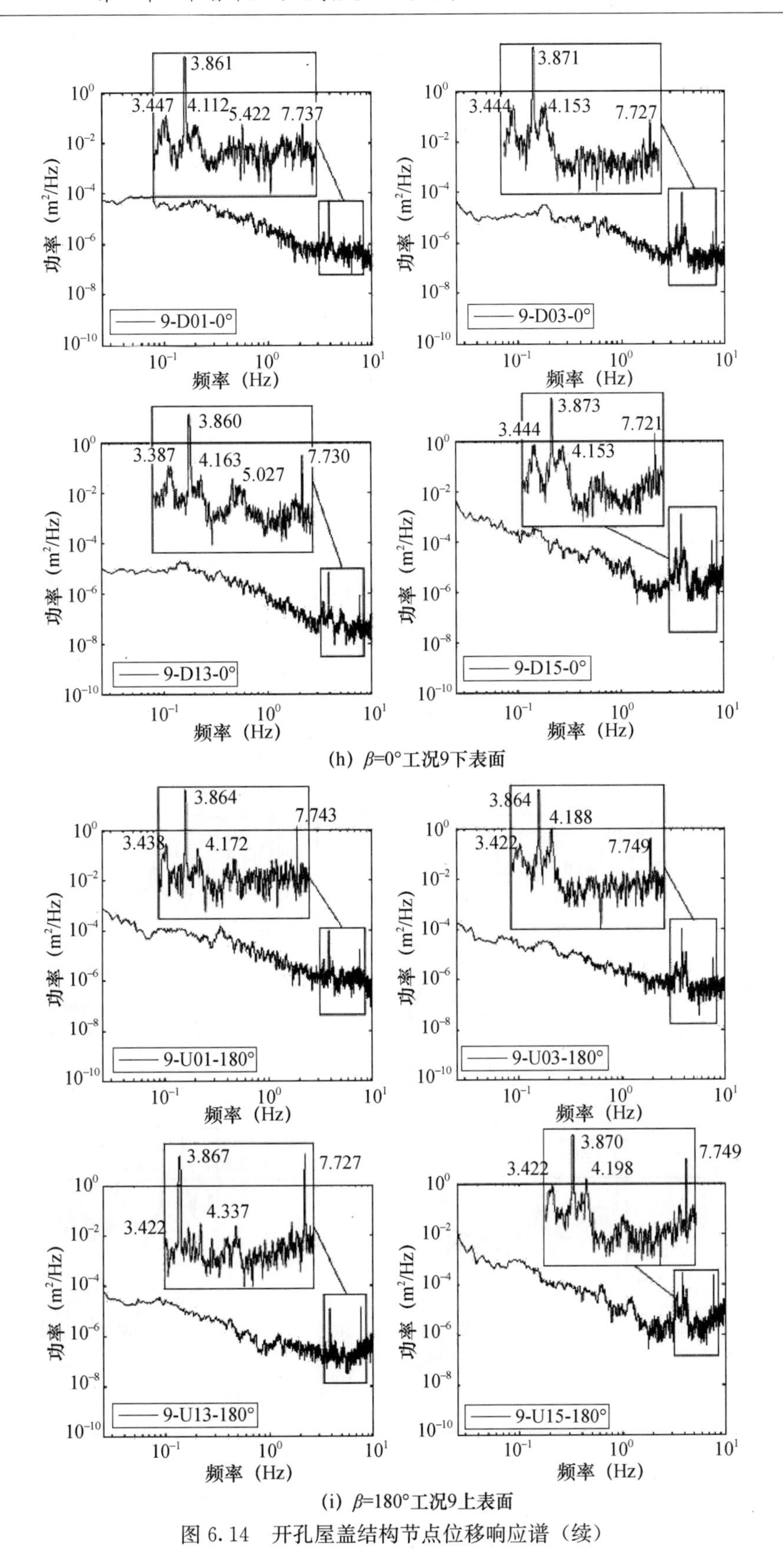

(h) β=0°工况9下表面

(i) β=180°工况9上表面

图 6.14　开孔屋盖结构节点位移响应谱（续）

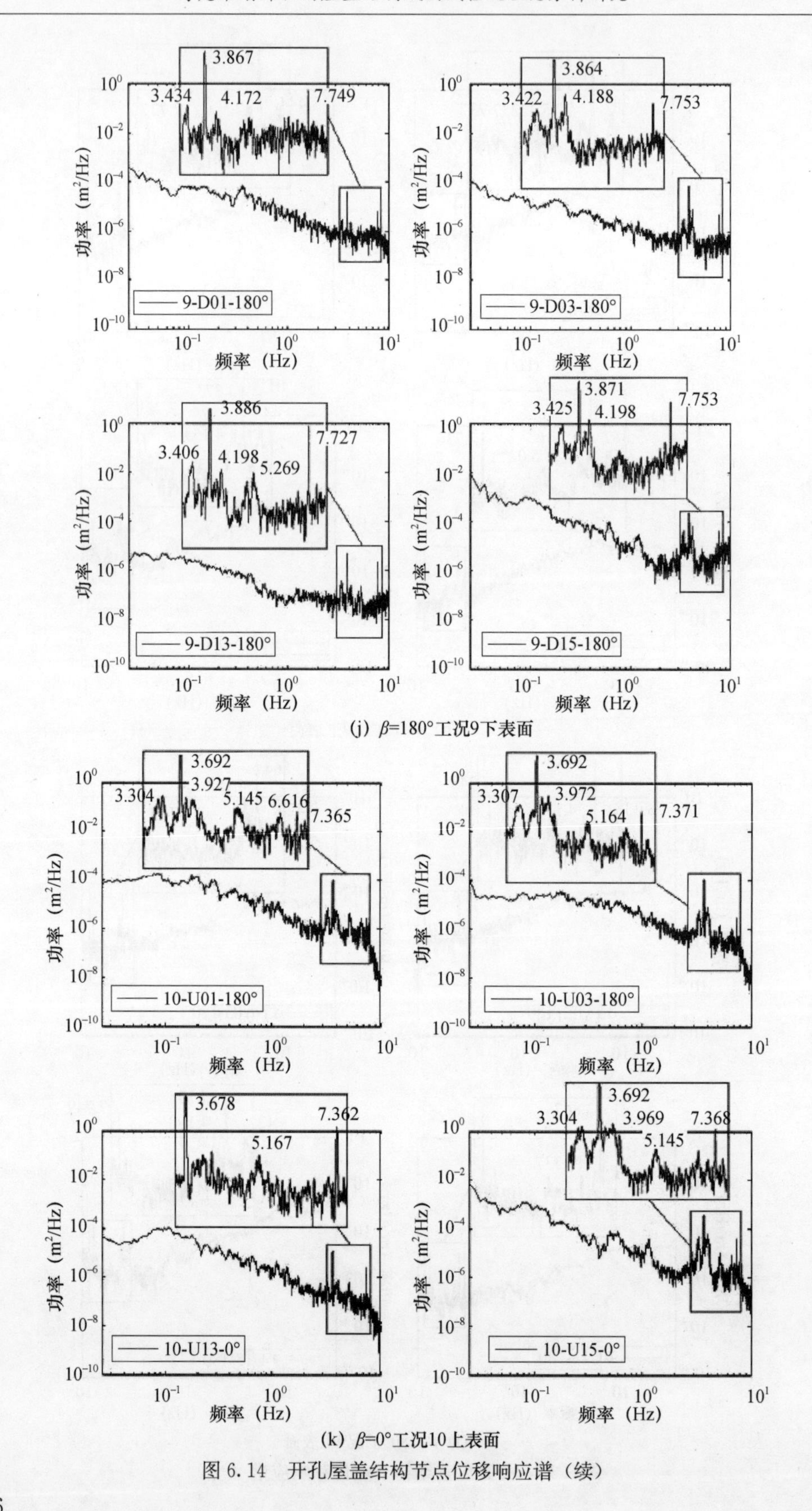

(j) β=180°工况9下表面

(k) β=0°工况10上表面

图 6.14　开孔屋盖结构节点位移响应谱（续）

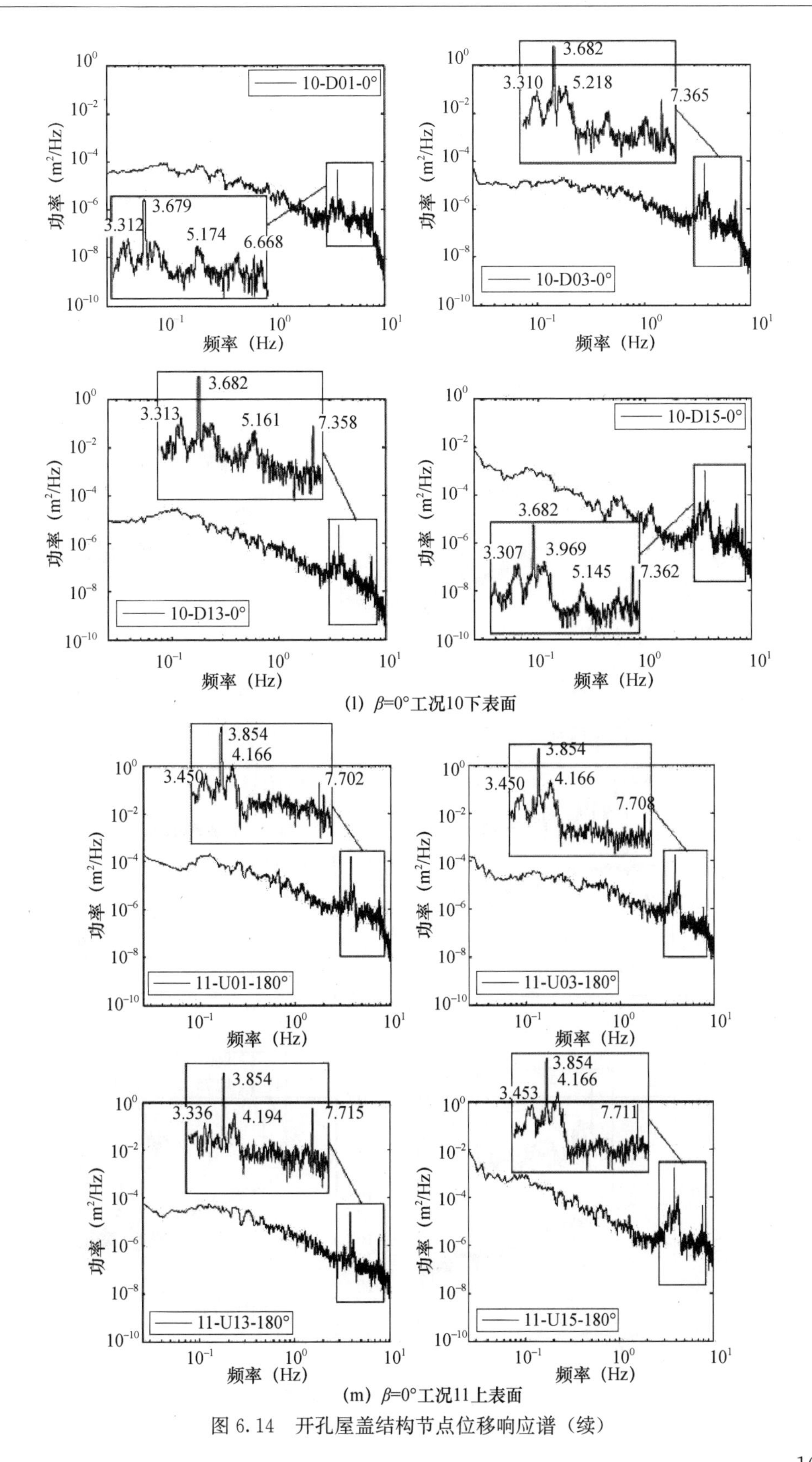

图 6.14　开孔屋盖结构节点位移响应谱（续）

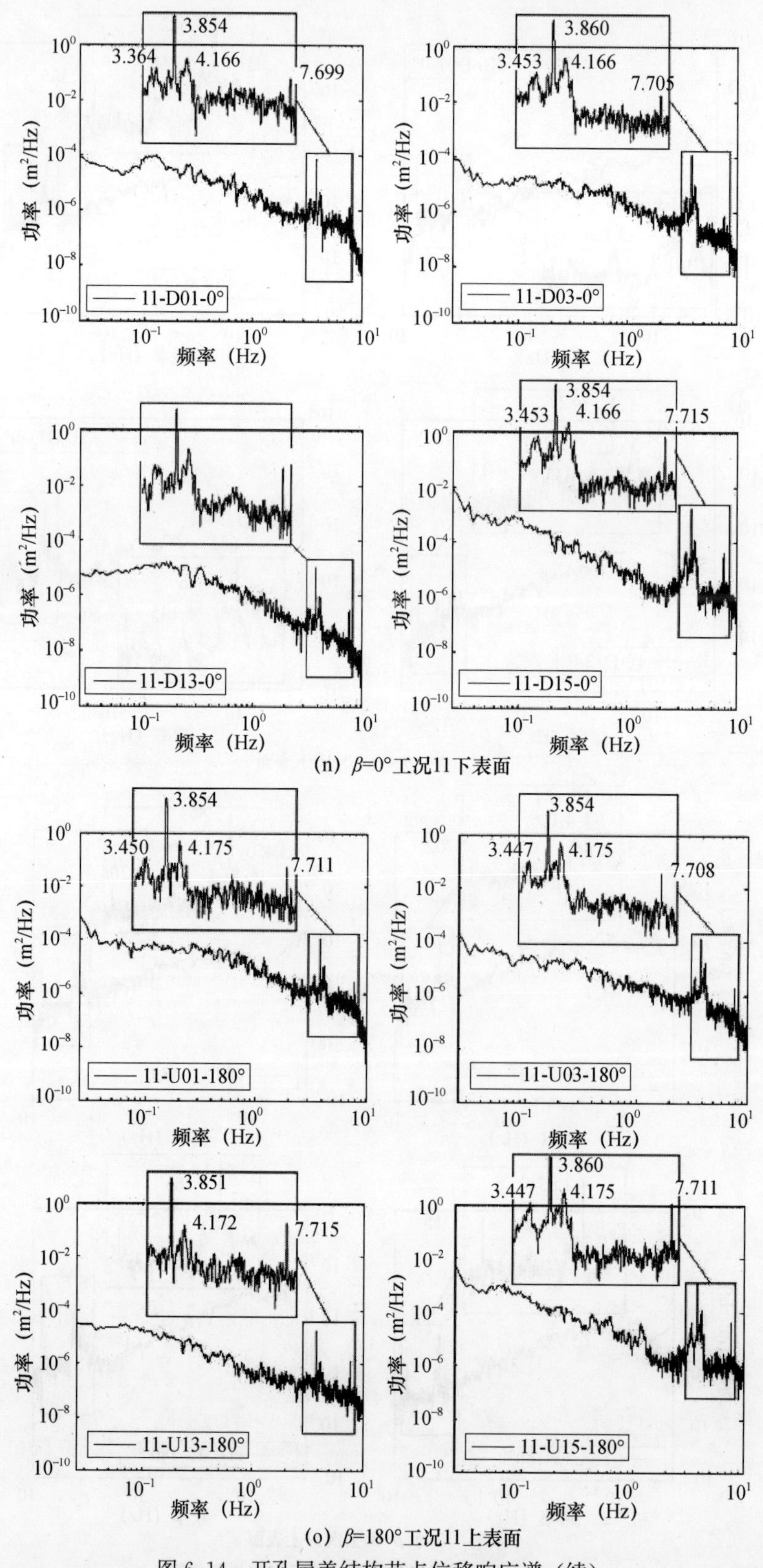

（n）β=0°工况11下表面

（o）β=180°工况11上表面

图 6.14 开孔屋盖结构节点位移响应谱（续）

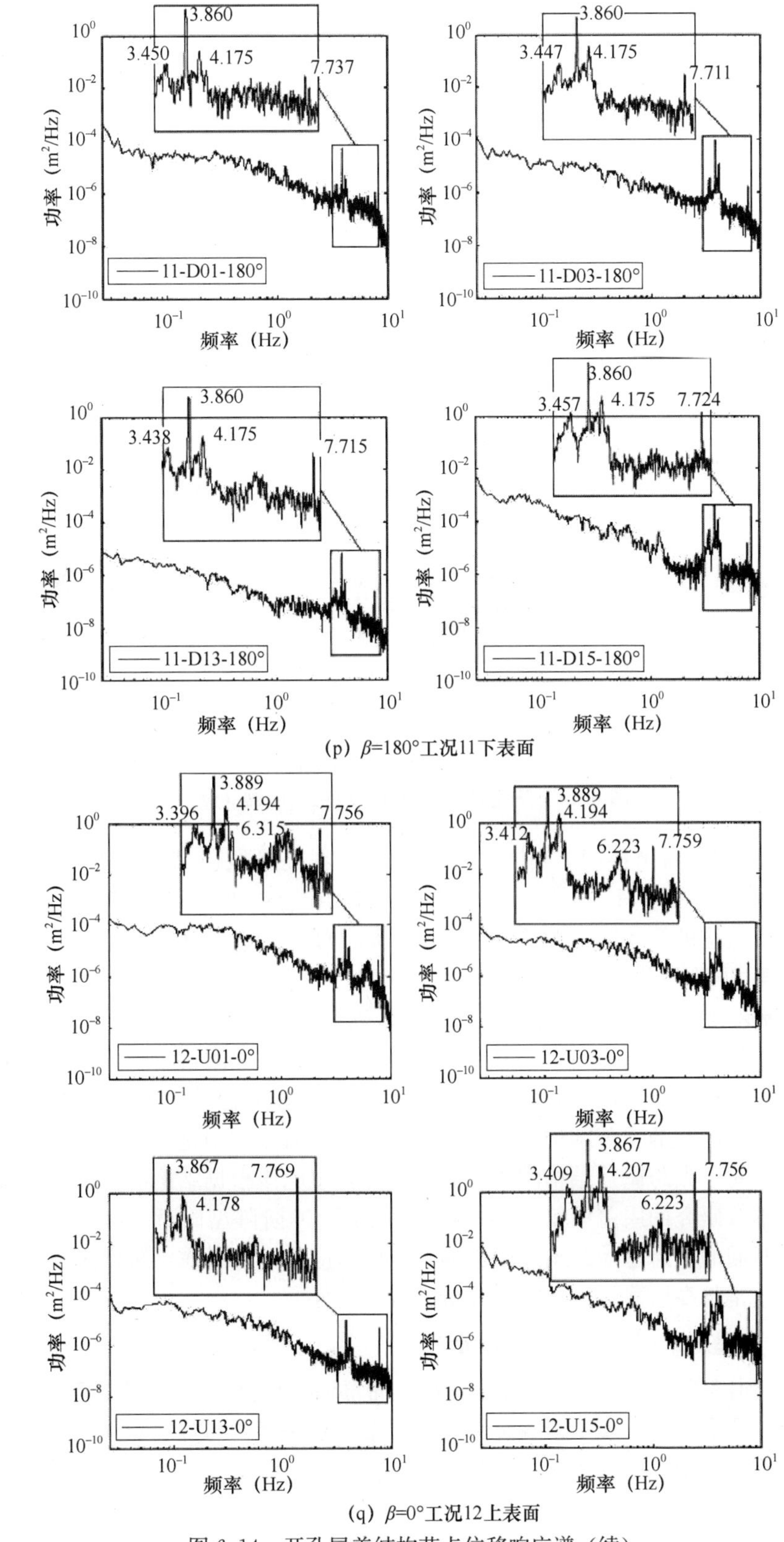

(p) β=180°工况11下表面

(q) β=0°工况12上表面

图 6.14　开孔屋盖结构节点位移响应谱（续）

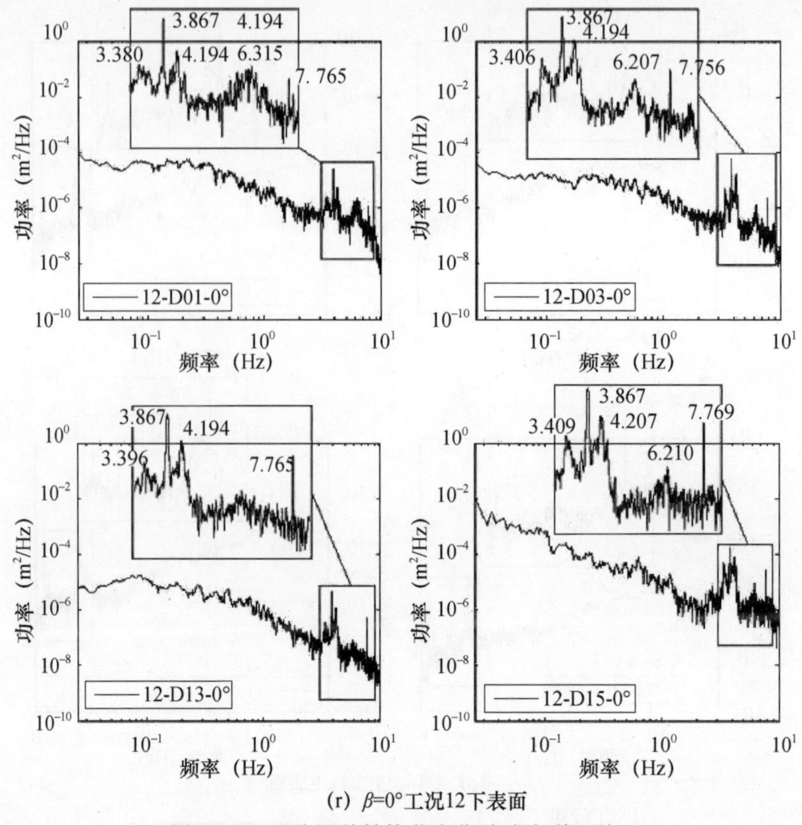

(r) β=0°工况12下表面

图 6.14　开孔屋盖结构节点位移响应谱（续）

从图 6.14 可以看出：（1）各工况下，各节点在高频段区域均出现了多个共振峰，其中在频率为 3.8～4.0Hz 与 7.4～7.7Hz 之间蕴含更多的能量，出现的两个最大共振峰值分别对应结构的第 4 阶、第 24 阶模态。从前面的位移计算结果可以得知，各工况下第 4 阶、第 24 阶的位移均以 Z 向为主；（2）屋盖中间区域的节点（如节点 U15、D15）比边缘区域的节点（如节点 U03、D03）所蕴含的能量要高，因此响应谱曲线变得较为陡峭，峰值更为明显；（3）在频率为 3.3～4.2Hz 之间，活跃着多个峰值，仔细观察可以发现，这个频率段即对应结构的低阶阵型模态的范围（前 4 阶模态），由此可以得知在本文所研究的屋盖结构中，考虑低阶模态的风振作用是很有必要的；（4）此外也可以看出，对于大跨屋盖结构的风振分析研究，也应该根据结构的特性考虑多阶模态的贡献，如本章研究的屋盖中第二共振峰出现在第 24 阶阵型附近。综上可知，对于具有立面幕墙开洞的大跨屋盖结构，风振响应分析时应该同时考虑低阶模态与高阶模态的共同作用，这是与高层建筑风振响应分析的不同之处。

6.6.5.4　开孔屋盖结构节点位移时程分析

图 6.15 列出了在工况 1 下屋盖结构在立面幕墙突然开孔和开孔稳定后节点的位移时程曲线图。图中“Ⅰ”表示幕墙突然开孔状态，先在迎风面幕墙开洞，再在背风面幕墙开洞；开孔气流稳定后状态用“Ⅱ”表示。

从图中可以看出：（1）各节点在状态Ⅱ下位移时程曲线趋于平稳，这主要是由于输入结构节点计算的风荷载为平稳的时程；（2）屋盖风致位移值的大小随着节点位置的变化而变化，在迎风屋檐（U13、D13）、背风屋檐（U17、D17）处位移值较小，而在屋盖中间区域（U15、D15）则较大；（3）尽管幕墙是否开孔对悬挑屋檐处节点的风荷载时程没有直接的影响，但从图 6.15 中可以看出，节点的风致位移时程在开孔瞬间却有较为明显的波动，这可以说明，风致内压的变化不光对建筑内部屋盖区域有明显的影响，同时牵连对临近屋盖区域结构的影响也是不容忽视的；（4）在幕墙突然开孔瞬态时，屋盖节点的风致位移时程曲线随着节点离迎风屋檐距离大小而变化，呈现出向上凸起或向下凹进的现象，这主要与屋盖节点处风荷载的正负号及风荷载值的大小有关。

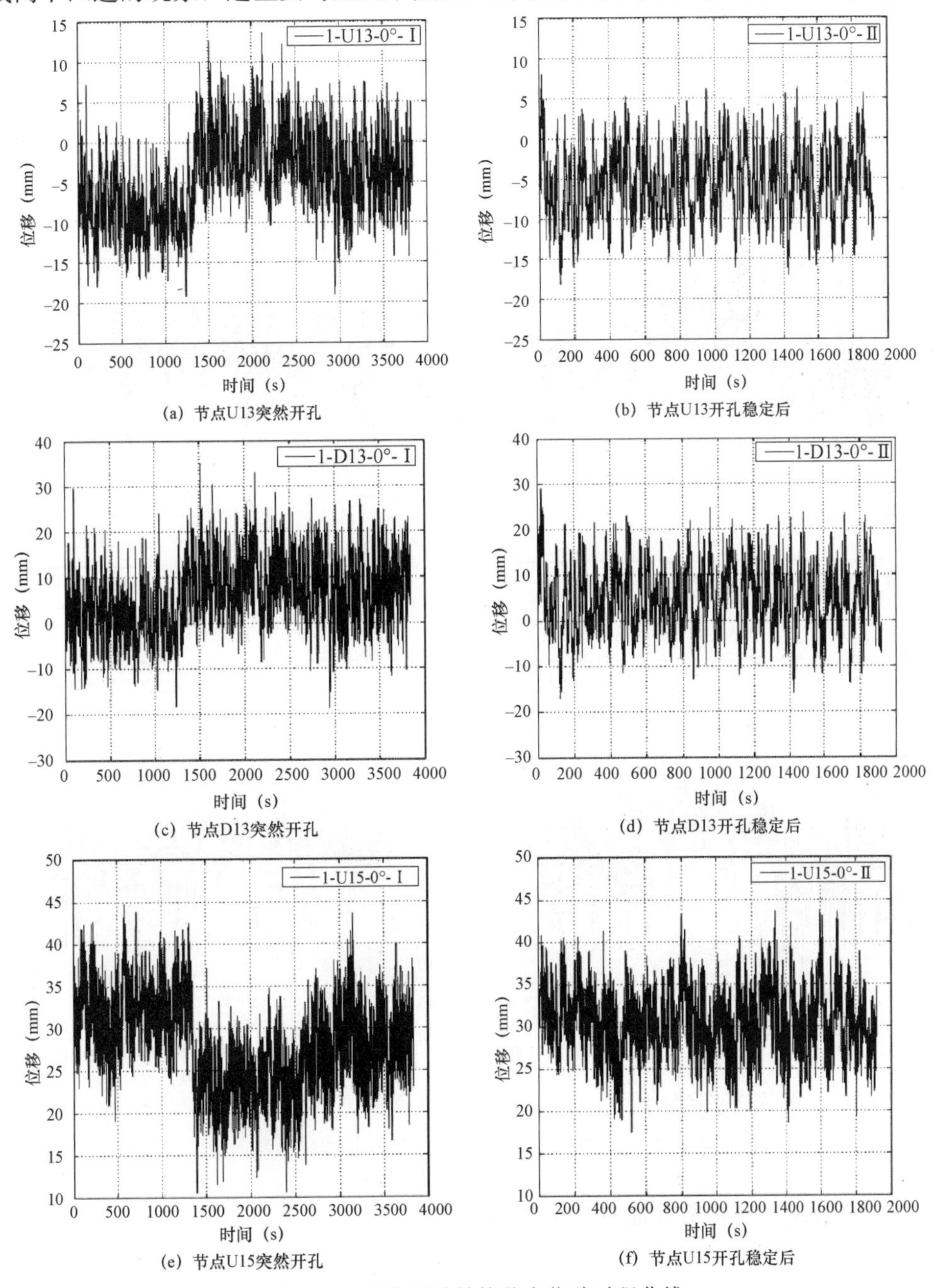

(a) 节点U13突然开孔　(b) 节点U13开孔稳定后

(c) 节点D13突然开孔　(d) 节点D13开孔稳定后

(e) 节点U15突然开孔　(f) 节点U15开孔稳定后

图 6.15　开孔屋盖结构节点位移时程曲线

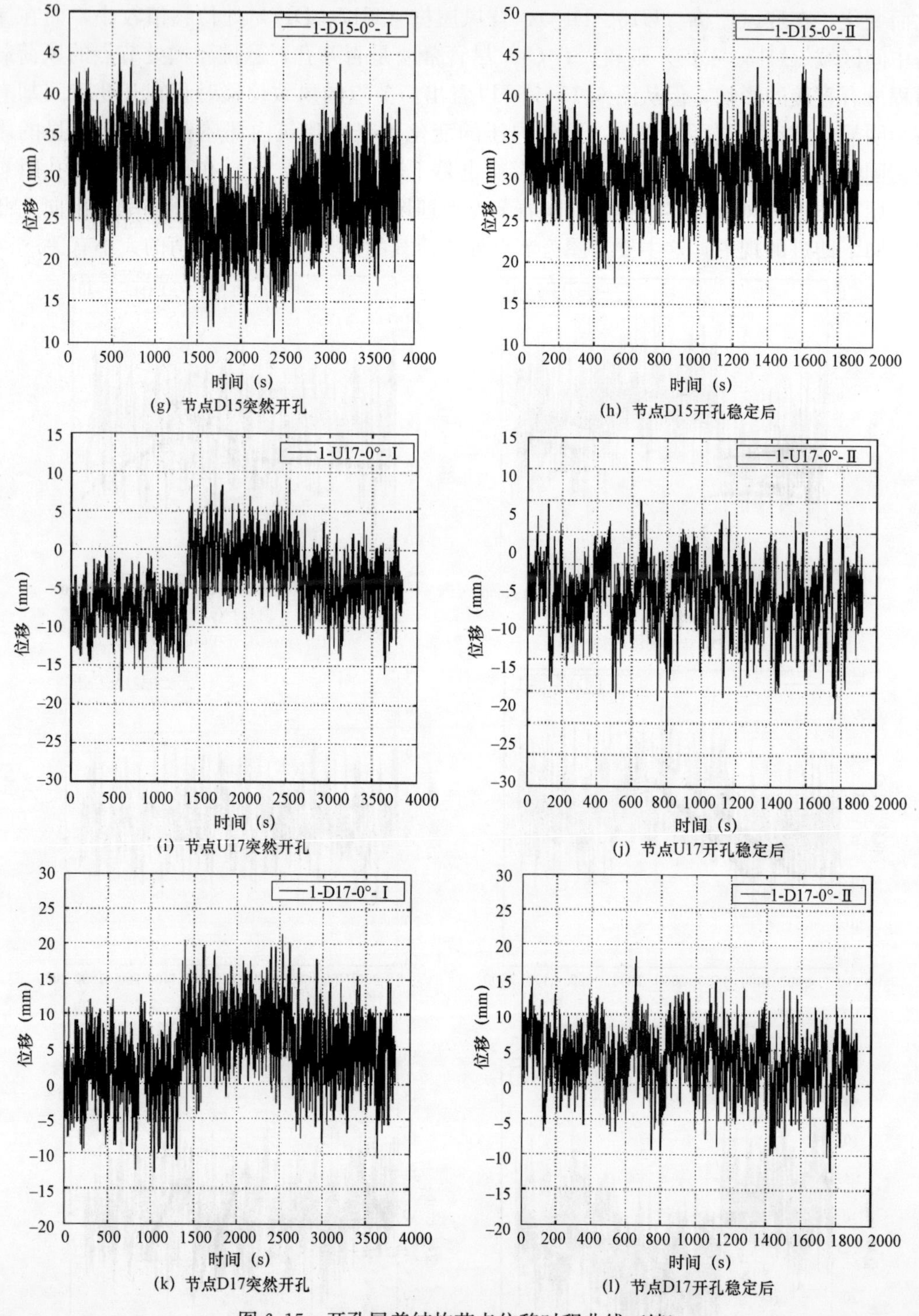

(g) 节点D15突然开孔

(h) 节点D15开孔稳定后

(i) 节点U17突然开孔

(j) 节点U17开孔稳定后

(k) 节点D17突然开孔

(l) 节点D17开孔稳定后

图 6.15　开孔屋盖结构节点位移时程曲线（续）

6.6.5.5　开孔屋盖结构节点加速度响应分析

图 6.16 列出了在工况 1 与工况 2 下屋盖结构在幕墙突然开孔和开孔稳定后节点的加速度时程曲线图（图中符号“Ⅰ”“Ⅱ”的定义与第 6.6.5.4 节的相同）。

从图中可以看出：(1) 由于屋盖结构本身的刚度较大，各工况下节点的加速度时程曲线在幕墙开孔瞬态与开孔稳定后两者并没有明显的突变，这是与节点风致位移时程曲线最为明显的区别之处；(2) 所选取的各节点在两工况下峰值加速度值大小均在 0.3m/s^2 左右；(3) 此外也可以发现，对于刚度较大的屋盖结构，幕墙开孔率的大小对屋盖结构的峰值加速度影响不大。

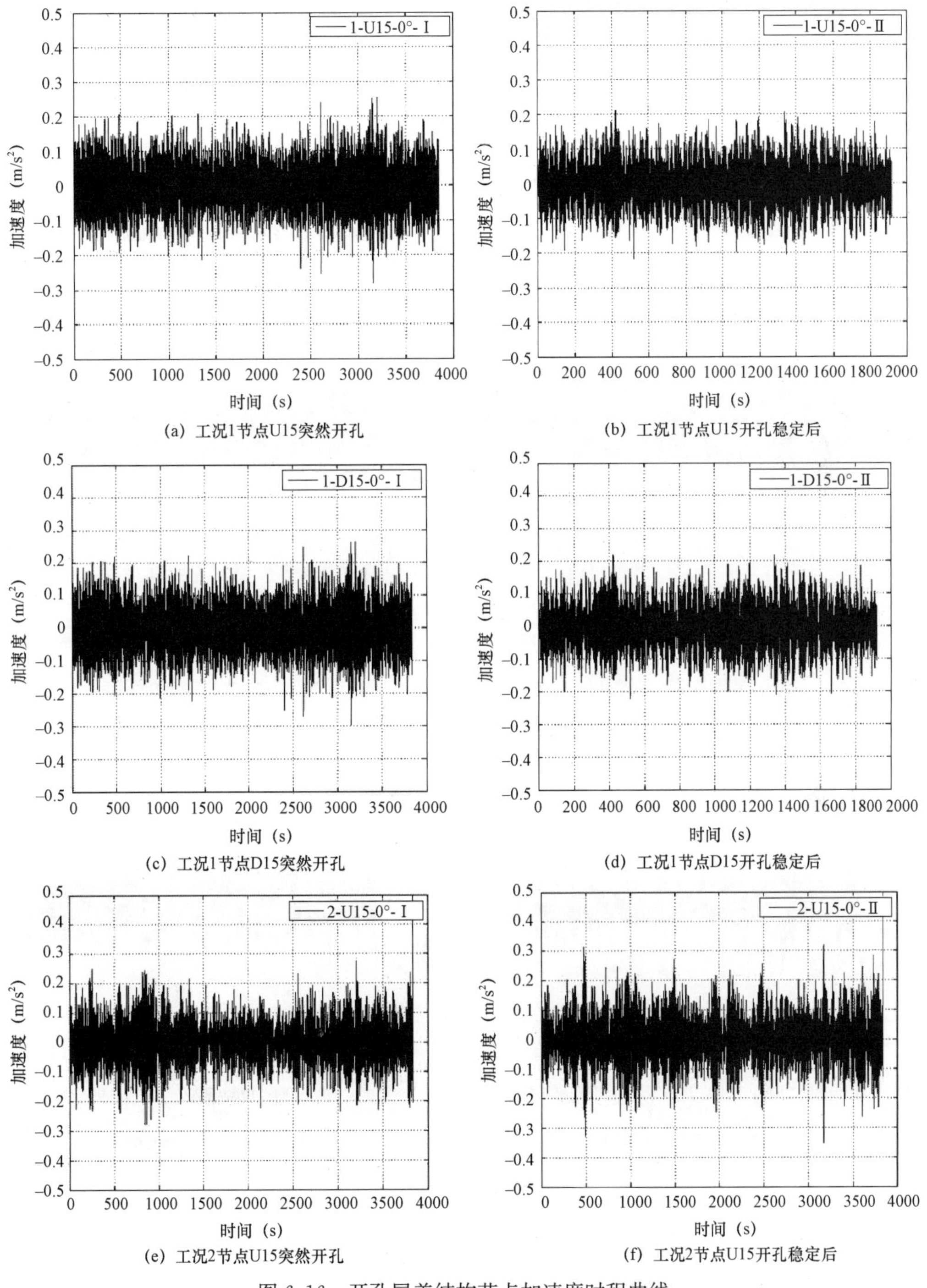

(a) 工况1节点U15突然开孔

(b) 工况1节点U15开孔稳定后

(c) 工况1节点D15突然开孔

(d) 工况1节点D15开孔稳定后

(e) 工况2节点U15突然开孔

(f) 工况2节点U15开孔稳定后

图 6.16　开孔屋盖结构节点加速度时程曲线

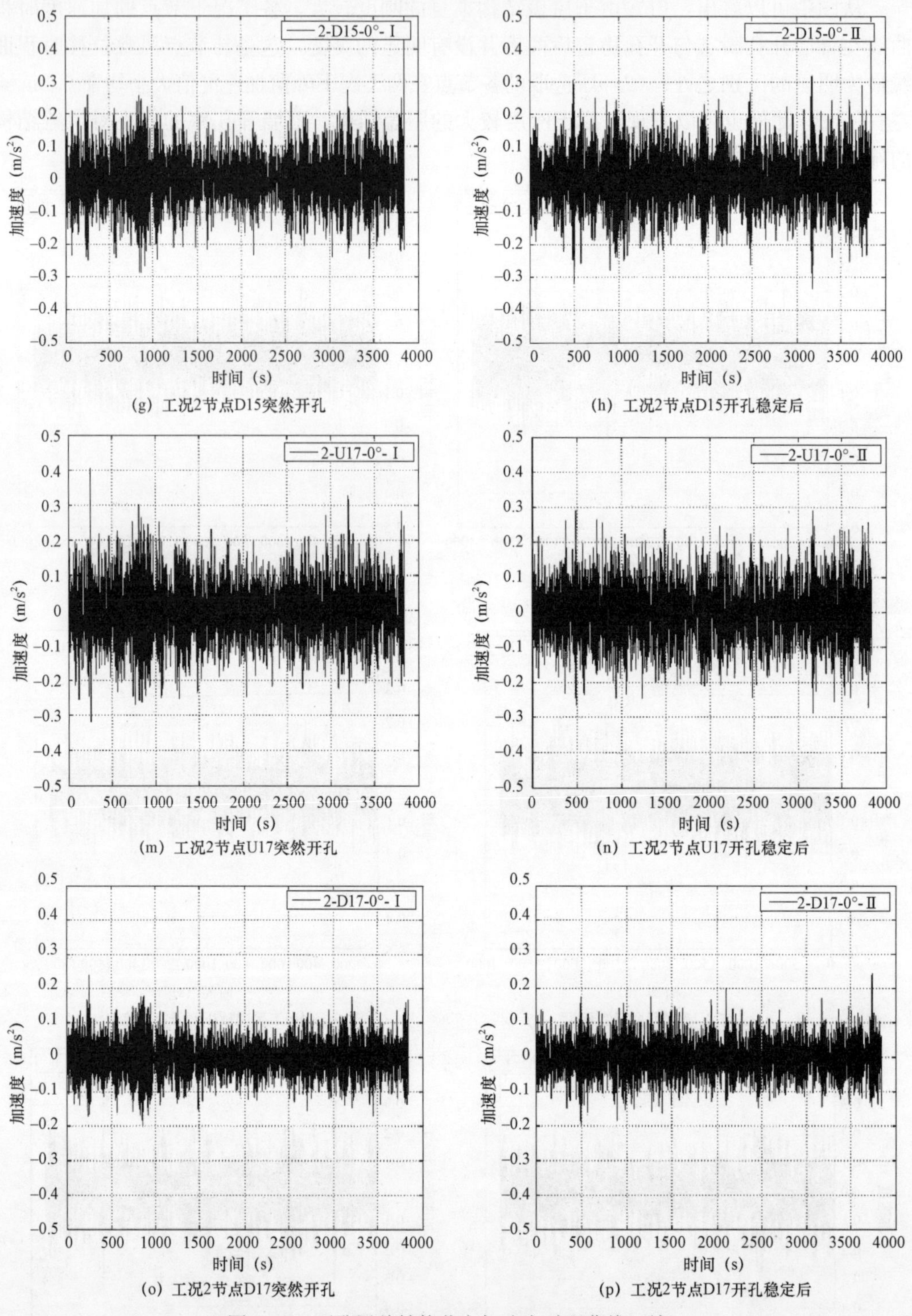

(g) 工况2节点D15突然开孔

(h) 工况2节点D15开孔稳定后

(m) 工况2节点U17突然开孔

(n) 工况2节点U17开孔稳定后

(o) 工况2节点D17突然开孔

(p) 工况2节点D17开孔稳定后

图 6.16　开孔屋盖结构节点加速度时程曲线（续）

图 6.17 列出了在工况 1 与工况 2 下屋盖结构在立面幕墙突然开孔和开孔稳定后屋盖部分节点的加速度响应谱曲线（图中符号“Ⅰ”“Ⅱ”的定义与第 6.6.5.4 节的相同）。

对比节点的位移响应谱曲线（图6.14）与加速度响应谱曲线（图6.17），可以看出两者具有较大的相似性，高频段内蕴含较大的能量，因此在高频段内共振峰较为明显，最大的共振峰均出现在屋盖的主导阵型（第4阶、第24阶）处，对应于3.8～4.0Hz与7.4～7.7Hz两个频率区域，特别在频率在3.8～4.0Hz之间，所蕴含的能量最大，响应谱曲线变得最为陡峭。同时也可以发现，对于本身刚度较大的屋盖结构，风振响应的大小主要取决于屋盖的自振频率，幕墙开孔率大小的变化对其风振响应影响并不明显。

6.6.5.6　开孔屋盖结构风振系数分析

对屋盖结构进行动力反应分析归根结底是为了得到动力风荷载对屋盖结构的影响规律，并进一步将其转化为方便工程应用的设计荷载，通常使用的办法是通过风振系数来考虑风荷载动力的影响。结构上的荷载风振系数一般随所处部位不同其值变化比较大，而位移风振系数却相对稳定。结构工程中通常把位移风振系数β定义为：风载的总响应的大小与平均风产生的静位移大小的比值[153]。

$$\beta=\frac{U_{\max}}{U_{s}}=1+\frac{U_{d}}{U_{s}} \tag{6.26}$$

式中，$U_{\max}$为最大风所引起的结构位移响应；U_{d}为脉动风所引起的结构位移响应；U_{s}为平均风所引起的结构位移响应。已有研究发现，采用结构位移风振系数与采用荷载规范中的荷载风振系数分别进行计算，最终得到的内力相差很小。根据前面关于屋盖节点位移响应和响应谱的分析可以得知：屋盖结构的风振系数随立面幕墙的开洞率的变化而变化，且屋盖不同区域位置间的风振系数存在一定的差异。表6.15、表6.16给出了部分屋盖节点在峰值因子为2.5与采用目标概率法得到的位移风振系数。

影响位移的风荷载包括平均风荷载与脉动风荷载，不同立面幕墙开孔率工况下引起的位移响应也不同，此外即使是在同一工况下，不同屋盖区域节点位移所受到两者的影响也有所不同。从表6.15、表6.16中可以看出，节点的风振系数在悬挑屋檐及屋盖角部区域均较大，气流在该区域发生分离与再附，形成多个脱落漩涡，使该区域的响应以脉动响应为主，也可以说明在该部分区域静力风荷载引起的位移响应所占的比例不大，而脉动风荷载所占的比例较大；而在屋盖的中间区域，静力风荷载所占的比例有所增大，脉动风荷载所占比例减小，从而风振系数与屋檐及屋盖角部区域相比有一定幅值的下降。另外，也可以发现使用目标概率法计算得到的位移风振系数普遍高于选用峰值因子为2.5计算得到的结果，并且对于那些风振系数本身就较大的区域，其提高的幅度更为显著，如屋盖上表面节点U07，在工况为3－0°时，两者计算的偏差达到30.44％，下表面测点D07，在工况为2－0°时，计算偏差也达到了26.08％。因此，对于脉动风影响较为显著的屋盖区域，利用传统的风振系数计算方法可能会过于低估脉动响应的影响，对结构设计是偏于不安全的。

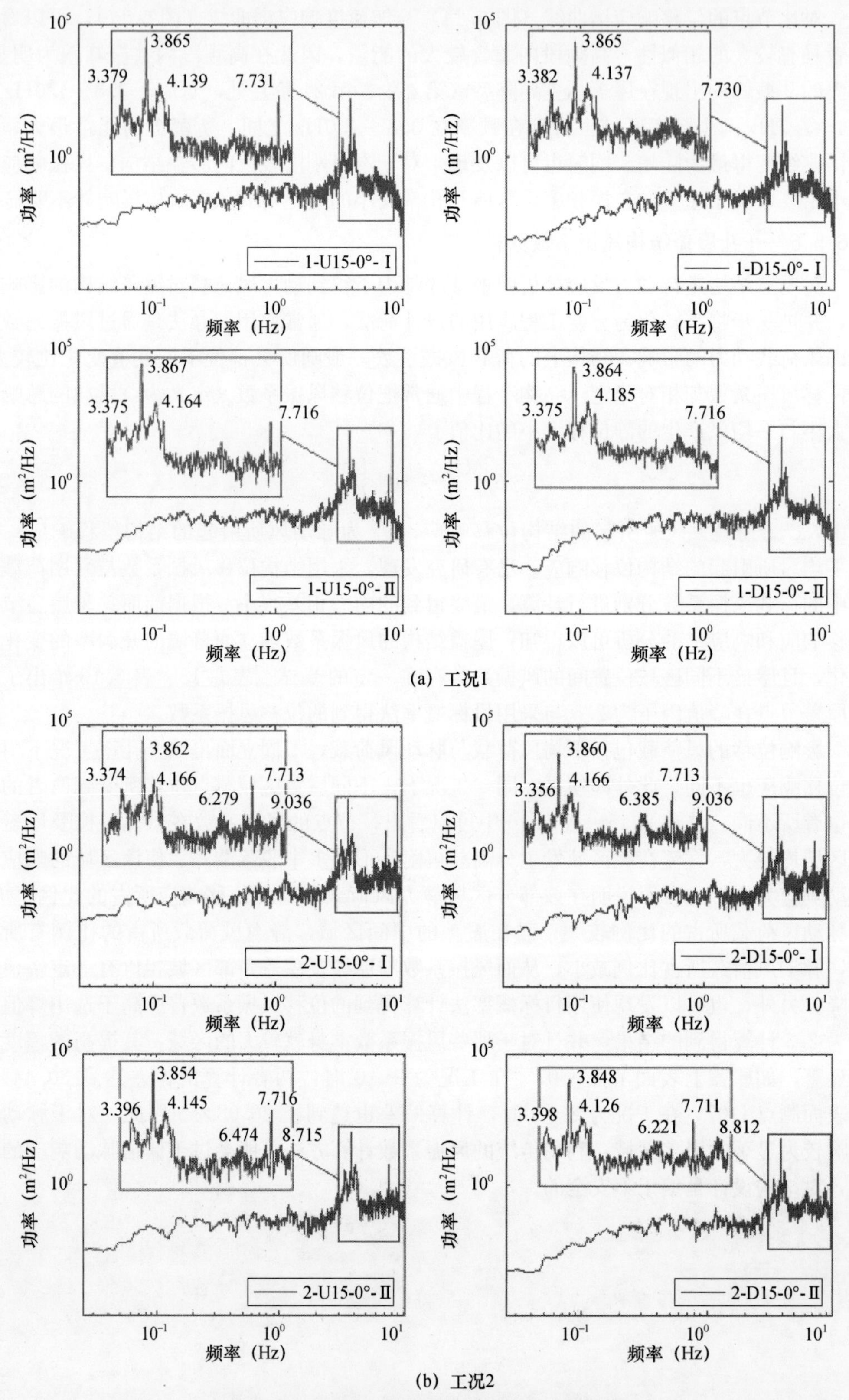

图 6.17　开孔屋盖结构节点加速度响应谱曲线

表 6.15　不同工况下屋盖上表面节点位移风振系数

试验工况	U01			U02			U03			U04			U05			U06			U07			U08		
	Ⅰ	Ⅱ	差别(%)	Ⅰ	Ⅱ	差别(%)	Ⅰ	Ⅱ	差别(%)	Ⅰ	Ⅱ	差别(%)	Ⅰ	Ⅱ	差别(%)	Ⅰ	Ⅱ	差别(%)	Ⅰ	Ⅱ	差别(%)	Ⅰ	Ⅱ	差别(%)
1—0°	1.78	1.86	4.21	1.61	1.71	6.07	1.83	1.97	7.26	1.63	1.77	8.54	1.63	1.70	4.17	2.12	2.19	3.58	3.21	3.47	8.26	2.27	2.33	2.68
2—0°	1.87	1.99	6.68	1.61	1.70	5.32	1.79	1.88	5.11	1.60	1.64	2.69	1.65	1.75	6.29	2.52	2.73	8.68	3.05	3.85	26.07	3.43	3.68	7.36
2—180°	1.60	1.66	3.76	1.62	1.72	5.69	1.51	1.60	5.70	1.49	1.59	7.06	1.74	1.82	4.58	3.17	3.63	14.51	2.08	2.23	7.27	2.08	2.17	4.56
3—0°	1.63	1.75	7.40	1.51	1.59	5.54	1.71	1.81	5.98	1.57	1.68	7.23	1.52	1.64	7.68	2.00	2.26	12.82	3.25	4.23	30.44	2.20	2.31	5.02
8—180°	1.65	1.76	6.75	1.73	1.92	10.98	1.89	2.02	6.95	1.54	1.70	10.24	2.02	2.10	4.24	4.30	5.19	20.87	2.31	2.51	8.62	2.77	3.07	10.74
9—0°	2.15	2.31	7.07	1.74	1.90	9.51	2.48	2.65	6.92	1.80	1.97	9.09	1.74	1.78	2.38	2.16	2.35	8.60	3.93	4.62	17.53	2.61	2.79	6.91
9—180°	1.63	1.76	8.32	1.71	1.87	9.60	1.81	1.98	9.13	1.59	1.68	5.51	2.03	2.19	7.90	3.88	4.54	16.91	2.24	2.52	12.41	3.08	3.57	15.93
10—0°	1.87	2.07	10.26	1.66	1.71	3.03	2.08	2.20	5.81	1.68	1.78	6.45	1.60	1.64	2.55	2.23	2.36	5.95	3.38	4.02	18.87	2.03	2.06	1.83
11—0°	1.80	1.91	5.89	1.64	1.79	9.51	1.96	2.07	5.29	1.66	1.77	6.83	1.59	1.69	6.53	2.34	2.43	3.67	2.72	3.15	15.68	2.05	2.27	10.86
11—180°	1.58	1.65	4.83	1.53	1.57	2.63	1.63	1.73	6.35	1.47	1.64	11.07	2.03	2.18	7.31	3.88	4.25	9.50	2.22	2.43	9.88	2.99	3.43	14.39
12—0°	1.82	1.92	5.06	1.63	1.72	5.87	2.20	2.38	8.08	1.63	1.75	7.54	1.56	1.70	9.18	2.01	2.12	5.44	3.14	3.82	21.80	1.92	2.04	5.95
12—180°	1.55	1.59	2.70	1.57	1.64	4.64	1.54	1.64	6.74	1.49	1.57	5.24	1.76	1.87	6.72	4.69	5.34	13.85	2.16	2.31	6.87	2.33	2.49	6.62

试验工况	U09			U10			U11			U12			U13			U14			U15			U16		
	Ⅰ	Ⅱ	差别(%)	Ⅰ	Ⅱ	差别(%)	Ⅰ	Ⅱ	差别(%)	Ⅰ	Ⅱ	差别(%)	Ⅰ	Ⅱ	差别(%)	Ⅰ	Ⅱ	差别(%)	Ⅰ	Ⅱ	差别(%)	Ⅰ	Ⅱ	差别(%)
1—0°	1.39	1.42	1.92	1.33	1.36	2.00	1.47	1.53	4.32	1.99	2.11	5.78	1.92	1.93	0.26	1.39	1.43	2.37	1.34	1.38	3.21	1.48	1.55	4.42
2—0°	1.69	1.79	6.50	1.50	1.58	5.33	1.86	2.04	9.62	4.32	4.93	14.02	2.64	3.03	14.90	1.74	1.93	10.59	1.56	1.70	8.65	1.91	2.04	6.85
2—180°	1.46	1.50	2.89	1.32	1.33	0.68	1.33	1.37	3.10	1.95	2.05	5.26	1.94	2.10	8.25	1.46	1.54	5.30	1.27	1.31	3.03	1.29	1.32	2.68
3—0°	1.29	1.34	3.36	1.28	1.31	2.77	1.40	1.49	6.48	2.26	2.41	6.91	1.83	1.83	0.26	1.29	1.33	3.20	1.30	1.32	1.83	1.45	1.47	1.12
8—180°	1.66	1.76	6.03	1.42	1.50	5.98	1.59	1.68	5.94	2.18	2.31	5.64	2.42	2.75	13.75	1.75	1.88	7.71	1.43	1.52	5.90	1.54	1.63	6.02
9—0°	1.64	1.71	4.38	1.44	1.51	4.55	1.76	1.87	6.20	2.88	3.15	9.40	2.58	2.77	7.48	1.66	1.79	7.78	1.49	1.59	6.35	1.83	1.95	6.88

续表

试验工况	U09			U10			U11			U12			U13			U14			U15			U16		
	Ⅰ	Ⅱ	差别(%)	Ⅰ	Ⅱ	差别(%)	Ⅰ	Ⅱ	差别(%)	Ⅰ	Ⅱ	差别(%)	Ⅰ	Ⅱ	差别(%)	Ⅰ	Ⅱ	差别(%)	Ⅰ	Ⅱ	差别(%)	Ⅰ	Ⅱ	差别(%)
9—180°	1.69	1.81	7.48	1.43	1.53	6.90	1.59	1.71	7.42	2.12	2.23	5.28	2.28	2.77	21.32	1.77	2.00	13.18	1.46	1.60	9.01	1.56	1.70	9.33
10—0°	1.38	1.45	4.99	1.35	1.41	4.40	1.49	1.55	4.10	1.90	2.00	4.94	1.69	1.71	0.99	1.38	1.42	2.99	1.38	1.41	2.08	1.52	1.56	2.74
11—0°	1.37	1.40	2.47	1.34	1.36	2.01	1.45	1.48	2.35	1.71	1.79	4.65	1.67	1.78	6.11	1.37	1.40	2.16	1.35	1.37	1.34	1.48	1.50	1.56
11—180°	1.57	1.63	4.05	1.37	1.42	3.26	1.46	1.51	3.78	2.20	2.20	0.22	2.53	2.80	10.70	1.58	1.67	5.17	1.37	1.43	3.92	1.43	1.46	2.16
12—0°	1.33	1.37	3.10	1.29	1.33	2.62	1.41	1.45	2.69	1.69	1.81	6.87	1.50	1.56	4.08	1.34	1.40	3.98	1.31	1.35	3.13	1.42	1.45	2.14
12—180°	1.38	1.39	0.99	1.26	1.28	1.42	1.31	1.35	2.75	1.99	2.04	2.78	2.24	2.36	5.39	1.46	1.55	6.20	1.26	1.32	4.58	1.27	1.29	1.44

注：1. Ⅰ是峰值因子为2.5下的风振系数；Ⅱ是保证率为99.5%下的风振系数；

2. 差别=[(Ⅱ－Ⅰ)/Ⅰ]×100%。

表6.16 不同工况下屋盖下表面节点位移风振系数

试验工况	D01			D02			D03			D04			D05			D06			D07			D08		
	Ⅰ	Ⅱ	差别(%)	Ⅰ	Ⅱ	差别(%)	Ⅰ	Ⅱ	差别(%)	Ⅰ	Ⅱ	差别(%)	Ⅰ	Ⅱ	差别(%)	Ⅰ	Ⅱ	差别(%)	Ⅰ	Ⅱ	差别(%)	Ⅰ	Ⅱ	差别(%)
1—0°	1.72	1.79	3.70	1.61	1.72	6.53	1.89	2.02	6.96	1.64	1.80	9.55	1.61	1.70	5.76	1.85	1.86	0.18	2.41	2.63	9.14	1.40	1.43	2.07
2—0°	1.77	1.88	6.27	1.61	1.70	5.32	1.83	1.93	5.45	1.60	1.65	2.71	1.57	1.63	3.63	2.26	2.42	7.36	2.99	3.77	26.08	1.70	1.82	6.92
2—180°	1.58	1.64	3.54	1.62	1.72	5.69	1.53	1.62	5.85	1.49	1.59	7.32	1.57	1.66	5.38	2.52	2.68	6.27	2.01	2.11	5.22	1.46	1.50	2.89
3—0°	1.58	1.70	7.60	1.51	1.60	5.94	1.74	1.85	6.13	1.58	1.69	6.89	1.53	1.67	9.14	1.76	1.87	6.23	2.31	2.64	14.08	1.30	1.34	3.39
8—180°	1.63	1.73	6.35	1.73	1.91	10.45	1.97	2.11	7.28	1.54	1.70	10.24	1.67	1.80	7.73	3.39	3.78	11.29	2.26	2.40	6.23	1.66	1.76	6.06
9—0°	2.03	2.18	7.70	1.75	1.92	10.25	2.71	2.90	7.07	1.83	1.99	8.70	1.72	1.87	8.68	2.00	2.15	7.21	3.26	3.69	13.31	1.65	1.73	4.59
9—180°	1.61	1.72	7.39	1.70	1.87	9.91	1.87	2.05	9.48	1.59	1.69	6.26	1.69	1.78	5.40	3.49	4.01	15.12	2.16	2.39	10.52	1.69	1.83	7.86
10—0°	1.81	1.96	8.58	1.66	1.71	2.86	2.19	2.32	5.87	1.69	1.80	6.54	1.60	1.72	7.08	1.71	1.78	3.67	2.08	2.24	7.90	1.39	1.46	4.93
11—0°	1.75	1.85	5.65	1.64	1.79	9.49	2.06	2.16	4.53	1.67	1.79	7.07	1.61	1.67	4.22	1.71	1.75	2.81	1.84	1.94	5.47	1.37	1.40	2.29

续表

试验工况	D01			D02			D03			D04			D05			D06			D07			D08		
	Ⅰ	Ⅱ	差别(%)	Ⅰ	Ⅱ	差别(%)	Ⅰ	Ⅱ	差别(%)	Ⅰ	Ⅱ	差别(%)	Ⅰ	Ⅱ	差别(%)	Ⅰ	Ⅱ	差别(%)	Ⅰ	Ⅱ	差别(%)	Ⅰ	Ⅱ	差别(%)
11—180°	1.55	1.61	3.97	1.53	1.57	2.50	1.66	1.76	5.74	1.47	1.62	10.27	1.63	1.80	10.63	3.99	4.44	11.09	2.14	2.29	6.83	1.58	1.64	3.95
12—0°	1.77	1.86	5.05	1.63	1.72	5.87	2.36	2.58	9.00	1.65	1.78	8.33	1.56	1.62	3.45	1.61	1.68	4.40	1.89	2.03	7.89	1.34	1.38	3.35
12—180°	1.53	1.57	2.65	1.57	1.64	4.50	1.56	1.67	7.05	1.49	1.57	5.25	1.53	1.66	8.20	2.74	2.98	8.88	2.08	2.15	3.12	1.38	1.39	0.99

试验工况	D09			D10			D11			D12			D13			D14			D15			D16		
	Ⅰ	Ⅱ	差别(%)	Ⅰ	Ⅱ	差别(%)	Ⅰ	Ⅱ	差别(%)	Ⅰ	Ⅱ	差别(%)	Ⅰ	Ⅱ	差别(%)	Ⅰ	Ⅱ	差别(%)	Ⅰ	Ⅱ	差别(%)	Ⅰ	Ⅱ	差别(%)
1—0°	1.33	1.36	2.10	1.47	1.54	4.36	1.83	1.88	3.25	1.71	1.80	5.30	3.90	3.99	2.23	1.40	1.44	2.62	1.33	1.37	2.88	1.49	1.55	4.57
2—0°	1.50	1.58	5.32	1.90	2.02	6.24	2.23	2.34	5.28	3.11	3.48	11.68	3.38	3.79	12.21	1.76	1.95	11.04	1.56	1.69	8.62	1.92	2.05	6.70
2—180°	1.32	1.33	0.59	1.34	1.38	3.05	2.01	2.10	4.43	1.68	1.74	3.88	2.18	2.32	6.28	1.46	1.54	5.06	1.27	1.31	3.25	1.29	1.33	2.70
3—0°	1.27	1.30	2.56	1.40	1.49	6.39	1.76	1.82	3.63	1.74	1.87	7.80	3.81	3.84	0.63	1.29	1.33	3.32	1.29	1.32	1.89	1.45	1.47	1.25
8—180°	1.42	1.51	5.94	1.61	1.70	6.04	2.39	2.68	11.87	1.89	2.00	6.01	3.00	3.36	12.03	1.76	1.89	7.59	1.44	1.53	6.45	1.54	1.64	6.19
9—0°	1.44	1.51	4.90	1.77	1.88	6.09	2.02	2.13	5.46	2.33	2.54	8.68	3.83	4.08	6.41	1.67	1.79	7.38	1.49	1.59	6.69	1.84	1.97	7.11
9—180°	1.44	1.55	7.22	1.61	1.72	7.24	2.59	2.84	9.82	1.89	2.02	7.15	3.19	3.72	16.74	1.78	2.01	13.45	1.47	1.61	9.47	1.56	1.71	9.10
10—0°	1.35	1.41	4.58	1.50	1.56	4.39	1.76	1.80	2.42	1.70	1.76	3.61	3.38	3.39	0.34	1.39	1.43	2.89	1.37	1.40	2.17	1.52	1.56	2.62
11—0°	1.34	1.36	2.11	1.45	1.49	2.63	1.70	1.78	5.10	1.55	1.62	4.28	2.95	3.11	5.32	1.37	1.40	2.18	1.34	1.36	1.23	1.48	1.51	1.56
11—180°	1.38	1.42	2.87	1.48	1.53	3.74	2.36	2.51	6.45	1.83	1.83	0.36	2.18	2.30	5.63	1.59	1.68	5.34	1.38	1.44	3.97	1.43	1.47	2.18
12—0°	1.29	1.33	2.62	1.42	1.46	2.95	1.63	1.69	3.87	1.54	1.64	6.69	3.44	3.50	1.77	1.35	1.40	4.11	1.31	1.35	3.30	1.42	1.46	2.27
12—180°	1.27	1.28	1.18	1.32	1.36	2.80	2.04	2.07	1.83	1.67	1.70	2.08	2.05	2.17	6.13	1.47	1.56	6.36	1.27	1.33	4.67	1.27	1.29	1.36

注：1. Ⅰ是峰值因子为2.5下的风振系数；Ⅱ是保证率为99.5%下的风振系数；

2. 差别=[（Ⅱ－Ⅰ）/Ⅰ]×100%。

6.7 本章小结

本章通过刚性模型同步测压风洞试验对不同立面幕墙开洞（孔）率、开洞（孔）位置的大跨度拱形屋盖结构在幕墙突然开洞的情况下对建筑内部风效应进行了对比分析，对平均内压理论估算公式进行了推导，同时对不同幕墙开孔率的屋盖结构的风振响应进行了较为详细的研究，主要得出了如下结论。

（1）由于在给定的边界层空间中，空气压力的传播速度为音速，内部压力瞬间达到均等，各测点在幕墙开洞前后内压系数时程基本一致，因此可以用统一的压力系数时程来描述结构内压的特性。

（2）内压系数时程瞬态的变化与幕墙开洞的位置关联甚大，当开洞位置在迎风面时，变化最为明显；当开洞位置处于侧风向时，先开一侧孔洞的瞬间，内压有微弱的减小，但是瞬间便恢复到开洞前的风压值并达到平稳；当迎风面、背风面无孔洞，侧风面开洞的先后顺序对建筑内压影响不大，基本可以忽略侧风面开洞对结构内压变化的影响。

（3）通过对内压系数功率谱分析发现在高频区的最大谱峰值（共振峰）与 Helmholtz 频率理论计算值有一定的差异，本书认为引起这差异的主要原因之一是试验模型的设计不同；之二是本书研究同时考虑了迎风面、背风面、侧风面开洞率的影响，而理论计算公式仅考虑了迎风面幕墙的开洞率。此外，通过对内压测点的脉动风压功率谱分析得知无论是开洞瞬态过程还是在开洞稳定后状态，各工况在高频段均出现明显的向上翘曲，这说明测点在各工况下的高频成分占有较大比重。

（4）对考虑有多面幕墙开孔的内压理论估算公式进行了推导，并将试验值与理论估算值进行了对比，指出了理论估算公式用于估算实际开孔结构的内压系数的适用范围。

（5）对于大跨屋盖结构的风振分析研究，应根据结构的特性考虑多阶模态的贡献，风振响应分析时应该同时考虑低阶模态与高阶模态的共同作用，这是与高层建筑风振响应分析的不同之处。同时也可以发现，对于本身刚度较大的屋盖结构，风振响应的大小主要取决于屋盖的自振频率，幕墙开孔率大小对其风振响应影响并不是很明显。

（6）将传统的风振系数计算方法与采用目标概率法得到的位移风振系数进行对比，发现在脉动风影响较为显著的屋盖区域，利用传统的风振系数计算方法可能会过于低估脉动响应的影响，对结构设计是偏于不安全的。

参考文献

[1] KAREEM A，KIJEWSKI T. 7th US National Conference on Wind Engineering：Asummary of Papers [J]. Journal of Wind Engineering and Industrial Aerodynamics，1996，62：81-129

[2] 秦年秀，姜彤 . 2003年重大自然灾害回顾 [J] . 自然灾害学报，2005，14（1）：38-44

[3] 孙炳楠，傅国宏，陈鸣，唐锦春 . 9417号台风对温州民房破坏的调查 [A] . 第七届全国结构风效应会议论文集 [C] . 1996，81-129

[4] 申建红，李春祥 . 土木工程结构风场实测及新技术研究的进展 [J] . 振动与冲击，2008，27（10）：115-120

[5] 戴益民 . 低矮房屋风载特性的实测及风洞试验研究 [D] . 长沙：湖南大学 . 湖南大学博士学位论文，2010

[6] 埃米尔・西缪，罗伯特・H・斯坎伦 . 风对结构的作用——风工程导论 [M] . 刘尚培，项海帆，谢霁明译 . 上海：同济大学出版社，1992

[7] 中华人民共和国国家标准 . 建筑结构荷载规范：GB 50009—2012 [S] . 北京：中国建筑工业出版社，2012

[8] 张相庭 . 结构风工程——理论・规范・实践 [M] . 北京：中国建筑工业出版社，2006

[9] 黄本才，汪丛军 . 结构抗风分析原理及应用，第二版 [M] . 上海：同济大学出版社，2008

[10] Recommendations for Loads on Buildings [S] . Architecture Institute of Japan（AIJ），2004

[11] Davenport A D. The Spectrum of Horizontal Gustiness Near the Ground in High Winds [J] . J. Royal Meteorol. Soc. 1961，87：194-211

[12] 周岱，舒新玲，周笠人 . 大跨度空间结构风振响应及其计算与试验方法 [J] . 振动与冲击，2002，21（4）：7-12.

[13] 黄翔 . 悬臂弧形挑篷风荷载和等效静风荷载研究 [D] . 上海：同济大学 . 同济大学博士学位论文，2005

[14] 陈伏彬 . 大跨结构风效应的现场实测和风洞试验及理论研究分析研究 [D] . 长沙：湖南大学 . 湖南大学博士学位论文，2011

[15] APPERLEY L W，PISTSIS N G. Model Full Scale Pressure Measurements on Grandstand [J] . Journal of Wind Engineering and Industrial Aerodynamics，1986，23：99-11

[16] PISTSIS N G，APPERLEY L W. Further Full Scale and Model Pressure Measurements on a Cantilever Grandstand [J]. Journal of Wind Engineering and Industrial Aerodynamics，1991，38：439-448

[17] YOSHIDA M，KONDO K，SUZUKI M. Fluctuating Wind Pressure Measured with Tubing System [J]. Journal of Wind Engineering and Industrial Aerodynamics，1992，41-44：987-998

[18] 陈伏彬，李秋胜，李正农，等 . 广州国际会展中心钢屋盖现场实测研究 [A] . 第十三届全国风工程学术会议论文集 [C] . 大连：中国土木工程学会，2007，404-409

[19] CHEN F B，LI Q S，Wu J R，et al. Wind Effects on a Long-span Beam String Roof Structure：Wind Tunnel Test，Field Measurement and Numerical Analysis [J] . Journal of Constructional Steel Research，2011，67：1591-1604

[20] 周印 . 高层建筑静力等效风荷载和响应的理论与实验研究 . 上海：同济大学 . 同济大学博士学位论文，1998

[21] YASUI H，MARUKAWA H，KATAGIRI J，et al. Study of Wind-induced Response of Long-span Structure [J]. Journal of Wind Engineering and Industrial Aerodynamics，1999，83：277-288

[22] UEMATSU Y，YAMADA M，INOUE A，et al. Wind Loads and Wind-induced Dynamic Behavior of a Single-layer Latticed Dome [J] . Journal of Wind Engineering and Industrial Aerodynamics，1997，66：227-248

[23] UEMATSU Y，KURIBARA O，YAMADA M，et al. Wind-induced Dynamic Behavior and its Load Estimation of a Single-layer Latticed Dome with o Long Span [J] . Journal of Wind Engineering and Industrial Aerodynamics，2001，89：1671-1687

[24] SUZUKI M, SANADA S, HAYAMI Y, et al. Prediction of Wind-induced Response of a Semi-rigid Hanging Roof [J]. Journal of Wind Engineering and Industrial Aerodynamics, 1997, 72: 357-366

[25] LETCHFORD C W, SARKAR P P. Mean and Fluctuating Wind Loads on Rough and Smooth Parabolic Domes [J]. Journal of Wind Engineering and Industrial Aerodynamics, 2000, 88: 101-117

[26] LAM K M, ZHAO J G. Occurrence of Peak Lifting Actions on a Large Horizontal Cantilevered Roof [J]. Journal of Wind Engineering and Industrial Aerodynamics, 2002, 90: 897-940

[27] ZHAO J G, LAM K M. Characteristics of Wind Pressures on Large Cantilevered Roofs: Effect of Roof Inclination [J]. Journal of Wind Engineering and Industrial Aerodynamics, 2002, 90: 1867-1880

[28] BIAGINI P, BORRI C, Facchini L. Wind Response of Large Roofs of Stadions and Arena [J]. Journal of Wind Engineering and Industrial Aerodynamics, 2007, 95: 871-887

[29] 顾明，朱川海．大型体育场主看台挑篷的风压及其干扰影响 [J]．建筑结构学报，2002，23 (4)，20-26

[30] 周晅毅，顾明．大跨度屋盖表面风压系数的试验研究 [J]．同济大学学报，2002，20 (12)，1423-1428

[31] 傅继阳，谢壮宁，倪振华．大跨悬挑平屋盖结构风荷载特性的试验研究 [J]．土木工程学报，2003，36 (10)，7-14

[32] 沈国辉，孙炳楠，楼文娟．复杂体型大跨屋盖结构的风荷载分布 [J]．土木工程学报，2005，38 (10)，39-43

[33] 李庆祥，孙炳楠，沈国辉，等．湖州大剧院屋盖及幕墙的风荷载分布特性 [J]．哈尔滨工业大学学报，2006，38 (9)，1531-1536

[34] 李秋胜，陈伏彬，傅继阳，等．大跨屋盖结构风荷载特性的试验研究 [J]．湖南大学学报（自然科学版），2009，36 (8)，12-17

[35] 方江生，丁洁民，李志敏．北京奥运乒乓球馆维护结构风荷载的试验研究 [J]．空气动力学报，2009，27 (1)，52-56

[36] 杨伟．基于 RANS 的结构风荷载和响应的数值模拟研究 [D]．上海：同济大学．同济大学博士学位论文，2004

[37] 舒新玲，周岱．风荷载测试与模拟技术的回顾与展望 [J]．振动与冲击，2002，21 (3)：6-10

[38] 陈勇．体育场风压风流场数值模拟及模态分析法研究大悬挑屋盖风振动力响应 [D]．上海：同济大学．同济大学硕士士学位论文，2002

[39] 顾明，杨伟，傅钦华，等．上海铁路南站屋盖结构平均风荷载的数值模拟 [J]．同济大学学报，2004，32 (2)：353-358

[40] 顾明，黄鹏，杨伟，等．上海铁路南站平均风荷载的风洞试验和数值模拟 [J]．建筑结构学报，2004，25 (5)：59-65

[41] 汪丛军，黄本才，张昕，等．越南国家体育场屋盖平均风压及风环境影响的数值模拟 [J]．空间结构，2004，10 (2)：43-49

[42] 刘继生，陈水福．井冈山机场航站楼屋盖表面风压的数值模拟及试验研究 [J]．工程力学，2005，22 (4)：96-100

[43] NAHMKEON H, KIM S R, WON C S, et al. Wind Load Simulation for High-speed Train Stations [J]. Journal of Wind Engineering and Industrial Aerodynamics, 2008, 96: 2042-2053

[44] 卢春玲，李秋胜，黄生洪，等．大跨度屋盖风荷载的大涡模拟研究 [J]．湖南大学学报（自然科学版），2010，37 (10)，7-12

[45] 卢春玲，李秋胜，黄生洪，等．大跨度复杂屋盖结构风荷载的大涡模拟 [J]．土木工程学报，2011，44 (1)：1-10

[46] 卢春玲．复杂超高层及大跨度屋盖建筑结构风效应的数值风洞研究 [D]．长沙：湖南大学．湖南大学博士学位论文，2012

[47] UEMATSU Y, WATANABE K, SASAKI A, et al. Wind-induced Dynamic Response and Resultant Load Estimation of a Circular Flat Roof [J]. Journal of Wind Engineering and Industrial Aerodynamics, 1999, 83: 251-261

[48] LAZZARI M, ANNA V, SAETTA, RENATO V, et al. Non-linear Dynamic Analysis of Cable-suspended

Structures Subjected to Wind Actions [J]. Computers and Structures. 2001, 79: 953-969
[49] 沈世钊，徐崇宝，赵臣. 悬索结构设计 [M]. 北京：中国建筑工业出版社，1997
[50] 杨庆山，沈世钊. 悬索结构随机振动风振反应分析 [J]. 建筑结构学报，1998，19 (4)：29-39
[51] 王衍，孙炳楠，楼文娟，等. 台州体育中心屋盖的风振系数计算 [J]. 工业建筑，2005，35 (4)：82-84
[52] 李庆祥，楼文娟，杨仕超等. 大跨单层球面网壳的风振系数及其参数分析 [J]. 建筑结构学报，2006，27 (8)：65-72
[53] 潘峰. 大跨度屋盖结构随机风致振动响应精细化研究 [J]. 杭州：浙江大学. 浙江大学博士学位论文，2008
[54] NAKAMURA O, TAMURA Y, MIYASHITA K, et al. A Case Study of Wind Pressure and Wind-induced Vibration of a Large Span Open-type roof [J]. Journal of Wind Engineering and Industrial Aerodynamics, 1994, 52: 237-248
[55] NAKAYAMA M, SASAKI Y, MASUDA K, et al. An Efficient Method for Selection of Vibration Modes Cantributory to Wind Response on Dome-like Roofs [J]. Journal of Wind Engineering and Industrial Aerodynamics, 1998, 73: 31-44
[56] 陆锋. 大跨度平屋面结构的风振响应和风振系数研究 [D]. 杭州：浙江大学. 浙江大学博士学位论文，2001
[57] 何艳丽. 空间网格结构频域风振响应分析模态补偿法 [J]. 工程力学，2002，19 (4)：1-6
[58] 王国砚，黄本才，林颖儒，等. 基于CQC方法的大跨屋盖结构随机风振响应计算 [A]. 第六届全国风工程及工业空气动力学学术会议论文集 [C]. 2002，113-119
[59] 黄明开，倪振华，谢壮宁. 大跨圆拱屋盖结构的风致响应分析 [J]. 振动工程学报，2004，17 (3)：275-279
[60] 陈贤川，赵阳，董石麟. 大跨空间网格结构风振响应主要贡献模态的识别及选取 [J]. 建筑结构学报，2006，27 (1)：9-15
[61] 顾明，周晅毅，黄鹏. 大跨屋盖结构风致抖振响应研究 [J]. 土木工程学报，2006，39 (11)：37-42
[62] 周晅毅，顾明. 上海铁路南站屋盖结构风致抖振响应参数分析 [J]. 同济大学学报（自然科学版），2006，34 (5)：574-579
[63] HOLMES J D. Effects of Frequency Response on Peak Pressure Measurement [J]. Journal of Wind Engineering and Industrial Aerodynamics, 1984, 17: 1-9
[64] HOLMES J D, LEWIS R E. Optimization of Dynamic-pressure-measurement Systems [J]. Ⅰ. Single Point Measurements. Journal of Wind Engineering and Industrial Aerodynamics, 1987, 25: 249-273
[65] HOLMES J D, LEWIS R E. Optimization of Dynamic-pressure-measurement Systems. Ⅱ. parallel Tube-manifold Systems [J]. Journal of Wind Engineering and Industrial Aerodynamics, 1987, 25: 275-290
[66] HOLMES J D. Distribution of Peak Wind Load on a Low-rise Building [J]. Journal of Wind Engineering and Industrial Aerodynamics, 1988, 29: 59-67
[67] HOLMES J D. Analysis and Synthesis of Pressure Fluctuations on Bluff Bodies Using Eigen-vectors [J]. Journal of Wind Engineering and Industrial Aerodynamics, 1990, 33: 219-230
[68] HOLMES J D. Equivalent Static Load Distributions for Resonant Dynamic Response of Bridges [A]. Proceedings of the 10th International Conference on Wind Engineering [C]. 1999, 907-911
[69] HOLMES J D. Effective Static Load Distributions in Wind Engineering [A]. Journal of Wind Engineering and Industrial Aerodynamics [C]. 2002, 90: 91-109
[70] 周晅毅. 大跨度屋盖结构的风荷载及风致响应研究 [D]. 上海：同济大学. 同济大学博士学位论文，2004
[71] 陈贤川. 大跨度屋盖结构风致响应和等效风荷载的理论研究及应用 [D]. 杭州：浙江大学. 浙江大学博士学位论文，2005
[72] 陈波. 大跨屋盖结构等效静风荷载精细化理论研究 [D]. 哈尔滨：哈尔滨工业大学. 哈尔滨工业大学博士学位论文，2006
[73] STATHOPOULOS T, SURRY D, DAVENPORT A D. Internal Pressure Characteristics of Low-rise Buildings Due to Wind Actions [A]. Proceedings of the 5th International Conference on Wind Engineering [C]. 1979, 451-463
[74] HOLMES J D. Mean and Fluctuating Internal Pressures Induced by Wind [A]. Proceedings of the 5th Interna-

tional Conference on Wind Engineering [C] . 1979, 435-450

[75] LIU H, SAATHOFF P J. Building Internal Pressure: Sudden Change [J] . Journal of Engineering Mechnics, 1981, 107 (2): 309-321

[76] LIU H, SAATHOFF P J. Internal Pressure and Building Safty [J] . Journal of Structural Engineering, 1982, 108: 2223-2234

[77] VICKERY B J. Gust-factors for Internal-pressures in Low-rise Buildings [J] . Journal of Wind Engineering and Industrial Aerodynamics, 1986, 23: 259-271

[78] LIU H, RHEE K H. Helmholtz Oscillation in Building Models [J] . Journal of Wind Engineering and Industrial Aerodynamics, 1986, 24: 95-115

[79] STATHOPOULOS T, LUCHIAN H D. Transient wind Induced Internal Pressures [J] . Journal of Engineering Mechnics, 1989, 115 (7): 1501-1514

[80] FAHRTASH M, LIU H. InternalPressure of Low-rise Building-field Measurements [J] . Journal of Wind Engineering and Industrial Aerodynamics, 1990, 36: 1191-1200

[81] WOOSD A R, BLACKMORE P A. The Effect of Dominant Opening and Porosity on Internal Pressures [J]. Journal of Wind Engineering and Industrial Aerodynamics, 1995, 57: 167-177

[82] BESTE F, CERMAK J E. Correlation of Internal and Area-averaged External wind Pressure on Low-rise Buildings [J] . Journal of wind Engineering and Industrial Aerodynamics, 1997, 69-71: 557-566

[83] GINGER J D. Internal Pressure and Cladding Net wind Loads on Full-scale Low-rise Building [J] . Journal of Structural Engineering, 2000, 126 (4): 538-543

[84] Standards Australia/Standards New Zealand. Australian/New Zealand Standard StructuralDesign Actions, Part 2: 2002-AS/NZS 1170. 2: 2002 [S] . Standards Australia International Ltd. , Sydney, AS and Standards New Zealand, Wellington, NZ.

[85] SHARMA R N, RICHARDS P J. Net pressures on the Roof of a Low-rise Building with Wall Openings [J]. Journal of Wind Engineering and Industrial Aerodynamics, 2005, 93: 267-291

[86] 余世策 . 开孔结构风致内压及其与柔性屋盖的耦合作用 [D] . 杭州: 浙江大学 . 浙江大学博士学位论文, 2006

[87] Code of Practice on Wind Effects in Hong Kong. Building Department, 12/F-18/F Pioneer Centre, 750 Nathan Road, Mongkok, Kowloon, Hong Kong, 2004

[88] American Society of Civil Engineers. Minimum DesignLoads for Building and Other Structures ASCE Standard [S] . ASCE/SEI 7-10. Structural Engineering Institute, ASCE, 1801 Alexander Bell Drive, Reston, VA, USA, 2010

[89] National Reserch Council of Canada (NRCC) . User' s Guide-NBC 1995 Structural Commentaries (part 4), Canada, 1995

[90] KARMAN T Von. Progress in the Statistical Theory of Turbulence [J] . Proceedings of the National Academy of Sciences, 1948, 34: 530-539

[91] KAIMAL J C, Wyngaard J C, Izumi Y, et al. Spectral Characteristics of Surface-layer Turbulence [J]. Quarterly Journal of the Royal Meteorological Society, 1972, 98: 563-589

[92] DAVENPORT A D. The Spectrum of Horizontal Gustiness Near the Ground in High Winds [J] . Quarterly Journal of the Royal Meteorological Society, 1961, 87: 194-211

[93] 刘尚培, 项海帆, 谢霁明译 . 风对结构的作用——风工程导论 [M] . 北京: 同济大学出版社, 1992

[94] 戴诗亮 . 随机振动实验技术 [M] . 北京: 清华大学出版社, 1984

[95] LETCHFORD C W, Sandri P, Levitan M L, et al. Frequency Response Requirements for Fluctuating wind Pressure Measurements [J] . Journal of Wind Engineering and Industrial Aerodynamics, 1992, 40: 263-276

[96] HOLMES J D. Non-Gaussian Characteristics of wind Pressure Fluctuations [J] . Journal of Wind Engineering and Industrial Aerodynamics, 1981, 7: 103-108

[97] LI Q S, CALDERONE I, MELBOURNE W H. Probabilistic Characteristics of Pressure Fluctuations in Separa-

ted and Reattaching Flows for Various Free-steam Turbulence [J]. Journal of Wind Engineering and Industrial Aerodynamics，1999，82：125-145

[98] 沈国辉．大跨度屋盖结构的抗风研究——屋盖结构的表面风压、风致响应和等效风荷载研究 [D]．杭州：浙江大学．浙江大学博士学位论文，2004

[99] 孙瑛．大跨屋盖结构风荷载特性研究 [D]．哈尔滨：哈尔滨工业大学．哈尔滨工业大学博士学位论文，2007

[100] 楼文娟，杨毅，庞振钱．刚性模型风洞试验确定大跨屋盖结构风振系数的多阶模态力法 [J]．空气动力学报，2005，23 (2)，183-187

[101] 中华人民共和国国家标准．建筑结构荷载规范：GB 50009—2001，2006 [J]．北京：中国建筑工业出版社，2006

[102] LIN J X，SURRY D，Tieleman H W. The Distribution of Pressure Near Roof Corners of Flat Roof Low Buildings [J]. Journal of Wind Engineering and Industrial Aerodynamics，1995，56：235-265

[103] KAWAI H，NISHIMUAR G. Characteristics of Fluctuating Suction and Conical Cortices on a Flat Roof in Oblique Flow [J]. Journal of Wind Engineering and Industrial Aerodynamics，1996，60：211-225

[104] WUA F，SARKARB P P，Mehtac K C. Influence of Incident wind Turbulence on Pressure Fluctuations Near lat-roof Corners [J]. Journal of Wind Engineering and Industrial Aerodynamics，2001，89：403-420

[105] RICHARDS P J，HOXEY R P. Quasi-steady Theory and Point Pressures on a Cubic Building [J]. Journal of Wind Engineering and Industrial Aerodynamics，2004，92：1173-1190

[106] HOLMES J D，COCHRAN L S. Probability Distributions of Extreme Pressure Coefficients [J]. Journal of Wind Engineering and Industrial Aerodynamics，2003，82：893-901

[107] SHIAU B S，CHEN Y B，CHUN W N. Wind Tunnel Test on the Surface Pressure and Pressure Spectra of a Square Prismatic Building in the Turbulent Boundary Layer [A]. The 5th International Colloquium on Bluff Body Aerodynamics and Applications [C]. 2004，465-468

[108] ZHOU N，SMITH D A，KISHOR C Mehta. Stochastic Models for wind，Wind-induced Pressure，and Structural Response of a Purlin Measured in Full Scale [A]. The 11th International Conference on Wind Engineering [C]，2003，821-828

[109] KO N H，You K P，KIM Y M. The Effect of non-Gaussian Local wind Pressures on a Side Face of a Square Building [J]. Journal of Wind Engineering and Industrial Aerodynamics，2005，93：383-397

[110] KUMAR K S，STATHOPOULOS T. Fatigue Analysis of Roof Cladding Under Limulated wind Loading [J]. Journal of Wind Engineering and Industrial Aerodynamics，1998，77-78：171-183

[111] JEONG S H. Simulation of Large wind Pressures by Gusts on a Bluff Structure [J]. Wind and Structures，2004，7 (5)：333-344

[112] 邱天爽，张旭秀，等．统计信号处理——非高斯信号处理及其应用 [M]．北京：电子工业出版社，2004

[113] GIOFFRE M，GUSELLA V，GRIGORIU M. Non-Gaussian wind Pressure on Prismatic Buildings [J]．Ⅰ：Stochastic Field. Journal of Structural Engineering，2001，127 (9)：981-989

[114] 张朝晖．大跨度环形悬挑屋盖结构表面风荷载特性研究 [D]．重庆：重庆大学．重庆大学硕士学位论文，2011

[115] 吴望一．流体力学，上册 [M]．北京：北京大学出版社，1982

[116] VICKERY B J，BLOXHAM C. Internal Pressure Dynamics with a Dominant Opening [J]. Journal of Wind Engineering and Industrial Aerodynamics，1992，41：193-204

[117] SHARMA R N，RICHARDS P J. Computational Modeling in the Prediction of Building Internal Pressure Gain Functions [J]. Journal of Wind Engineering and Industrial Aerodynamics，1997，67-68：815-825

[118] SHARMA R N，RICHARDS P J. Computational Oodeling in the Transient Response of Building Internal Pressure to a Sudden Opening [J]. Journal of Wind Engineering and Industrial Aerodynamics，1997b，72：149-161

[119] SHARMA R N，RICHARDS P J. The Effect of Roof Flexibility on Internal Pressure Fluctuations [J]. Journal of Wind Engineering and Industrial Aerodynamics，1997c，72：175-186

[120] GUHA T K, SHARMA R N, RICHARDS P J. Analytical and CFD Modeling of Transient Internal Pressure Response Following a Sudden Opening in Building/ Cylindrical Cavities [A]. The 11th Americas conference on Wind Engineering [C], San Juan, Puerto Rico, 2009

[121] 徐海巍，余世策，楼文娟．开孔结构内压传递方程的适用性研究［J］．浙江大学学报（工学版），2012，46（5），811-817

[122] CHAPLIN G C, RANDALL J R, BAKER C J. The Turbulent Ventilation of a Single Opening Enclosure [J]. Journal of Wind Engineering and Industrial Aerodynamics, 2000, 85: 145-161

[123] VICKERY B J. Internal Pressures and Interactions with the Building Envelope [J]. Journal of Wind Engineering and Industrial Aerodynamics, 1994, 53: 125-144

[124] SHARMA R N, RICHARDS P J. The Influence of Helmholtz Resonance on Internal Pressure in Low-rise Building [J]. Journal of wind Engineering and Industrial Aerodynamics, 2003a, 91: 807-828

[125] DEODATIS G. Simulation of Ergodic Multivariate Stochastic Processes [J]. Journal of Engineering Mechanics. 1996, 122 (8): 778-787

[126] 王之宏．风荷载的模拟研究［J］．建筑结构学报，1994，15（1），44-52

[127] 曹映泓，项海帆，周颖．大跨度桥梁随机风场的模拟［J］．土木工程学报，1998，31（3），72-78

[128] 王修琼，张相庭．混合回归模型及其在高层建筑风响应时域分析中的应用［J］．振动与冲击，2000，19（1），5-8

[129] 李元齐，董石麟．大跨度空间结构风荷载模拟技术研究及程序编制［J］．空间结构，2001，7（3），3-11

[130] 舒新玲，周岱．风速时程 AR 模型及其快速实现［J］．空间结构，2003，9（4），27-32

[131] 刘锡良，周颖．风荷载的几种模拟方法［J］．工业建筑，2005，35（5），81-84

[132] 何文飞．高耸格构式塔架风振响应研究［D］．长沙：湖南大学．湖南大学硕士学位论文，2009

[133] 董军，邓洪州，刘学利．高层建筑脉动风荷载时程模拟的 AR 模型方法［J］．南京建筑工程学报，2000，53（2），20-25

[134] 李勇，徐震．MATLAB 辅助现代工程数学信号处理［M］．西安：西安电子科技大学出版社，2002

[135] Matlab. Optimization ToolBox User's Guide. The MathWorks Inc., 1994

[136] 飞思科技产品研发中心．MATLAB6.5 辅助优化计算与设计［M］．北京：电子工业出版社，2003

[137] GINGER J D, LETCHFORD C W. Net Pressures on a Low-rise Full-scale Building [J]. Journal of Wind Engineering and Industrial Aerodynamics, 1999, 83: 239-250

[138] STERLING M, BAKER C J, QUINN A D, et al. Pressure and Velocity Fluctuations in the Atmospheric Boundary Layer [J]. Wind and Structures, 2005, 8 (1): 13-34

[139] YEATTS B B, MEHTA K C. Field Experiments for Building Aerodynamics [J]. Journal of Wind Engineering and Industrial Aerodynamics, 1993, 50: 213-224

[140] HOLMES J D, GINGER J D. Internal Pressures-The Dominant Windward Opening Case-A Review [J]. Journal of Wind Engineering and Industrial Aerodynamics, 2012, 100: 70-76

[141] 王济．MATLAB 在振动信号处理中的应用［M］．北京：中国水利水电出版社和知识产权出版社，2006

[142] STATHOPOULOS T, KOZUTSKY R. WindInduced Internal Pressures in Buildings [J]. Journal of Structural Engineering, 1986, 112 (9): 2012-2026

[143] GINGER J D, REARDON G F. Whitbread B J. Wind Load Effects and Equivalent Pressures on Low-Rise House Roofs [J]. Engineering Structures, 2000, 22 (6): 638-646

[144] HOLMES J D. Effective Static Load Distributions in wind Engineering [J]. Journal of Wind Engineering and Industrial Aerodynamics, 2002, 90 (2): 91-109

[145] NEWMARK N M. A Method of Computation for Structural Dynamics [J]. Journal of Engineering Mechanics Division, 1959, 85: 67-94

[146] RUNGE T C. Unconditionally Stable Higher-order Newmark Methods by Sub-stepping Procedure [J]. Computer Methods in Applied Mechanics Engineering, 1997, 147: 61-84

[147] BATHE K J, WILSON E L. Stability and Accuracy Analysis of Direct Integration methods [J]. Earthquake

Engineering and Structural Dynamics. 1973，1：283-291

[148] 王莺歌．塔式太阳能定日镜结构风荷载特性及风振响应研究［J］．长沙：湖南大学．湖南大学博士学位论文，2010

[149] 中华人民共和国住房和城乡建设部．中华人民共和国国家标准 JGJ7—2010 空间网格结构技术规程［S］．北京：中国建筑工业出版社，2010

[150] SAP2000. Advanced C9. 1. 6. Computers and Structures. 北京金土木软件技术有限公司

[151] 北京金土木软件技术有限公司．SAP2000 中文版使用指南［M］．北京：人民交通出版社，2006

[152] 王勖成，邵敏．有限单元法基本原理和数值方法［M］．北京：清华大学出版社，1997

[153] 武岳，郭海山，陈新礼，等．大跨度点支式幕墙支承结构风振性能分析［J］．建筑结构学报，2002，23（5），49-55